数据结构

总主编 胡学钢
主　编 胡学钢　张先宜
副主编 史君华　强　俊
　　　　黄晓梅　姜　飞
　　　　陈景霞　韩凤英
编写人员（以姓氏笔画为序）
　　　　史君华　陈景霞
　　　　姜　飞　黄晓梅
　　　　强　俊　韩凤英

图书在版编目(CIP)数据

数据结构/胡学钢,张先宜主编. —合肥:安徽大学出版社,2015.2(2017.1重印)
工程应用型院校计算机系列教材/胡学钢总主编
ISBN 978-7-5664-0874-7

Ⅰ.①数… Ⅱ.①胡… ②张… Ⅲ.①数据结构-高等学校-教材 Ⅳ.①TP311.12

中国版本图书馆 CIP 数据核字(2015)第 031907 号

数据结构

胡学钢 总主编
胡学钢 张先宜 主 编

出版发行:	北京师范大学出版集团
	安 徽 大 学 出 版 社
	(安徽省合肥市肥西路3号 邮编230039)
	www.bnupg.com.cn
	www.ahupress.com.cn
印 刷:	安徽昶颉包装印务有限责任公司
经 销:	全国新华书店
开 本:	184mm×260mm
印 张:	17.75
字 数:	432 千字
版 次:	2015年2月第1版
印 次:	2017年1月第2次印刷
定 价:	35.50 元

ISBN 978-7-5664-0874-7

策划编辑:李 梅 蒋 芳　　装帧设计:李 军 金伶智
责任编辑:蒋 芳　　　　　　　美术编辑:李 军
责任校对:程中业　　　　　　　责任印制:赵明炎

版权所有　侵权必究

反盗版、侵权举报电话:0551-65106311
外埠邮购电话:0551-65107716
本书如有印装质量问题,请与印制管理部联系调换。
印制管理部电话:0551-65106311

编写说明

计算机科学与技术的迅速发展,促进了许多相关学科领域以及应用分支的发展,同时也带动了各种技术和方法、系统与环境、产品以及思维方式等的发展,由此而进一步激发了对各种不同类型人才的需求。按照教育部计算机科学与技术专业教学指导委员会的研究报告来分,学校培养的人才类型可以分为科学型、工程型和应用型三类,其中科学型人才重在基础理论、技术和方法等的创新;工程型人才以开发实现预定功能要求的系统为主要目标;应用型人才以系统集成为主要途径实现特定功能的需求。

虽然这些不同类型人才的培养有许多共同之处,但是因不同类型人才的就业岗位所需要的责任意识、专业知识能力与素质、人文素养、治学态度、国际化程度等方面存在一定的差异,因而培养目标、培养模式等方面也存在不同。对大多数高校来说,很难兼顾各类人才的培养。因此,合理定位培养目标是确保教学目标和人才培养质量的关键。

由于当前社会领域从事工程开发和应用的岗位数量远远超过从事科学人才的数量,结合当前绝大多数高校的办学现状,安徽省高等学校计算机教育研究会在和多所高校专业负责人以及来自企业的专家反复研究和论证的基础上,确定了以培养工程应用型人才为主的安徽省高等学校计算机类专业的培养目标,并组织研讨组共同探索相关问题,共同建设相关教学资源,共享研究和建设成果,为全面推动安徽省高等学校计算机教育教学水平做出积极的贡献。北京师范大学出版集团安徽大学出版社积极支持安徽省高等学校计算机教育研究会的工作,成立了编委会,组织策划并出版了全套工程应用型计算机系列教材。

为了做好教材的出版工作,编委会在许多方面都采取了积极的措施:

编委会组成的多元化:编委会不仅有来自高校的教育领域的资深教师和专家,而且还有从事工程开发、应用技术的资深专家,从而为教材内容的重组提供更为有力的支持。

教学资源建设的针对性:教材以及教学资源建设的目标就是要突出体现"学以致用"的原则,减少"学不好,用不上"的空泛内容,增加其应用案例,尤其是增设涵盖更多知识点和应用能力的系统性、综合性的案例,以培养学生系统解决问题的能力,进而激发其学习兴趣。

建设过程的规范性:编委会对整体的框架建设、对每本教材和资源的建设都采取汇报、交流和研讨的方式,以听取多方意见和建议;每本书的编写组也都进行反复的讨论和修订,努力提高教材和教学资源的质量。

如果我们的工作能对安徽省高等学校计算机类专业人才的培养做出贡献,那将是我们的荣幸。真诚欢迎有共同志向的高校、企业专家提出宝贵意见和建议,更期待你们参与我们的工作。

胡学钢
2014 年 8 月 10 日于合肥

编委会名单

主　任　　胡学钢(合肥工业大学)

委　员　　(以姓氏笔画为序)
　　　　　　王　浩(合肥工业大学)
　　　　　　王一宾(安庆师范学院)
　　　　　　叶明全(皖南医学院)
　　　　　　孙　力(安徽农业大学)
　　　　　　刘仁金(皖西学院)
　　　　　　朱昌杰(淮北师范大学)
　　　　　　沈　杰(合肥炜煌电子有限公司)
　　　　　　李　鸿(宿州学院)
　　　　　　陈　磊(淮南师范学院)
　　　　　　陈桂林(滁州学院)
　　　　　　张先宜(合肥工业大学)
　　　　　　张润梅(安徽建筑大学)
　　　　　　张燕平(安徽大学)
　　　　　　金庆江(合肥文康科技有限公司)
　　　　　　周国祥(合肥工业大学)
　　　　　　周鸣争(安徽工程大学)
　　　　　　宗　瑜(皖西学院)
　　　　　　孟　浩(安徽农业大学)
　　　　　　郑尚志(巢湖学院)
　　　　　　钟志水(铜陵学院)
　　　　　　姚志峰(蓝盾信息安全技术股份有限公司)
　　　　　　郭有强(蚌埠学院)
　　　　　　黄　勇(安徽科技学院)
　　　　　　黄海生(池州学院)
　　　　　　潘地林(安徽理工大学)

前　言

"数据结构"是高等学校计算机和信息相关专业最重要的核心课程之一,在课程体系中承前启后,是学好后续操作系统、编译原理、计算机网络、数据库原理等课程的重要基础。学好"数据结构"课程会使您的程序设计能力产生质的飞跃。如果不学好"数据结构"课程,就难以成为好的软件设计者,更不可能成为软件大师。

本书内容包含软件设计中广泛使用的几种基础数据结构,以及软件设计中常用的排序和查找算法。对每种结构,先介绍其逻辑结构和算法设计,再讨论其存储实现和算法实现。全书内容组织如下:

第1章 概论,介绍数据结构课程的研究内容、基本知识和基本概念,对整个课程学习起到引导作用。

第2章 线性表,介绍线性表的逻辑结构和运算,重点讨论顺序表和链表的存储实现,以及相应的基本运算实现,并结合实例分析和讲解应用方法。

第3章 栈和队列,介绍这两种结构的逻辑结构和运算,重点讨论顺序栈、链栈、顺序(循环)队列和链队列的存储及基本运算实现。

第4章 串、数组和广义表,介绍这3种结构的逻辑结构和运算,以及存储结构和程序的部分运算实现。

第5章 树,介绍树和森林的逻辑结构、存储结构和运算;二叉树的概念、性质、存储结构,重点讨论二叉树的遍历算法及其应用;讨论了线索二叉树的概念、算法及应用;哈夫曼树的相关知识及其应用。

第6章 图,介绍图的概念、运算和应用;讨论图的两种常用存储结构,重点讨论了图的两种遍历算法的实现及其应用;最后以通俗的方式介绍了最小生成树、拓扑排序和最短路径等几个图的典型问题及算法。

第7章 查找,介绍查找的基本概念,重点讨论了顺序表、树表和散列表等几种结构上的查找算法及其性能。

第8章 排序,介绍排序的基本概念,重点讨论几种常用排序方法的算法实现及性能。

本书采用类C语言作为数据结构的描述语言,兼顾C语言的特点和描述代码的易读性。为方便读者体验数据结构的实现,很多算法在给出类C语言描述的同时,给出了C语言的上机实现代码,读者也能很容易将书中的描述代码转换为C或C++的实现代码。

本书的特点是难度适中,力求通俗易懂,注重实践性和实用性。一般认为"数据结构"是一门很难的课程,究其原因一方面是因为课程涉及的结构和算法较多;另一方面对每一种结构既要理解其逻辑结构和算法,又要掌握其存储实现和算法实现。根据以往的教学经验,很多学生在学习逻辑结构和算法设计时还能接受,但一到存储实现和算法实现时就有困难了,因为存储和算法实现涉及编程语言、程序设计方法、计算机组成等多方面的知识和技能,特别是对非计算机专业的学生,这个问题尤为突出。根据这一情况,本书按照实用性、模块化、通俗性的要求编写各部分内容,很多算法给出了上机实现代码,从而避免了概念和理论枯燥的平铺直叙，容易激发学生的学习兴趣。理论知识介绍力求通俗易懂，对一些难度较大的算法采用图示、列表等直观方式进行讨论，同时特别加强了对存储和算法实现的讨论和分析。结合实际应用引入大量实例和例题，增强学生对相应知识的理解和掌握。每章后配有习题，便于学生课后练习，带 * 的习题，学生可根据实际情况选做。

  本书既可作为工程应用型高等学校计算机和信息相关专业本科和非计算机相关专业本科"数据结构"课程教材，也可作为高职高专计算机专业"数据结构"课程的教材或参考书，或其他相关人员学习"数据结构"课程的参考书。

  因编者水平有限，书中难免存在不当和错误，恳请批评指正。

编　者

2014 年 10 月

目 录

第 1 章 概 论 ·· 1

1.1 "数据结构"的研究内容 ··· 1
    1.1.1 计算机解决实际问题的过程 ·· 1
    1.1.2 学习"数据结构"的意义 ·· 3
    1.1.3 学习"数据结构"的四种境界 ·· 3
1.2 基本术语 ·· 4
1.3 算法描述及分析 ·· 6
    1.3.1 算法描述语言概述 ·· 6
    1.3.2 算法分析 ·· 7
小结 ·· 8
习题 1 ··· 9

第 2 章 线性表 ·· 10

2.1 线性表的定义和运算 ··· 10
    2.1.1 线性表的定义 ·· 10
    2.1.2 线性表的运算 ·· 10
2.2 线性表的顺序存储结构 ·· 11
    2.2.1 顺序存储结构 ·· 11
    2.2.2 顺序表运算的实现 ·· 12
    2.2.3 顺序表的应用 ·· 17
2.3 链 表 ··· 22
    2.3.1 链表基本结构 ·· 22
    2.3.2 链表基本运算的实现 ··· 27
    2.3.3 链表结构的应用 ··· 40
2.4 其他结构形式的链表 ··· 44
    2.4.1 单循环链表 ··· 44
    2.4.2 带尾指针的单循环链表 ·· 45
    2.4.3 双链表结构 ··· 46
小结 ··· 50
习题 2 ·· 50

第 3 章 栈和队列 ··· 53

3.1 栈 ··· 53
    3.1.1 栈的定义和运算 ··· 53

3.1.2　顺序栈 …………………………………………………………… 54
　　　3.1.3　链栈 ……………………………………………………………… 57
　　　3.1.4　栈的应用 ………………………………………………………… 58
　3.2　队　列 …………………………………………………………………… 64
　　　3.2.1　队列的定义和运算 ………………………………………………… 65
　　　3.2.2　顺序队列与循环队列 ……………………………………………… 65
　　　3.2.3　链队列 …………………………………………………………… 71
　3.3　栈与递归 ………………………………………………………………… 74
　　　3.3.1　递归的基本概念 …………………………………………………… 74
　　　3.3.2　递归调用的内部实现原理 ………………………………………… 76
　　　3.3.3　递归程序的阅读和理解 …………………………………………… 82
　　　3.3.4　递归程序编写 ……………………………………………………… 89
　　　3.3.5　递归程序转换和模拟 ……………………………………………… 92
　小结 ………………………………………………………………………………… 95
　习题 3 ……………………………………………………………………………… 95

第 4 章　串、数组和广义表 …………………………………………………… 101

　4.1　串 ………………………………………………………………………… 101
　　　4.1.1　串的定义和运算 …………………………………………………… 101
　　　4.1.2　串的存储 …………………………………………………………… 101
　4.2　数　组 …………………………………………………………………… 104
　　　4.2.1　数组的定义和运算 ………………………………………………… 104
　　　4.2.2　数组的顺序存储 …………………………………………………… 105
　　　4.2.3　矩阵的压缩存储 …………………………………………………… 106
　4.3　广义表 …………………………………………………………………… 108
　　　4.3.1　广义表的基本概念 ………………………………………………… 108
　　　4.3.2　广义表的基本运算 ………………………………………………… 109
　　　4.3.3　广义表的存储 ……………………………………………………… 110
　小结 ………………………………………………………………………………… 111
　习题 4 ……………………………………………………………………………… 112

第 5 章　树 …………………………………………………………………………… 113

　5.1　树的概念和基本运算 …………………………………………………… 115
　　　5.1.1　树的定义 …………………………………………………………… 115
　　　5.1.2　树的基本概念和术语 ……………………………………………… 115
　　　5.1.3　树的基本操作 ……………………………………………………… 117
　5.2　二叉树 …………………………………………………………………… 117
　　　5.2.1　二叉树的基本概念 ………………………………………………… 117
　　　5.2.2　二叉树的性质 ……………………………………………………… 119
　　　5.2.3　二叉树的存储结构 ………………………………………………… 121

5.3 二叉树的遍历 ⋯⋯ 125
    5.3.1 遍历算法的实现 ⋯⋯ 125
    5.3.2 二叉树的创建与销毁 ⋯⋯ 133
    5.3.3 二叉树遍历算法的应用 ⋯⋯ 136

5.4 线索二叉树 ⋯⋯ 139
    5.4.1 线索二叉树结构 ⋯⋯ 139
    5.4.2 线索二叉树中前驱后继的求解 ⋯⋯ 141

5.5 树和森林 ⋯⋯ 143
    5.5.1 树的存储结构 ⋯⋯ 144
    5.5.2 树(森林)与二叉树的转换 ⋯⋯ 147
    5.5.3 树(森林)的遍历 ⋯⋯ 151

5.6 哈夫曼树 ⋯⋯ 152
    5.6.1 问题描述及求解方法 ⋯⋯ 154
    5.6.2 应用实例 ⋯⋯ 156

小结 ⋯⋯ 157
习题 5 ⋯⋯ 157

第 6 章 图 ⋯⋯ 161

6.1 图的定义和基本概念 ⋯⋯ 161
    6.1.1 图的定义 ⋯⋯ 161
    6.1.2 图的基本概念 ⋯⋯ 162
    6.1.3 图的顶点编号 ⋯⋯ 168

6.2 图的存储结构 ⋯⋯ 168
    6.2.1 邻接矩阵表示 ⋯⋯ 168
    6.2.2 邻接表表示 ⋯⋯ 170
    6.2.3 图的创建和销毁 ⋯⋯ 174

6.3 图的遍历算法及其应用 ⋯⋯ 185
    6.3.1 深度优先搜索遍历算法及其应用 ⋯⋯ 186
    6.3.2 广度优先搜索遍历算法及其应用 ⋯⋯ 192

6.4 最小生成树 ⋯⋯ 198
    6.4.1 Prim 算法 ⋯⋯ 199
    6.4.2 Kruskal 算法 ⋯⋯ 207

6.5 最短路径 ⋯⋯ 212
    6.5.1 从一个顶点到其余各个顶点的最短路径——Dijkstra 算法 ⋯⋯ 212
    6.5.2 每一对顶点之间的最短路径——Floyd 算法 ⋯⋯ 220

6.6 有向无环图 ⋯⋯ 223
    6.6.1 拓扑排序 ⋯⋯ 223
    6.6.2 关键路径 ⋯⋯ 228

小结 ⋯⋯ 232
习题 6 ⋯⋯ 233

第7章 查　找 ………………………………………………………………… 236

7.1 概　述 ……………………………………………………………… 236
7.2 顺序表的查找 ……………………………………………………… 237
7.2.1 简单顺序查找 ………………………………………………… 237
7.2.2 有序表的二分查找 …………………………………………… 238
7.2.3 索引顺序表的查找 …………………………………………… 240
7.3 树表的查找 ………………………………………………………… 241
7.3.1 二叉排序树 …………………………………………………… 241
7.3.2 平衡二叉树 …………………………………………………… 244
7.4 散列表的查找 ……………………………………………………… 249
7.4.1 散列表的基本概念 …………………………………………… 249
7.4.2 散列函数的构造方法 ………………………………………… 249
7.4.3 处理冲突的方法 ……………………………………………… 250
7.4.4 散列表的查找 ………………………………………………… 252
小结 …………………………………………………………………… 253
习题 7 ………………………………………………………………… 253

第8章 排　序 ………………………………………………………………… 255

8.1 概　述 ……………………………………………………………… 255
8.1.1 排序及其分类 ………………………………………………… 255
8.1.2 排序算法的评价指标 ………………………………………… 256
8.2 插入排序 …………………………………………………………… 256
8.2.1 直接插入排序 ………………………………………………… 256
8.2.2 希尔排序 ……………………………………………………… 258
8.3 交换排序 …………………………………………………………… 260
8.3.1 冒泡排序 ……………………………………………………… 260
8.3.2 快速排序 ……………………………………………………… 261
8.4 选择排序 …………………………………………………………… 265
8.4.1 直接选择排序 ………………………………………………… 265
8.4.2 堆排序 ………………………………………………………… 265
8.5 归并排序 …………………………………………………………… 270
8.5.1 归并 …………………………………………………………… 270
8.5.2 归并排序 ……………………………………………………… 271
小结 …………………………………………………………………… 272
习题 8 ………………………………………………………………… 273

第1章 概 论

数据结构是计算机专业重要的专业基础课程,直接关系到后续课程的学习和学生软件设计水平的提高。本章首先通过实例来说明"数据结构"课程在软件设计中的作用以及在计算机专业课程中的地位,然后介绍与整个课程有关的概念、术语、算法及其描述语言和算法分析等。

1.1 "数据结构"的研究内容

"数据结构"这门课程在计算机专业中有什么作用呢?下面从运用计算机解决实际问题的过程来谈谈本课程在软件设计中的作用。

1.1.1 计算机解决实际问题的过程

在用计算机解决实际问题时,一般要经过以下几个步骤:首先,由具体问题抽象出数学模型,然后针对数学模型设计出求解算法,最后编出程序上机调试,直至问题得到最终的解决。数值计算问题的数学模型一般可由数学方程或数学公式来描述。但是,对非数值计算问题,如图书资料的检索、职工档案管理、博弈游戏等问题,它们的数学模型是无法用数学方程或数学公式来描述的。在这类问题的处理对象中的各分量不再是单纯的数值型数据,更多的是字符、字符串及用其他编码表示的信息。因此,首要的问题是把处理对象中的各种信息按照其逻辑特性组织起来,再存储到计算机中。然后设计出求解算法,并编写出相应的程序。下面简述各环节的有关内容。

① 建立模型。一般情况下,实际应用问题可能会各式各样,例如,我们所熟悉的工资表的处理问题、学生成绩管理问题、电话号码查询问题等。这些问题无论是所涉及的数据还是其操作要求都可能存在一定的差异。尽管如此,许多应用问题之间还是具有一定的相似之处的。例如,虽然工资表和学生成绩表的具体信息(栏目)不同,但如果将两个表中的每个人的工资信息和成绩信息看作一个整体,则这两个表结构之间就有了某些共性。从操作方面来看,虽然对这两种表的操作存在差异,但也存在一些相同的基本操作。例如,查询一个人的工资信息和成绩信息,修改有关信息等。正因为许多不同的问题之间存在着的某些共性,使我们可以将一个具体的问题用这些共性的形式描述出来,这就是通常所说的"建立模型"。建立问题的模型通常包括所描述问题中的数据对象及其关系的描述、问题求解的要求及方法等方面。建立问题模型有这样的好处:因为所涉及的许多基本模型在有关的课程中已有介绍,所以通过建立模型,就可以将一个具体的问题转换为所熟悉的模型,然后借助于这一模型来实现。"数据结构"、"离散数学"及许多数学课程中都介绍了许多模型。例如,当描述一个群体中个体之间的关系时,可以采用"数据结构"和"离散数学"中所介绍的图结构。当描述一个工程内的关系或进展情况时,可以采用"数据结构"中所介绍的 AOV 网或 AOE 网等。即使所建立的模型没有现成的求解方法,也相对易于构造求解算法。

② 构造求解算法。建立模型之后,一个具体的问题就转变成了一个用模型所描述的抽

象的问题。借助于这一模型以及已有的知识(例如,数据结构中有关图结构的基本知识),可以相对容易地描述出原问题的求解方法,即算法。从某种意义上说,算法不仅能实现原问题的求解,而且还可以实现许多类似的具体问题的求解,尽管这些具体问题的背景及其描述形式可能存在较大的差异。

③ 选择存储结构。在构造出求解算法之后,就需要考虑在计算机上实现求解了。为此,需要选择合适的存储结构,以便将问题所涉及的数据(包括数据中的基本对象及对象之间的关系)存储到计算机中。不同的存储形式对问题的求解实现有较大的影响,所占用的存储空间也可能有较大的差异。

④ 编写程序。在选择了存储结构之后,就可以编写程序了。存储形式和问题要求决定了编写程序的方法。

⑤ 测试。在编写出完整的程序之后,需要经过测试才能交付使用。

例如,编写一个计算机程序以查询某市或单位的私人电话。对任意给定的一个姓名,若该人装有电话,则要求迅速找到其电话号码,否则指出该人没有装电话。

解决此问题时,首先要构造一张电话号码登记表,表中每个登记项有 2 个信息:姓名和电话号码。在将众多的登记项合在一起构成表时,有多种不同的组织形式,查找的速度取决于表的结构及存储方式。

最简单的方式是把表中的信息,按照某种次序(如登记的次序)依次存储在计算机内一组连续的存储单元中。用高级语言表述,就是把整个表作为一个数组,表的每项(即一个人的姓名和电话号码)是数组的一个元素。查找时从表的第一项开始,依次查找姓名,直到找出指定的姓名或是确定表中没有要找的姓名为止。这种查找方法对于一个规模不大的单位或许是可行的,但对于一个有几十万乃至几百万私人电话的城市就不实用了。因此,一种常用的做法是把这张表按姓氏字母或姓氏笔画排列,并另造一张姓名索引表。这有点像汉语字典的形式。对这样的表的查找过程可以先在索引表中查对姓氏,然后根据索引表中的地址到登记表中核查姓名,这样查找登记表时就无需查找其他姓氏的名字了。因此,在这种新的结构上产生的查找方法就会更有效。这两张表便是为解决电话号码查询问题而建立的数学模型。这类模型的主要操作是按照某个特定要求(如给定姓名)去对登记表进行查询。诸如此类的还有人事档案管理、图书资料管理等。在这类文档管理的数学模型中,计算机处理的对象之间通常存在一种简单的线性关系,故这类数学模型可称为"线性的数据结构"。

"数据结构"课程涉及上述求解过程中的大多数步骤:

① 与建立模型的关系。"数据结构"课程中介绍了许多基本的数据结构模型及其运算实现。例如,线性表、栈和队列、树和二叉树、图、二叉排序树、堆等。通过学习,不仅可以掌握这些基本内容及其应用,还能根据实际问题选择合适的模型。

② 与算法设计的关系。课程中对每种结构都讨论了相应的基本运算的实现,并且其中的一些算法是非常经典的,掌握这些基本运算的实现方法有助于进行更为复杂的算法设计。

③ 与选择存储结构的关系:课程中对每种结构都讨论了其具体存储结构及对运算实现的影响。例如,在第 2 章中所介绍的对顺序表作插入和删除运算,平均需要移动表中一半的元素,而采用链表结构则不需要移动元素。通过学习和比较这些内容,可以使学生熟练地选择合适的存储结构。

④ 与编程之间的关系。在实现各结构的算法编写时,涉及许多具有代表性的设计方

法。通过对这些方法的学习有助于编程技术的提高。

综上所述,"数据结构"课程的学习对提高软件设计水平有较大的影响。也正因为如此,这一课程在计算机专业课程中具有极其重要的作用。绝大多数学校和研究单位的计算机专业研究生入学考试都将这一课程定为考试课程之一。

1.1.2 学习"数据结构"的意义

"数据结构"作为一门独立的课程在美国是从 1968 年开始的。在这之前,它的某些内容曾在其他课程中有所阐述。1968 年,在美国一些大学计算机系的教学计划中,虽然把"数据结构"规定为一门课程,但对其内容并未作明确规定。当时,数据结构几乎和图论,特别是和表、树的理论为同义语。随后,"数据结构"这个概念被扩充到包括网络、集合代数、格、关系等方面,从而变成现在称之为"离散结构"的内容。然而,由于数据必须在计算机中进行处理,因此,不仅要考虑数据本身的数学特性,而且还要考虑数据的存储结构,这就进一步扩大了数据结构的内容。

"数据结构"是计算机科学中一门综合性的专业基础课程。数据结构的研究不仅涉及计算机硬件(特别是编码理论、存储装置和存取方法等)的研究范围,而且和计算机软件的研究有着密切的关系,无论是编译程序还是操作系统,都涉及如何组织数据,如何使检索和存取数据更为方便。因此,可以认为数据结构是介于数学、计算机硬件和软件三者之间的一门核心课程。在计算机科学中,数据结构不仅是一般程序设计的基础,而且是设计和实现编译程序、操作系统、数据库系统及其他系统程序和大型应用程序的重要基础。

目前,在我国"数据结构"不仅是计算机专业的核心课程之一,而且是一些非计算机专业的主要选修课程之一。

随着计算机应用领域的扩大和计算机软、硬件的发展,"非数值性问题"显得越来越重要。据统计,当今处理非数值性问题占用了 90% 以上的机器时间。从前面的例子可看到,解决此类问题的关键已不再是数学方法,而是设计出合适的数据结构。瑞士计算机科学家沃斯(N. Wirth)曾以"算法 + 数据结构 = 程序"作为他的一本著作的名称。可见,程序设计的实质是针对实际问题选择一种好的数据结构,并设计一个好的算法。因此,若仅仅掌握几种计算机语言和程序设计方法,而缺乏数据结构知识,则难以应付众多复杂的课题,且不能有效地利用计算机。

1.1.3 学习"数据结构"的四种境界

第一种境界:能看懂各种数据结构的逻辑结构和存储结构,以及相应的运算。
第二种境界:能用算法描述语言描述各种数据结构及运算。
第三种境界:至少能用一种编程语言实现各种数据结构,验证简单的应用。
第四种境界:不管什么语言和环境,都能为实际应用程序自由地选择或设计合适的数据结构。

学习数据结构课程一般要求达到第三种境界,至少要达到第二种境界。如果能达到第四种境界,那么你已经是程序设计高手了。

1.2 基本术语

数据是指信息的载体,是能够输入到计算机中,并被计算机识别、存储和处理的符号集合。数据的形式较多,例如,前面所述的工资报表、学生成绩表、一个家族关系的表示形式、一个群体中个体之间关系的图形描述等,如图 1-1 所示。

虽然这些数据的形式及运算存在较大的差异,但可以找出其中的共性部分:它们都是由若干个具有独立意义的个体所组成的,个体之间存在着某些关系。对这些数据的运算也有某些相似部分。例如,在家族关系数据中,组成数据的基本个体是人,人与人之间存在着多种关系,例如,父子关系、兄弟关系、祖先—后代关系等,其中有些关系是直接表示出来的,还有一些关系则是隐含的。对家族关系数据,通常要涉及查询特定个体间的关系、插入和删除个体等。

编号	姓名	基本工资	奖金	…	…

(a) 工资表示例

序号	学号	姓名	成绩	备注

(b) 成绩表示例

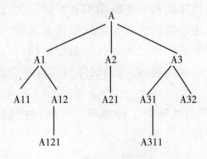

(c) 家族关系示例

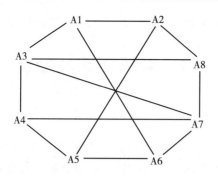

(d)群体间关系示例(连线表示相互认识关系)

图 1-1　数据示例

"数据结构"课程中主要讨论这些具有共性的内容。为便于讨论,先给出有关概念。

数据元素:数据中具有独立意义的个体。例如,工资表中的个人工资信息、成绩表中的学生成绩信息、家族关系中的个人等。在有些场合下,也称之为"元素"、"记录"、"结点"、"顶点"等。

字段(域):虽然将具有独立意义的个体用元素来表示,但在许多情况下还需要特定个体的具体信息,因而涉及元素的字段信息。字段是对元素的详细描述,通常情况下,元素可能包含多个字段。例如,在图 1-1 所示的成绩表中,每个元素包括序号、学号、姓名、成绩、备注 5 个字段,分别描述了每个学生的有关信息。

数据结构:在图 1-1 所示的几个数据示例中,元素之间各自具有一定的构成形式,这些构成形式被称为"**数据结构**"。数据结构是指组成数据的元素之间的结构关系。在图 1-1 中,(a)、(b)中的元素依次排列,构成线性关系;(c)中的元素是按树的形式构成树型结构;(d)中的元素构成图结构。线性结构、树型结构和图结构是数据结构中的几类常见的数据结构形式。如果数据中的元素之间没有关系,则构成集合,这也是一种结构。

通常,称这几类结构为"**逻辑结构**",因为仅考虑了元素之间的逻辑关系,而没有考虑到其在计算机中的具体实现。

在用计算机解决涉及数据结构的问题时,需要完成如下任务:

① 数据结构的存储。为所涉及的数据结构选择一种存储形式,并将其存储到计算机中,这样就得到了数据结构在内存中的**存储结构**(有时也称为"**物理结构**")。一种逻辑结构可能会有多种存储结构。例如,既可以采用顺序存储,也可采用链式形式的存储。不同存储结构上所实现的运算性能可能有一定的差异。

② 数据结构运算的实现。在选择了数据结构的存储结构之后,就可以实现所给出的运算了。在本课程中,运算的实现一般是以算法的形式给出的,而算法大多以某种描述语言的子程序的形式给出。由于本书主要以 C 语言作为算法描述语言,因而算法就以 C 语言的函数形式给出。

由此可见,一种数据结构,涉及其逻辑结构、存储结构和运算 3 个方面。也就是说,对每种结构都要注意这 3 个方面的联系。

由于不同的存储形式对算法的时间性能、空间性能等有较大影响,即使是相同的存储结构,也可能会存在不同的算法实现。因此,需要解决这样的问题:究竟何种存储结构更为合适?什么算法更有效?为此,需要对算法进行分析,有关算法分析内容将在本章的后面部分讨论。通过分析,可以知道所实现的算法的性能及所选择的存储结构是否符合要求。

1.3 算法描述及分析

1.3.1 算法描述语言概述

如前所述,对数据结构的运算实现是以算法的形式来描述的。什么是算法?这很难给出严格的定义。简单地说,算法就是某类问题的求解方法。然而,这一描述太粗略。下面给出一个关于算法的描述:算法就是一段程序,该程序段对给定的输入可在有限的时间内产生确定的输出结果。

算法可采用多种描述语言来描述,例如,自然语言、计算机语言或某些伪语言。各种描述语言在对问题的描述能力方面存在一定的差异。例如,自然语言较为灵活,但不够严谨,而计算机语言虽然严谨,但由于语法方面的限制,使得灵活性不足。因此,许多教材中采用的是以一种计算机语言为基础,适当添加某些功能或放宽某些限制而得到的一种类语言。这些类语言既具有计算机语言的严谨性,又具有灵活性,同时也容易上机实现,因而被广泛接受。目前,许多"数据结构"教材采用类 PASCAL 语言、类 C++或类 C 语言作为算法描述语言。

本教材中选用的是以 C 语言为主体的算法描述语言。该算法描述语言是在 C 语言的基础上适当扩充一些功能或放宽某些限制,所涉及的算法以 C 语言的函数形式给出。

考虑到读者已经学过 C 语言,因而不再对 C 语言部分作详细描述。下面补充一些扩充的功能描述。

(1) 输入和输出语句

由于 C 语言中的输入和输出语句的形式对数据的类型有一定的限制,因此,本书中采用 C++中的独立于数据类型的输入和输出语句。

① 输入:cin>>x;

其功能是读入从键盘输入的一个数,并赋给相同类型的变量 x。其中变量 x 的类型可以是整型、浮点型、字符型等不同类型。

该语句可用下面的形式同时输入多个不同类型的变量。

cin>>x1>>x2>>x3>>x4>>x5;

② 输出:cout<<exp;

其功能是将表达式 exp 的值输出到屏幕上。其中表达式 exp 的类型可以是整型、浮点型、字符型等不同类型。

该语句可用下面的形式同时输出多个不同类型的表达式的值。

cout<<exp1<<exp2<<exp3<<exp4<<exp5;

(2) 最小值和最大值函数 min 和 max

① 最小值函数:datatype min(datatype exp1, datatype exp2,…, datatype expn);

返回表达式 expi(i=1,2,…,n)中的最小的值。其中元素类型 datatype 可以是各种类型。

② 最大值函数:datatype max(datatype exp1, datatype exp2,…, datatype expn);

返回表达式 expi(i=1,2,…,n)中的最大的值。
（3）交换变量的值
x1<==>x2；交换变量 x1 和 x2 的值。
（4）注释
为简洁起见，本书中程序的注释采用 C++中的注释形式，即在双斜线"//"后面的内容就是注释的内容。例如，下面语句的右面就是一个注释。

A[i]=i*i;   //此处为注释内容
（5）程序错误输出提示
error("exp");

1.3.2 算法分析

如前所述，为了了解算法的有关性能，需要对算法进行分析。通过分析，不仅可以知道算法的有关性能，而且还可以知道所选择的存储结构是否符合要求。

衡量算法的主要性能指标包括时间性能、空间性能等，其中时间性能是指运行算法所需要的时间的度量，而空间性能则是指运行算法所需要的辅助空间的规模。在数据结构中，大多数算法分析是针对算法的时间性能进行的。算法的时间性能以时间复杂度来衡量。

为了使算法的时间复杂度便于比较，不宜采用在某个具体机器上所运行的时间的形式来表示，一般是以算法中基本语句的执行次数来衡量的。然而，在实际应用时，基本语句的执行次数的精确计算是困难的，同时也是不必要的，因为许多算法中的语句的执行次数取决于输入数据，可能会有多种复杂的情况。为便于计算，对这一时间复杂度大多采用一种近似的形式来描述，即采用基本语句执行次数的数量级来表示。

此处所谓"数量级"是这样定义的：如果变量 n 的函数 $f(n)$ 和 $g(n)$ 满足：$\lim_{n \to \infty} \frac{f(n)}{g(n)} =$ 常数 $k(k \neq \infty, 0)$，则称 $f(n)$ 和 $g(n)$ 是同一数量级的，并用 $f(n)=O(g(n))$ 的形式来表示。

由定义可知，两个函数为同一数量级，强调的是在 n 趋向无穷大时，两者"接近"。例如，$\frac{n(n+1)}{2}$ 和 n^2 是同一数量级的，因为 $\lim_{n \to \infty} \frac{\frac{n(n+1)}{2}}{n^2} = 1/2$ 为一个常数。

通过求解算法中语句执行次数的数量级所得到的时间复杂度忽略了其中的"细微"部分，得到了时间性能的近似描述，这一描述有助于对算法时间性能的简要了解。

【例 1.1】 求解下列各程序段的时间复杂度。
（1）for (i=1;i<n;i++) x++;
【解】虽然从循环语句的内部执行来看，该程序段中基本语句的执行数多于循环体的执行次数，但两者是同一数量级的，因此，该问题的求解可以以其循环体的执行次数的数量级的求解来实现。由于循环体执行 $n-1$ 次，因此其时间复杂度为 $O(n)$。

（2）for (i=1;i<n;i++)
        for (j=1; j<=i;j++) {x++;}
【解】该问题同样以其循环体的执行次数的数量级的求解来实现。由于是双重循环，并且内层循环的循环次数不是常数，因此其计算稍微有些麻烦。计算方法如下：

i=1 时,内层循环执行 1 次(j 从 1 到 1);
i=2 时,内层循环执行 2 次(j 从 1 到 2);
i=3 时,内层循环执行 3 次(j 从 1 到 3);
……
i=n−1 时,内层循环执行 n−1 次(j 从 1 到 n−1);

因此,最内层循环体共执行 n(n−1)/2 次,因而其时间复杂度为 $O(n^2)$。

(3) i=1;
　　while(i<n) i*=2;

【解】对许多初学者来说,该问题的求解有些麻烦,求解方法如下:
由语句可知,循环次数和 i 之间的对应关系如下表 1-2 所示。

表 1-2　循环次数和 i 值之间的对应关系

次数	1	2	3	4	…	…	k
i 值	2^1	2^2	2^3	2^4	…	…	2^k

假设最后一项 $2^k=n$,则可知 $k=\log_2 n$。也就是说,循环次数 k 是 $\log_2 n$ 的数量级。即使 2^k 不是正好等于 n,k 也与 $\log_2 n$ 几乎相等。由此可知,该语句段的时间复杂度为 $O(\log_2 n)$。

小结

"数据结构"研究软件设计中的基本技术,是计算机专业重要的专业基础课程。课程中所研究的内容有助于实际问题求解的许多方面。

数据是计算机的操作对象,可以分解为元素的集合,每个元素中可能包含多个称为"字段"的描述信息。组成数据的元素之间按一定的结构形式组织起来,从而构成数据结构。

数据结构包含逻辑结构、存储结构和运算 3 个方面。数据结构的逻辑结构侧重描述元素之间的内在联系,不涉及数据结构的具体存储实现。数据结构的存储结构讨论数据的存储结构,不同的存储结构对运算的实现可能有较大的差异。数据结构的运算又可以分解为运算定义、运算实现和算法分析 3 项内容。运算定义是从有关领域中提出的具有某些共性的问题描述。运算实现是在选定的存储结构上实现所描述的运算,从而得到算法。算法分析通过对所实现的算法的时间性能、空间性能等方面的分析,来确定算法或存储结构的性能。

有关数据结构所涉及的几个方面的关系如图 1-2 所示。

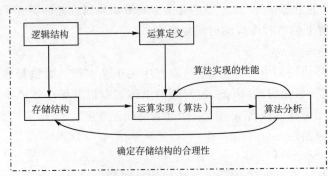

图 1-2　数据结构所涉及的几个方面的关系

算法的时间性能以时间复杂度来描述,是对算法运行时间的近似估计,通常以基本语句的执行次数的数量级来描述,其形式是数据规模(最常见的是 n)的函数的数量级。

习题 1

1.1 选择一个单位的工资表,指出其中的元素、元素的字段以及元素之间的关系,并给出一些最基本的运算。

1.2 描述数据结构、逻辑结构、存储结构和运算的有关概念及其相互之间的关系。

1.3 已知一个群体中有 n 个人,这些人之间可能存在同学关系,请用一个数据模型来描述这一关系,并给出可能的基本运算。

1.4 描述算法所具备的基本特征,并指出算法与程序之间的差异。

1.5 计算下列各程序段的时间复杂度。

(1) for (i=0; i<n; i++)
    　　for (j=i; j<n; j++) x++;
(2) i=n;
    　　while (i>1) i= i/2;
(3) for (i=1; i<=n; i++)
    　　for (j=1; j<=n; j++)
    　　　　for (k=1; k<=n; k++)
    　　　　　　x++;
(4) for (i=1; i<n; i++)
    　　for (j=1; j<n; j++) x++;
    　　　　for (k=1; k<n;k++) x++;
(5) for (i=1; i<n; i++)
    {　j=i;
    　　while (j<n) j*=2;
    }

第 2 章　线性表

线性表是软件设计中最常用且最简单的一种数据结构,是"数据结构"课程中所介绍的第一种数据结构。本章是整个课程的基础,首先给出线性表的定义、相关概念和基本运算,然后分别讨论采用顺序存储方式和链式存储方式存储线性表、实现前面所提出的基本运算的算法并对其进行性能比较,最后通过实例说明线性表的应用。

2.1　线性表的定义和运算

日常生活中,线性表的例子比比皆是。例如,英文 26 个字母表;在编写输出万年历的程序时,需要用到一年中每个月的天数表;8086 系列中的中断向量表;某班级的学生成绩表等。所有这些表面上不完全相同的表都可抽象为本章所要介绍的线性表,其中各元素是依次排列的,这是最为常用的一类数据结构。

2.1.1　线性表的定义

线性表 L 是 n 个元素 $e_1,e_2,\cdots,e_n$ 组成的有限序列,记作 $L=(e_1,e_2,\cdots,e_n)$,其中 $n(n>=0)$ 为**表长度**;当 $n=0$ 时为**空表**,记作 $L=()$。

对线性表中某个元素 e_i 来说,称其前面的元素 e_{i-1} 为 e_i 的直接前驱,称其后面的元素 e_{i+1} 为 e_i 的直接后继。

非空线性表,具有下列特点:
① 有一个唯一的"第一个(首)"数据元素。
② 有一个唯一的"最后一个(尾)"数据元素。
③ 除头元素外,表中其他元素有且仅有一个直接前驱。
④ 除尾元素外,表中其他元素有且仅有一个直接后继。

由前述可知,线性表是许多实际应用领域中表结构的抽象形式,因此,线性表中元素在不同的场合可以有不同的含义。例如,在字母表(A,B,C,…,Z)中,每个元素是一个字母;在一个学生信息表中,每个数据元素是一个学生的基本信息,其中可能包含学号、姓名、性别、专业、年级等数据项。但要注意,在同一个表中的各元素的类型是一致的。

2.1.2　线性表的运算

如前所述,线性表结构是许多实际应用中所用到的表结构的抽象,因此对线性表的实际运算可以有很多,例如,工资表和成绩表就有很多运算的要求。为了便于研究,一般不会也不可能讨论所有的运算,取而代之的是只讨论其基本运算。在此基础上,可以较方便地实现更多的复杂运算。

线性表常用的 6 个基本运算:
① 初始化线性表:initialList(L)。建立线性表的初始结构,即建空表。这也是各种结构都可能要用的运算。

② 求表长度：listLength(L)。即求表中的元素个数。

③ 按序号取元素：listGetElement(L,i)。取出表中序号为 i 的元素，i 的有效范围是 $1<=i<=n$。

④ 按值查询：listLocate(L,x)。在线性表 L 中查找指定值为 x 的元素，若存在该元素，则返回其地址；否则，返回一个标记其不存在的地址值或标记。

⑤ 插入元素：listInsert(L,i,x)。在线性表 L 的第 i 个位置上插入值为 x 的元素。显然，若表中的元素个数为 n，则插入序号 i 应满足 $1<=i<=n+1$。

⑥ 删除元素：listDelete(L,i)。删除线性表 L 中序号为 i 的元素，显然，待删除元素的序号应满足 $1<=i<=n$。

虽然只给出了这 6 个基本运算，但借助于这些基本运算可以构造出其他更为复杂的运算。例如，如果要求删除线性表中值为 x 的元素，则可用上述运算中的两个运算来实现：先引用 listLocate 求出元素的位置，再引用 listDelete 来实现删除。尽管这一实现的时间性能不太好，但在讨论基本运算时，主要还是侧重于其逻辑上的实现，而不是具体程序上的实现。

另外，在特定的存储结构上实现基本运算时，可能会有一定的差异。

2.2 线性表的顺序存储结构

2.2.1 顺序存储结构

在计算机上实现数据结构，首先需要将数据结构存储到计算机中。对此可有许多不同的方法，其中最为简单的方法是顺序存储方式：假设有一个足够大的连续的存储空间，则可将表中元素按照其逻辑次序依次存储到这一存储区中，由此而得到的线性表称为"**顺序表**"。

在具体实现时，一般用高级语言中的数组来对应连续的存储空间。假设最多可存放 MAXLEN 个元素，则可用数组 data[MAXLEN] 来存储表中元素。另外，由于线性表有插入和删除元素这类改变表中元素个数的运算，因此，为随时了解线性表当前的实际元素个数（即表长度），需要另外设置一个变量以记录其元素个数，此处不妨用 listLen 来记录元素个数。这样，一个线性表的顺序存储结构就有两个分量，将这两个分量合在一起构成了一个整体。如图 2-1 所示。

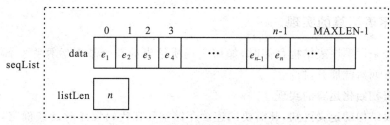

图 2-1 顺序存储结构示意图

对所设计的存储形式，计算机需要能识别和处理，这就是数据结构的存储描述。在用 C 语言描述由两个分量组成的结构时，需要采用其所提供的结构类型，在说明时，要给该类型起个名，在此不妨用 seqList 表示。另外，由于用到的数组事先要规定最大的元素个数，因此,为通用起见要先给出一个常量形式的最大长度。由于元素的类型也取决于具体应用的问题,故此处的元素类型用 elementType 来表示。

由上述分析可得顺序表类型的描述如下:
```
#define  MAXLEN 100          //不妨假设元素个数最大为 100
struct  sList
{
    elementType  data[MAXLEN];  //定义存储表中元素的数组
    int    listLen;             //定义表长度分量
};
typedef  struct sList  seqList;  //用 typedef 将 seqList 定义为顺序表类型
```
或者将上面两个部分集成描述为:
```
typedef  struct  sList
{
    elementType  data[MAXLEN];  //定义存储表中元素的数组
    int    listLen;             //定义表长度分量
} seqList;
```

由存储方式可知顺序表的特点:逻辑上相邻的元素的存储地址也相邻,即逻辑上相邻的元素物理存储位置也相邻。

实际使用时,elementType 可用 typedef 指定为需要的类型,例如,需要元素类型为 int 型,可以使用 typedef int elementType 语句指定,这样 elementType 即为 int 类型。

在描述算法及上机实现时,需要对这种结构类型的具体变量进行运算,这样就涉及表结构变量的定义,其格式如下:
```
seqList  L, *L1;
```

按 C 语言语法规定,引用顺序表结构变量的分量时,需要使用"."符号,其含义相当于汉语中的"的",其读音也相近。例如,上面的定义中,L 为顺序表结构变量,其分量的引用形式为 L.listLen 和 L.data[i]。如果变量为指向顺序表结构的指针变量,则需要使用"->"符号来引用结构的分量,如上面的 L1,分量的引用形式为 L1->listLen 和 L1->data[i]。

注意:本书中线性表的元素编号(序号)都是从 1 开始,而数组的下标从 0 开始,两者差 1,请读者在阅读代码和上机实现时注意。

2.2.2 顺序表运算的实现

在线性表采用顺序表结构存储时,如何实现所给出的 6 个基本运算呢?各算法的性能又如何呢?下面对此展开讨论。

1. 线性表初始化运算的实现

由顺序表结构的定义可知,其需要的连续存储空间在代码编译时已经确定,这里的初始化只是将表设置为空表,即表的 listLen=0。

【算法描述】
```
void initialList(seqList *L)
{   L->listLen=0;   }
```

【算法分析】算法的时间复杂度为 O(1)。

第 2 章 线性表

【思考问题】这个函数的参数 L，为什么要使用指针类型呢？有没有其他方式从子函数往主调函数传递初始化后的顺序表呢？

2. 求表长度函数的实现

这一功能的实现也较简单，只需返回表 L 的分量 L.listLen，即可求出顺序表 L 的长度值。

【算法描述】
```
int listLength(seqlist L)
{    return   L.listLen ;   }
```
【算法分析】算法的时间复杂度为 O(1)。

【思考问题】这个函数的参数为什么可以不用指针？使用指针行不行？还有其他方式往主调函数传递表长度值吗？

3. 按序号求元素运算的实现

按前面的约定，顺序表 L 中序号为 i 的元素（即 e_i）存放在下标为 $i-1$ 的数组单元中，因此，直接从该数组单元中取值即可。为使该函数有较大的应用范围，可用参数的形式返回所给定的元素值，因此，算法的实现形式与所给定的问题的运算要求略有差异。另外，作为一个算法，不仅要考虑参数正确情况下的求解，同时也要考虑参数不正确时的处理。就本题来说，需要判断元素的序号是否在合法的范围内，序号的正确范围是 $1<=i<=n$。

【算法描述】
```
void getElement (seqlist L, int i, elementType *x)
{
    if(i<1 || i>L.listLen) error("超出范围");
    else    *x= L.data[i-1];
}
```

【算法的一种实现】
```
//*************************//
//* 函数功能:按给定序号,取出表中元素        *//
//* 输入参数:seqList L,为当前顺序表         *//
//*          int i, 指定元素序号           *//
//* 输出参数:elementType *x,返回获取的元素   *//
//* 返回值 int:0 表示取元素失败,1 表示取元素成功 *//
//*************************//
int getElement(seqList L, int i, elementType *x)
{
    if(i<1 || i>L.listLen)
        return 0;
    else
    {
        (*x)=L.data[i-1];
        return 1;
    }
}
```

【算法分析】算法时间复杂度为 O(1)。

【思考问题】本算法使用指针返回求得的目标元素,还有其他返回方法吗?

4. 查找运算的实现

如果要确定值为 x 的元素在 L 表中的位置,需要依次比较各元素。因而需要用循环语句搜索。当搜索到该元素时,就返回 x 在 L 中的序号,否则返回 0。

【算法描述】
```
int listLocate(seqlist L,elementType x)
{    int  i;
     for(i=0; i<L.listLen; i++)
         if(L.data[i]==x)  return  i+1;
     return 0;
}
```

【算法的一种实现】
```
//************************//
//* 函数功能:给定元素 x,获取其在表 L 中的序号   *//
//* 输入参数:seqList L,为当前顺序表          *//
//*         elementType x,给定的元素        *//
//* 输出参数:无                            *//
//* 返 回 值:元素序号,0 表示元素不在表中       *//
//************************//
int listLocate(seqList L, elementType x)
{
    int i;
    for(i=0; i<L.listLen; i++)
        if(L.data[i]==x)
            return i+1;    //元素 x 在 L 中,在此返回
    return 0;              //循环结束,x 不在 L 中,在此返回
}
```

【算法分析】算法的基本操作为 for 循环中的比较操作,所以只要统计出平均比较次数,即可得出算法的时间复杂度。查找成功,即 x 在表 L 中,假定 x 在 L 中的序号为 i,需要比较 i 次,而 $1<=i<=n$。假设 x 在 L 各个位置出现的概率相同,即出现概率平均为 $1/n$,成功查找的平均比较次数为 $\sum_{i=1}^{n} i \times \frac{1}{n} = \frac{n+1}{2}$。查找失败,即 x 不在表 L 中,比较次数为 n。所以,综合起来,算法的时间复杂度为 O(n)。

【思考问题】本算法使用函数返回值返回 x 在 L 中的序号,还有其他方法传回元素序号吗?

5. 插入算法的实现

在顺序表 L 的第 i 个元素位置,即 e_i 位置插入一个元素 x 时,如果能插入,需要依次执行下列操作:

① 将 $e_i \sim e_n$ 往后依次移一"格"。

② 将 x 插入到第 i 个位置上,实现插入。

③ 修改表的长度,将长度 listLen 加 1,因为表长度是顺序表不可分割的一个分量。

在编程实现其中的批量移动元素这一操作时,需要注意移动的次序,初学者可能会考虑到两种不同的实现方法,其一是从前往后,也就是先将 e_i 的值送到 e_{i+1} 中,再将 e_{i+1} 的值送到 e_{i+2} 中……直到 e_n 也往后移一格为止。这种方法覆盖了后续元素值,显然是错误的。正确的移动只能是从后往前进行,即将 e_n 后移,以空出位置,再将 e_{n-1} 后移……e_i 后移。这种批量移动是软件设计中常见的基本操作。

实现批量移动的控制可用 for 循环语句来实现,若用 j 表示待移走元素的数组下标,则第一个要移走的元素 e_n 在数组中的下标是 $n-1$(listLen−1),而最后一个要移走的元素 e_i 在数组中的下标是 $i-1$。移动元素的循环控制部分可为 for (j=listLen−1; j>=i−1; j−−)。

下面再简要讨论插入的条件:在实际应用中,算法可能要被多处引用,某些引用未必能满足所需的条件,这就需要在算法中检测相关的条件,以免造成不必要的错误。显然,如果表空间已经满了,则不能插入。另外,按定义,插入序号必须满足 $1<=i<=listLen+1$。

【算法描述】
```
void   listInsert(seqList *L,elementType x,int i)
{    int j;
     if(L->listLen==MAXLEN)  error("overflow");           //溢出,不能插入
     else if(i<1 || i>L->listLen+1) error("position error");  //插入范围错,并结束
     else
     {    for(j=L->listLen−1;j>=i−1;j−−)                  //往后移动元素
              L->data[j+1]=L->data[j];                    //注意元素编号与数组下标差 1
          L->data[i−1]=x;                                 //填入插入内容
          L->listLen++;                                   //修改表长
     }
}
```

【算法的一种实现】
```
//************************//
//* 函数功能:在给定位置,插入给定元素    *//
//* 输入参数:seqList *L,为指向当前顺序表的指针  *//
//*         elementType x,给定的插入元素       *//
//*         int i,给定的插入位置                *//
//* 输出参数:seqList *L,为当前顺序表指针        *//
//* 返回值:整型数,0 表示满;1 表示插入位置非法; *//
//*         2 表示插入成功                      *//
//************************//
int listInsert(seqList *L, elementType x, int i)
{
    int j;
    if(L->listLen==MAXLEN)
        return 0;                           //表满,返回 0
    else if(i<1 || i>L->listLen+1)
        return 1;                           //序号超出范围,返回 1
```

```
        else
        {
            for(j=L->listLen-1;j>=i-1;j--)      //循环后移表元素
                L->data[j+1]=L->data[j];        //注意元素序号和数组下标差 1
            L->data[i-1]=x;                     //插入元素 x
            L->listLen++;                       //表长度增 1
            return 2;                           //成功插入,返回值 2
        }
    }
```

【算法分析】由算法可知,该算法花费时间最多的操作是移动元素,移动元素的次数取决于序号 i。i 分别取值为 $1,2,\cdots,n+1$ 时,移动次数分别为 $n,n-1,\cdots,0$。为便于讨论,通常是求出插入一个元素时的平均移动次数。虽然在各个位置上插入元素的概率不尽相同,但为了对算法的时间性能有大致的了解,假设各位置的插入概率相同,为 $1/(n+1)$,因此可求出其在插入一个元素时平均移动元素的次数如下:

$$E_{is} = (0+1+\cdots+n)/(n+1) = n/2$$

所以,算法的时间复杂度为 $O(n)$。

【思考问题】本算法使用指针往主调函数回传插入后的顺序表,还有其他回传方式吗?

6. 删除算法的实现

如果要从顺序表 L 中删除第 i 个元素,则可通过完成如下两个操作来实现:

① 将 $e_{i+1} \sim e_n$ 依次前移,从而将待删除元素 e_i "覆盖掉",因为顺序表要求逻辑上相邻的元素在物理上也相邻。

② 表长度减 1。

和插入操作类似的是,在批量前移元素时,同样要注意移动的次序。显然,此处不能像插入算法中那样从后往前进行。最好的做法是先前移 e_{i+1},接着前移 e_{i+2}……最后前移 e_n。

关于删除运算能执行的条件:待删除元素应该存在,也就是说,表中不仅要有元素,并且待删除的第 i 个元素也存在,合法的 i 范围应为 $1<=i<=n$。

用 for 循环语句来实现批量元素前移,用 j 指示待移走元素的数组下标,则第一个要移走的元素 e_{i+1} 在数组中的下标是 i,而最后一个要移走的元素 e_n 在数组中的下标是 $n-1$(listLen-1)。移动元素的循环控制部分为 for (j=i; j<=listLen-1; j++)。

【算法描述】
```
void listDelete(seqlist *L,int i)
{   int j;
    if(L->listLen<=0) error("下溢出错");        //空表不能删除元素
    if(i<1 || i>L->listLen) error("删除位置错"); //序号错误,删除元素不存在
    else
    {   for(j=i;j<=L->listLen-1;j++)            //向前批量移动元素
            L->data[j-1]=L->data[j];
        L->listLen--;                           //表长度减 1
    }
}
```

【算法的一种实现】
```
//******************************//
//* 函数功能:删除表中指定位置的元素            *//
//* 输入参数:seqList *L,为指向当前顺序表的指针  *//
//*         int i,给定的删除位置              *//
//* 输出参数:seqList *L,为指向当前顺序表的指针  *//
//* 返 回 值:整型数,0表示满;1表示删除位置非法; *//
//*         2表示删除成功                    *//
//******************************//
int listDelete(seqList *L, int i)
{
    int j;
    if(L->listLen<=0)
        return 0;                    //空表,返回值0
    else if(i<1 || i>L->listLen)
        return 1;                    //删除的序号不在有效范围内,返回值1
    else
    {
        for(j=i; j<L->listLen; j++)  //循环前移表元素
            L->data[j-1]=L->data[j]; //元素编号与数组下标差1
        L->listLen--;                //修改表长度
        return 2;                    //成功删除,返回值2
    }
}
```

【算法分析】和插入算法类似的是,删除算法花费时间最多的操作也是移动元素,移动元素的次数同样取决于序号 i,为此,同样也要计算出移动一个元素的平均移动次数。由算法可知,在 i 依次取值为 $1,2,\cdots,n$ 时,分别要移动 $n-1,n-2,\cdots,0$ 次。同样假设各元素的删除概率相同,则删除一个元素时平均移动元素的次数为:

$$E_{is}=(0+1+\cdots+(n-1))/n=(n-1)/2$$

可见,算法的时间复杂度为 $O(n)$。

【思考问题】

① 算法中循环控制变量 j 的含义是_____。

A. 要移走的线性表元素的序号　　B. 要移走的数组元素的下标

C. 将要移走的线性表元素的序号　　D. 将要移走的数组元素的下标

② 本算法使用指针传回删除元素后的顺序表,还有其他方式传回吗?

2.2.3 顺序表的应用

前面讨论了顺序表结构及其基本运算的实现,虽然实际应用中许多问题的结构和运算比这些要复杂,但线性表中所讨论的基本运算及其实现方法有助于复杂问题的求解,下面给出几个求解实例。

【例 2.1】现有 2 个集合 A 和 B,新集合 C=A∪B,将 3 个集合都用顺序表表示。比如 A

={2,4,10,5,9},B={1,4,6,8},则 C={2,4,10,5,9,1,6,8}

【算法思想】这是较简单的顺序表合并问题,要注意的是,因为 A、B 和 C 都是集合,合并后 C 中不能出现重复的元素。基本步骤如下:

①循环取出 A 中的元素,直接插入到 C 的最后,即 listLen+1 位置。

②循环取出 B 中的元素,判断是否出现在 A 中,在 A 中时跳过(集合元素不能重复),不在 A 中时插入到 C 中。

【算法描述】
```
void ListMerge(seqList A, seqList B, seqList * pC)
{   int i;
    elementType x;
    for(i=0;i<A.listLen;i++)     //A 的元素写入 C
    {   getElement(A,i+1,x);
        listInsert(pC,x,pC->listLen+1);
    }
    for(i=0;i<B.listLen;i++)     //B 中与 A 不重复元素写入 C
    {   getElement(B,i+1,x);
        if(!listLocate(A,x))
            listInsert(pC,x,pC->listLen+1);
    }
}
```

【算法分析】假设 A 的元素个数为 m,B 的元素个数为 n,本例的时间性能主要取决于第二个 for 循环,事实上这是一个双重循环,因为 listLocate(A,x)中有循环,其时间性能为 $O(m)$,所以总的时间复杂度为 $O(m \times n)$。

【思考问题】

①为什么 listInsert 中的插入位置是 pC->listLen+1,而不是 pC->listLen 呢?

②本例使用指针从子函数往主函数传回新表 C,如果采用 C++的"引用"传递,程序该如何修改?还有其他传回 C 的方法吗?

③如果算法中的 A 和 B 都用"指针"或"引用"有什么不同呢?

【例 2.2】 假设顺序表 L 中的元素递增有序,设计算法在顺序表中插入元素 x,要求插入后仍保持其递增有序特性,并要求算法时间尽可能少。

【算法思想】首先搜索出插入的位置,然后将从该位置开始的元素往后移并执行插入。假设 L={5,10,15,20,30},x=18,则插入后 L={5,10,15,18,20,30}。现在的问题是:如何搜索插入位置?如何移动元素?对此有两种基本的方法:

① 从表前往表后搜索插入位置,然后批量移动其后面的元素。这种方法比较费时间:假设搜索出的插入序号为 i,则搜索所需的比较次数为 i,批量移动后面元素的次数为 $n-i+1$。因此,对每次插入操作来说,需要比较或移动表中所有元素。

② 从后往前依次比较各元素,显然,在比较过程中,比 x 大的元素应该往后移,重复这样的操作,直到搜索到插入位置为止。这种方法相对容易实现,并且比较和移动操作同步,对每个元素来说,比较次数比移动总数多一次(除非是第一个位置)。下面的算法就是采用这种方法。

本例没有采用前面介绍的顺序表的常规插入算法,而是重新设计了一个算法。在插入前还需要做的一件事就是要判断插入的条件,显然,此处能够插入的条件就是原表中还没有满。

【算法描述】
```
void insert(seqlist *L,elementType x)
{   int i=L->listLen-1;                    //取表中最后元素的数组下标
    if(i>=MAXLEN-1)  error("overflow");    //表满,不能插入
    else
    { while(i>=0 && L->data[i]>x)          //往前搜索插入位置,并移动元素
        {
            L->data[i+1]=L->data[i];       //元素后移
            i--;
        }
        L->data[i+1]=x;
        L->listLen++;
    }
}
```

【算法分析】该算法花费的时间主要是比较和移动元素。在第 i 个位置插入时需移动 $n-i+1$ 个元素,比较次数比移动次数多 1 次,即取决于插入位置。最好情况下,比较 1 次,移动 0 次,而最差情况下需要比较 n 次,移动 n 次。

【思考问题】
① 算法中的 while 循环结束时,空位置(插入位置)的下标是 i 还是 $i+1$?请模拟在表 (4,6,10,15,20) 中分别插入 25、8 和 2 时的实现过程。
② 如果 while 循环条件 L->data[i]>x 改为 L->data[i]>=x,结果会有何不同?
③ 用 for 循环能否完成相同的功能呢?

【例 2.3】 假设顺序表 A、B 分别表示一个集合,设计算法以判断集合 A 是否是集合 B 的子集,若是,则返回 TRUE,否则返回 FALSE,并要求算法时间尽可能少。

【算法思想】这是顺序表的一种应用形式。由题意可知,算法要采用布尔型函数形式返回求解结果。由集合的有关概念可知,判断集合 A 是否是集合 B 的子集,就是要判断 A 中每个元素是否均在 B 中出现,因此,这实际上变成了依次对 A 中每个元素,判断是否在 B 中出现(即是对 B 表的搜索问题)。其中,依次取 A 中每个元素需要以循环方式来实现控制,判断给定元素是否在 B 中出现也要以循环方式来实现控制。这样就可以得到两重循环形式的程序。

在内层循环中判断所取出的 A 中元素是否在 B 中,若该元素不在 B 中,则整个求解结束,返回失败标志 FALSE。否则,若 A 中所有元素都判断成功,则返回成功标志 TRUE。

【算法描述】
```
BOOL subset(seqList *A, *B)
{   int ia,ib;  elementType x;  BOOL suc;    // ia,ib 分别指示 A、B 表中元素的数组下标
    for (ia=0; ia<A->listLen; ia++)
    {   x=A->data[ia];                       //取出 A 中一个元素
```

```
        ib=0;  suc=FALSE;                    //suc 为搜索成功与否的标志
        while (ib<B->listLen && suc==FALSE)
            if (x==B->data[ib]) suc=TRUE;    //搜索到指定元素,设置成功标志
            else ib++;                        //否则,继续搜索 B
        if(suc==FALSE) return FALSE;         //若 A 表中当前元素未搜索到,立即结束
    }
    return TRUE;                              //到此处时,一定是成功的
}
```

【算法分析】由于 A 中每个元素都要与 B 中每个元素比较,故该算法的时间复杂度为两表长度之积的数量级,即为 $O(|A|*|B|)$。

本题也可这样求解:将判断指定元素是否在 B 表中的求解也设置为一个布尔函数的形式,在此不再赘述,有兴趣的读者可自己练习。

【思考问题】此算法函数参数 A 和 B 都是指针,不用指针可以吗?用指针有什么好处?使用 C++的"引用"是否可行?

【例 2.4】 假设递增有序顺序表 A、B 分别表示一个集合,设计算法以判断集合 A 是否是集合 B 的子集,若是,返回 TRUE,否则返回 FALSE,并要求算法时间尽可能少。

【算法思想】本题虽然也可用前例算法来实现求解,但由于没有用到所给出的递增有序的条件,因而其时间性能不会得到改善,不符合对时间性能的要求。下面讨论运用所给出的递增有序这一条件来改进算法的时间性能的实现方法。

按定义,需要判断 A 表中每个元素是否在 B 表中出现,为此,可这样进行:用变量 ia 依次指向 A 表中每个元素(即 A->data[ia]),然后判断该元素是否出现在 B 表中。而为了判断该元素是否在 B 表中,也需要用一个变量(不妨用 ib)依次指示 B 表中各元素,以指示搜索位置。当 ia 和 ib 均指向各自表中某一元素时,可能会出现如下 3 种情况:

① A->data[ia]> B->data[ib]:当 A 表中当前元素大于 B 表中当前元素时,需要继续在 B 表中搜索,即要执行 ib++以使 ib 指向 B 表中下一个元素并继续搜索。

② A->data[ia]== B->data[ib]:当 A 表中当前元素在 B 表中时,查找成功,因而可继续判断 A 表中下一个元素,即要执行 ia++以使 ia 指向 A 表的下一个元素并继续搜索。与此相应,此时,指示 B 表中元素的 ib 应指示到哪儿?

一种简单的办法是从头开始,但那样的话,还是没有用上递增有序的条件,因而没有改善算法的时间复杂度。仔细分析可得到另一种办法,即 ib 还是指示原来的位置,或者简单地往后移动一位,即执行 ib++。

③ A->data[ia]< B->data[ib]:当 A 表中当前元素小于 B 表中当前元素时,肯定小于其后面的所有元素,所以该元素肯定不在 B 表中,即搜索失败。只要有一个元素不在 B 表中,就意味着 A 表不是 B 表的子集,故整个算法的求解结束,返回结果 FALSE。

重复执行上述判断过程,直到 ia 和 ib 中至少有一个指向表尾之后为止,此时,根据不同的情况可以分别得出如下结论:

① ia>=A->listLen:意味着 A 表中每个元素都已经被判断过了,并且都在 B 表中(为什么?),因而可以返回结论 TRUE。

② 否则,意味着 A 表中的当前元素肯定不在 B 表中,因而返回结论 FALSE。

【算法描述】
```
BOOL subset(Seqlist *A, *B)
{   int ia=0, ib=0;
    while (ia<A->listLen && ib<B->listLen)
    {
        if(A->data[ia]==B->data[ib])  { ia++; ib++; }
        else  if(A->data[ia]> B->data[ib])  ib++;
        else  return  FALSE;
    }
    if(ia>=A->listLen)  return  TRUE;
    else  return  FALSE;
}
```

【算法分析】由于 ia、ib 从头开始依次指示 A、B 表中每个元素一次（严格地说，由于停顿可能使某个元素被比较几次，但每次比较至少要通过一个元素），故算法的时间复杂度为两表长度之和的数量级，即 $O(|A|+|B|)$。

【思考问题】
① 哪个表会先搜索结束？
② 在什么情况下，本算法会出现 ia 和 ib 同时等于对应表的长度？

【例 2.5】 设计算法将递增有序顺序表 A、B 中的元素值合并为一个递增有序顺序表 C，并要求算法时间尽可能少。

【算法思想】如果不是要求递增有序，而是简单合并，则可分别将两个表中的元素依次放置到 C 表中，即完成了问题要求。然而，由于有递增有序这一要求，因而必须要重新构思求解方法。

假设用 ia 和 ib 依次指向 A、B 两表中的元素（一般都是从前往后，即初值都为 0），则可能会出现如下情况之一：

① A->data[ia]< B->data[ib]：则 A 表中当前元素应先于 B 表中当前元素放到 C 表中，然后再用 A 表中下一元素来与 B 表中当前元素比较，即要执行 ia++ 以使 ia 指示下一元素。

② A->data[ia]==B->data[ib]：则可将 A、B 两表中当前元素同时放在 C 表中（也可仅放其中一个），然后再对 A、B 表中下一元素进行比较。

③ A->data[ia]> B->data[ib]：则 B 表中当前元素应先于 A 表中当前元素放到 C 表中，然后再用 B 表中下一元素来与 A 表中当前元素比较，即要执行 ib++ 以使 ib 指示下一元素。

重复执行上述比较操作，直到当 ia 和 ib 中的一个指向表尾之后时，可以将另一个表中的剩余元素放到 C 表中。另外，还需要解决以下两个问题：

① C 表中元素存放位置的指示。
② C 表的长度值的设置（许多初学者容易忽略）。

【算法描述】
```
void merge(Seqlist *A, *B, *C)
{   int ia=0, ib=0, ic=0;
```

```
    while (ia<A->listLen && ib<B->listLen)
    {
        if (A->data[ia]==B->data[ib])
        {
            C->data[ic++]=A->data[ia++];
            C->data[ic++]=B->data[ib++];
        }
        else if (A->data[ia]>B->data[ib])  C->data[ic++]=B->data[ib++];
        else  C->data[ic++]=A->data[ia++];
    while (ia<A->listLen)  C->data[ic++]=A->data[ia++];
    while (ib<B->listLen)  C->data[ic++]=B->data[ib++];
    C->listLen=ic;
}
```

【算法分析】由于每次循环都要取出 A 或者 B 中的一个元素插入 C 中,所以算法的时间复杂度为两表长度之和的数量级,即 $O(|A|+|B|)$。

【思考问题】
① 若要求 C 为递减顺序表,如何实现?
② 若已知顺序表 A 递增,B 递减,要求 C 递增,如何实现?

2.3 链 表

由前面讨论可知,在顺序表中插入和删除一个元素时,在等概率情况下,需要移动表中约一半的元素。当表中元素较多时,显然是费时的。此外,顺序表需要使用连续的内存空间,且空间大小要按最大需求分配,可能导致内存空间利用率不高。为此,需要重新讨论线性表的存储结构问题。下面所讨论的链表就是一种新的存储结构形式。

2.3.1 链表基本结构

1. 链表的概念

链表是使用不连续的或连续的存储空间来存放线性表的数据元素。那么在不连续的内存空间上怎样实现线性表元素间的逻辑次序呢?也就是说,从当前元素出发,怎样找到它的直接后继在什么地方呢?链表的做法是在每个数据元素后面附加一个地址域(指针域),用来存放当前元素直接后继的地址。这个由数据域和指针域形成的结构作为一个整体,叫做"**结点**"(节点)。结点的构成如图 2-2 所示。

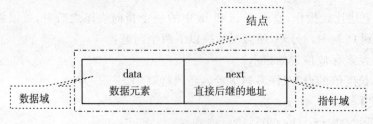

图 2-2 结点结构

假设要在表 L 中的第 i 个位置上插入值为 x 的元素。为了实现插入,并且不移动元素,需要另外开辟存储单元来存放要插入的元素 x 的值。在这种情况下,为了能体现出 x 与其新的前驱、后继元素之间的逻辑关系(次序),可以这样实现:为每个元素增加一个变量以记录元素的地址,从而构成了称为**"结点"**的一个整体。

在链表中,结点是存取的基本单位,是一个整体。结点的数据域存放数据元素;指针域存放直接后继结点的地址,也称"指针"或"链"。一个有 n 个元素的线性表,构成 n 个结点存储到不连续或连续的内存空间中,逻辑上相邻的元素在物理位置上不一定相邻,元素之间的逻辑次序通过指针进行链接,故称以这种存储形式所存储的表为**链表**。

比如,由 e_1 元素结点的 next 即可找到 e_2,由 e_2 结点的 next 即可找到 e_3 结点,这样"顺藤摸瓜",一直可以找到 e_n,不管它们存储在内存的什么位置。

如何知道线性表的第一个结点存放在内存的什么地方呢?显然需要知道其在内存中的地址,这个地址叫做**"头指针"**(head)。有了头指针就可找到第一个结点,由第一个结点的 next 指针即可找到第二个结点,如此可以找到所有结点。所以,链表中头指针是至关重要的,因为头指针唯一确定整个链表。以后在定义链表时,事实上只要定义出其头指针即可。由于头指针也是指向一个结点,所以 head 指针与 next 指针具有相同的数据类型。链表的存储结构如图 2-3 所示。

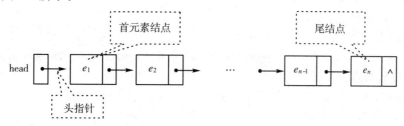

图 2-3 单链表存储结构示意图

图 2-3 所示链表的结点由一个数据域和一个指针域构成,这样的链表称为**"单链表"**(Single Linked List)。

2. 单链表的存储描述

描述单链表,其实只要定义出结点结构,有了结点结构,再给出结点类型的头指针即可确定整个链表。由上面的讨论可知,单链表结点结构由数据域和指针域构成,借助 C 语言的结构体很容易定义出结点结构,描述如下:

```
struct slNode
{   elementType data;              //数据域
    struct slNode * next;          //指针域,结构(结点)自身引用
};
typedef struct slNode node, * linkList;   //或 typedef slNode  node, * linkList;
```

或者将上面两部分集成描述为:

```
typedef struct slNode
{   elementType data;              //数据域
    struct slNode * next;          //指针域,结构(结点)自身引用
} node, * linkList;
```

上面的描述中使用 typedef 将结点类型重新命名为 node 和结点指针类型 linkList。以后既可以使用类型 node 来定义结点变量或结点指针变量，也可用 linkList 直接定义结点指针变量。

这里讨论的链表要求按需分配结点的存储空间，即要求程序在运行期间可以动态地向操作系统申请需要的存储空间，使用完毕立即释放空间，这样的链表叫做"**动态链表**"。C 语言为我们提供了这样的库函数，malloc()库函数在程序执行期间向操作系统申请内存空间，free()库函数动态地释放内存空间。C++ 提供了两个操作符 new 和 delete，分别用来动态申请和释放空间。本书后面在描述申请和释放结点时更多使用 new 和 delete 操作符。

需要注意的是，在 C 或 C++ 中，用户动态申请的内存空间，使用完毕后必须由用户负责释放这部分空间，还给操作系统。否则，操作系统会一直认为这些空间仍为用户程序使用，这样的内存称为"垃圾内存"(Garbage Memory)，或称"产生了内存泄漏"(Memory Leak)。C 和 C++ 没有垃圾内存自动回收机制，用户申请的内存，需要用户自行负责回收。所以，malloc()和 free()，new 和 delete 必须成对使用，申请了多少内存，用完后就要释放它，否则会造成内存泄漏。Java 和 C♯ 都提供自动垃圾回收机制，动态申请的内存即使不立即手工释放，系统也会根据需要启动垃圾回收机制，自动回收垃圾内存。

申请结点和释放结点的简单用法如下：

malloc()申请结点：

  node * p;

  p=(node *)malloc(sizeof(node)); //动态申请一个结点的内存空间，返回结点指针

free()释放结点：

  free(p);

new 申请结点：

  node * p;

  p=new node; //动态申请一个结点的内存空间，返回结点指针

delete 释放结点：

  delete p;

有了结点指针，怎样引用结点结构的分量呢？比如有下面的代码：

  node * p;

  p=new node;

上面的代码定义了一个结点指针 p 并申请了结点的内存空间，用"->"符号来引用结点的分量，即 p->data；p->next。

前面讨论过，一个链表由头指针唯一确定，那么头指针怎样定义呢？因为头指针也是指向结点结构的指针，所以头指针类型与上面定义的指针 p 或 next 指针类型相同，所以头指针可以定义为：node * head。以后我们会常常用头指针表示整个链表。同时，为简单起见，也常用单个字符来表示头指针，例如，node * H 或 node * L。

头指针的一些用法如图 2-4 所示。

可见，head->data 为首元素结点的元素值 e_1；head->next 为指向 e_2 结点的指针。因为 head->next 为 e_2 结点指针，所以 head->next->data 即为 e_2；head->next->next 为指向下一个结点 e_3 的指针，如此继续下去，可以到尾结点。

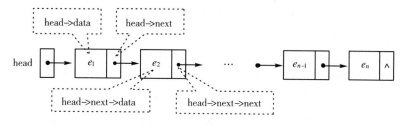

图 2-4 头指针用法示意图

3. 带头结点的单链表

本小节从探讨单链表插入运算开始,引出带头结点的单链表概念。假设要在链表的第 i 个元素结点前插入值为 x 的新结点,要完成此操作,首先要用 s=new node 申请一个新的结点,s 为指向新结点的指针;将元素值 x 赋给结点的数据域,即执行"s->data=x;",还要知道指向前一个结点 e_{i-1} 的指针,假设为 p;最后修改 x 结点和 e_{i-1} 结点的 next 指针,将新结点链接到链表中。由 2.2 节顺序表的插入操作可知元素的有效插入范围为:$1<=i<=n+1$。我们可以把此范围划分为三种情况分别加以讨论,情况一:$2<=i<=n$,即新结点 x 插入后不是第一个结点,也不是最后一个结点;情况二:$i=n+1$,即新结点 x 插入后为最后一个结点;情况三:$i=1$,即新结点 x 插入后为第一个结点(首元素结点)。

(1) 情况一:$2<=i<=n$

此情况下插入结点 x,首先要修改 x 结点的 next 指针,使其指向 e_i 结点,如图 2-5 所示,可通过代码 s->next=p->next 实现。

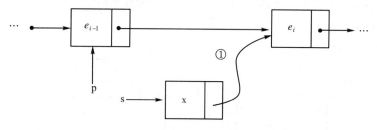

图 2-5 更新 x 结点的 next 指针后情况

接下来,通过执行 p->next=s 修改 e_{i-1} 结点的 next 指针,使其指向 x 结点,即为 s,修改后新结点 x 即链接到了链表,插入工作完成,如图 2-6 所示。

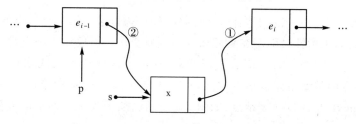

图 2-6 更新 e_{i-1} 结点的 next 指针后情况

总结起来,情况一下插入结点经过了两个步骤,即:

① s->next=p->next;

② p->next=s;

【思考问题】上述插入操作的两个步骤是否可以调换？

(2) 情况二：$i = n+1$

此情况下，新结点 x 插入后成为最后一个结点（尾结点），与情况一相同，第一步更新 x 结点的 next 指针为空指针，即执行 s—>next=NULL，因为 e_n 结点的 next 也为 NULL，所以也可以执行 s—>next=p—>next；第二步更新 e_n 结点的 next 指针，执行 p—>next=s，如图 2-7 所示。可见情况二与情况一操作相同，可归为情况一。执行的两个步骤如下：

① s—>next=p—>next；或 s—>next=NULL；

② p—>next=s；

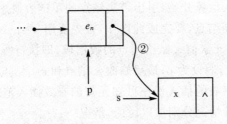

图 2-7　更新 x 结点和 e_n 结点的 next 指针后情况

(3) 情况三：$i=1$

此情况下，插入的新结点 x 成为首元素结点，第一步更新 x 结点的 next 指针要执行 s—>next=head；第二步，链表的头指针发生变化，要改为 s，即 x 结点的指针成为链表的头指针，即执行 head=s，如图 2-8 所示，此情况下，两个操作步骤为：

① s—>next=head；

② head=s；

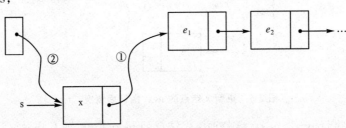

图 2-8　x 结点插入为首元素结点情况

可见，在情况三下插入结点的操作与前两种情况不同，这显然会给结点的插入操作带来不便。此外，链表的头指针会随着在头部插入结点而变化。不仅插入结点存在这个问题，链表删除操作也有这个问题。为了解决上述问题，在链表的最前面人为增加一个结点，称为**"头结点"**。头结点的类型与元素结点相同，让链表的头指针指向头结点，头结点的 next 指针，即 head—>next，指向首元素结点，如图 2-9 所示。加了头结点的单链表称为**"带头结点的单链表"**。

没有元素结点的链表称为**"空链表"**，对带头结点的空单链表，只需将头结点的 next 置为空指针即可，如图 2-10 所示。

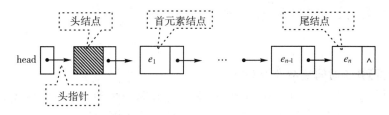

图 2-9 带头结点的单链表结构示意图

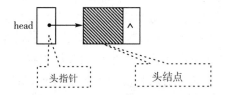

图 2-10 带头结点的空单链表示意图

加了头结点后,链表的插入和删除操作只能在头结点之后进行,这使得链表所有位置的插入和删除操作步骤相同。此外,只要申请了头结点,则整个链表在存续期间头指针始终不变。在后面的讨论中,若不特别声明,所述单链表均为带头结点的单链表。

2.3.2 链表基本运算的实现

下面讨论采用链表结构存储时,线性表各基本运算的实现。掌握和理解这些基本运算的实现方法有助于将其应用于更为复杂的问题求解中。在此基础上,我们将在下一小节讨论链表结构的应用实例。

1. 初始化链表运算的实现

初始化链表即建立一个不含元素结点的空链表,对于带头结点的单链表来说,就是要编写一个函数,在此函数中申请头结点,头结点的 next 指针置为空,并将头结点的指针(头指针)返回给主调函数。

【算法描述:方法一】使用 C++ 的引用回传初始化后的链表。

```
void  initialList(node * &L)
{    L=new node;     //产生头结点,也可用如下语句产生头结点:L=(node *)malloc(sizeof(node));
     L->next=NULL;  //设置后继指针为空
}
```

此算法使用了 C++ 的引用往主调函数回传头结点指针(头指针)。如果这里不使用引用,初始化函数参数只定义为结点指针,即定义为 initialList(node * L),是否可以正确回传头指针呢?答案:不行! 为什么不行呢?假设主调函数如下面代码片段所示:

【主调函数代码片段】不妨设主调函数即为 C 语言主函数 main,当然也可为其他自己编写的函数。

```
void  main()
{    node *L;            //① 声明链表头指针变量
     ...
     initialList(L);      //② 调用方法一,初始化链表
     //initialList(&L);   //③ 调用方法二,初始化链表
```

```
        //L=initialList();     //④ 调用方法三,初始化链表
        ...
}
```

【算法分析】算法时间复杂度为 O(1)。

当执行语句①声明头指针变量 L 时,系统会给 L 赋一个初始值,Windows 下这个初始值常为"0xCCCCCCCC",这是 L 初始指向的内存地址。主调函数执行语句②,把 L 作为实参传递到初始化函数。在链表初始化函数中将执行 L=new node 语句,这句执行的结果是操作系统根据当前的内存情况,在合适的位置分配一个结点的空间,并把这个结点在内存中的首地址赋值给 L,比如为"0x00441150",可见主函数和子函数中 L 的值发生了改变,指向的内存地址不同,所以子函数不能回传已经申请的头结点指针。C++的引用使用"别名"机制可以实现本算法的回传,事实上引用是使用了 L 的地址(指针的地址)实现传递,在此调用过程中,L 在主函数和子函数中的地址是相同的、不变的,比如皆为"0x0012FF7C"。关于引用的更多知识请参阅 C++的相关材料。

【算法描述:方法二】使用指针的指针回传初始化后的链表。

```
void  initialList(node * * pL)
{    (* pL)=new node;          //pL 为结点指针的指针,所以(* pL)为结点指针
        //产生头结点,也可用下面语句产生头结点:(* pL)=(node * )malloc(sizeof(node));
    (* pL)->next=NULL;        //设置后继指针为空
}
```

这个实现使用了指针的指针,即 L 的指针,在传递过程中 L 的地址(指针)是相同的、不变的,比如皆为"0x0012FF7C",所以可以用双重指针回传初始化后的链表。主调函数中的调用方式如主调函数代码片段中的语句③。

【算法描述:方法三】使用函数返回值回传初始化后的链表。

```
node * initialList()
{
    node * p;               //声明结点指针变量
    p=new node;             //产生一个结点
    p->next=NULL;           //结点的 next 指针置为空
    return P;               //返回已申请结点的指针
}
```

这可能是初学者最容易理解的一种实现方法,主调函数中的调用方式如主调函数代码片段中的语句④。

【思考问题】如何设计出链表不带头结点时的初始化算法?

这里我们用了较多的篇幅讨论头指针的回传问题,是因为不仅链表初始化会遇到这个问题,后面的按序号求元素运算、元素定位运算、链表创建运算都会涉及链表头指针或结点指针的回传问题,凡是在主函数和子函数中结点指针值发生改变,又要回传此指针,都存在这个问题。当然学习数据结构,只要会使用其中一种方法即可,但要成为 C 和 C++高手,就必须搞清楚这些内容,在后面的内容中将不再重述。

2. 求链表长度的实现

按定义,求链表 L 的长度就是求出链表 L 中元素的个数,而链表中没有存储其长度值,

因此需要逐个"数"出其结点个数。"数"结点时可用一指针(不妨用 p)依次指示每个元素结点(显然,其初值应为 L->next,指向首元素结点),p 每指到一个结点就作一次计数(因此需要设置一个计数变量 len,其初值为 0),直到搜索到最后,即 p 移出链表。由此得到流程图如图 2-11 所示。

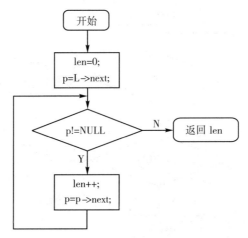

图 2-11　求链表长度算法流程图

【算法描述】
```
int  listLength(node *L)
{   int  len=0;node *p=L->next;   //p 初始指向首元素结点
    while(p!=NULL)
    {   len++;                    //p 指向元素结点,计数加 1
        p=p->next;                //p 移到下一个结点,继续后续结点的计数
    }
    return  len;                  //返回结果
}
```

【算法分析】本算法的主要操作是计数元素结点个数,设线性表有 n 个元素,则时间复杂度为 $O(n)$。顺序表中有一个长度分量 listLen,可直接读出,求长度算法的复杂度为 $O(1)$。

【思考问题】
① 算法初始化时,若 p 指向头结点,即 p=L,而不是首元素结点,算法要怎样修改才能计数出结点个数?这个问题在插入结点时将会遇到。
② 若用指针或引用来返回长度值,算法如何实现?

3. 按序号取元素结点的实现

该运算可以变成求链表 L 中指定序号为 i 的元素结点的指针,为此,需要从首元素结点开始依次"数"过去,因而要用循环语句来控制这一搜索过程。在搜索过程中,要用一个指针(不妨用 p)依次指向所数到的结点(即 *p),显然其初值应为 L->next,指向首元素结点。并需要设置一个计数变量(不妨设为 j)以记录所指结点的序号。当 $j==i$ 时,p 指向的结点即为目标结点。算法中需要注意控制循环的条件。另外,需要考虑在所指定结点不存在时所返回的值。流程图如图 2-12 所示。

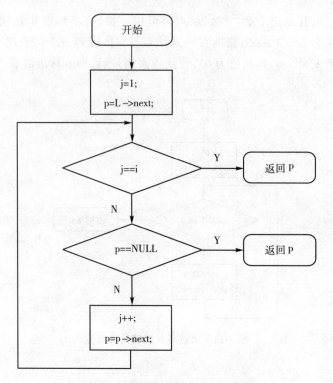

图 2-12　按序号求元素算法流程图

这一流程图中的循环有两个条件,而 C 语言中的循环条件只有一个,因此,需要将这两个条件合并为一个条件,这是较常见的,因而应注意掌握。

【算法描述】
```
node *getElement( node *L,int  i )
{   node *p=L->next; int j=1;
    while( j!=i && p!=NULL )     //当前结点不是目标结点,并且不空时就继续搜索
    {
        j++;
        p=p->next;
    }
    return p;                    //返回结果
}
```

【算法分析】分析方法同顺序表按序号求元素算法,时间复杂度为 $O(n)$。

【思考问题】
① 本算法若取元素失败,返回的 p 值是什么?
② 用引用或双重指针返回指针 p,如何实现?

4. 按值查询元素的实现

在链表 L 中查找值为 x 的元素结点,并返回其指针作为结果,显然要采用逐个比较的方法来实现。具体方法是:设置一个指针(不妨用 p)依次指示各元素结点,每指向一个结点时,就判断其值是否等于 x,若是,则返回该结点的指针;否则继续往后搜索,直到表尾;若没有找到这样的结点,则返回空指针(这是常见的要求)。算法流程图如图 2-13 所示。

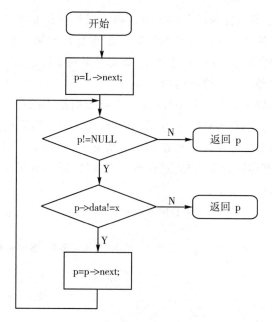

图 2-13　按值查询元素的算法流程图

【算法描述】

```
node * listLocate (node * L,elementType x)
{   node  * p=L->next;  //p 初始指向首元素结点
    while(p!=NULL && p->data! =x)
    {  //p 指元素结点,又不是目标结点,继续搜索下一个结点
        p=p->next;
    }
    return  p;
}
```

【算法分析】分析方法同顺序表按元素值定位元素,时间复杂度为 $O(n)$。

【思考问题】

① 若查找失败,返回的 p 值是什么?

② 若用引用和双重指针返回目标结点指针,如何实现?

③ 若要求同时返回目标结点的序号,应如何修改算法?

5. 插入算法的实现

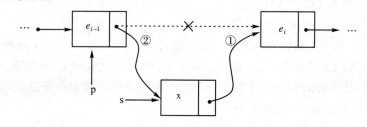

图 2-14　结点插入操作示意图

前面已经讨论了结点的插入操作,我们知道加了头结点后,链表所有位置的插入操作步

骤都是相同的,并给出了插入操作的关键步骤。插入操作过程如图 2-14 所示。

这里再对插入操作的其他内容做详细分析。在链表 L 的第 i 个元素结点前插入值为 x 的结点,即新结点插入到结点 e_{i-1} 和 e_i 之间,需要完成下列工作:

① 搜索 e_{i-1} 结点并给出 e_{i-1} 结点的指针 p。

算法中给出插入位置 i,i 为元素序号,现在需要根据给出的序号 i,搜索 e_{i-1} 结点,并给出其指针 p。在前面按序号求元素算法 getElement(L,i)中遇到过类似的问题,但此算法中给出的是 e_i 结点的指针。而现在要求在给定 i 情况下,给出 e_{i-1} 结点的指针。此外,插入位置可能是 $i=1$,这样其前驱就是头结点,p 即为头指针,所以 p 只能初始化为 p=L,为此,需要对先前的代码进行如下改造:

```
p=L;                         //p 初始指向头结点
j=0;
while( j!=i−1 && p!=NULL)    //未找到 e_{i-1} 结点,且未到表尾,继续搜索下一结点
{
    j++;
    p=p->next;
}
```

此循环在两种情况下退出:一种情况是 j==i−1 退出,此时 p 指向 e_{i-1} 结点,正确搜索到插入位置,这正是我们要求的;第二种情况是 p==NULL 退出,说明插入的元素序号 i 超出有效范围。

与顺序表插入一样,也要检查插入位置 i 的合法性,i 的有效范围为:$1<=i<=n+1$。在顺序表中,用表长度参数 listLen 可以直接判断 i 是否超出范围,那么,这里怎样检查呢?直接的想法可能是先利用 listLength(L)运算,求出链表的长度 n,再判断 i 是否在 $1<=i<=n+1$ 范围内。有没有更为巧妙的方法呢?答案是肯定的。借助上面搜索 e_{i-1} 结点指针 p 的过程,顺便判断 i 是否超出有效范围。先来分析 $i>n+1$ 情况,即 $i-1>n$。上面的 while 循环,当 $j=n$ 时,p 指在尾结点 e_n 上,此时 $j=n$,$i-1>n$,所以 j!=i−1,且 p 不为空,将继续执行循环体 j++ 和 p=p->next,此后 p 变为空,退出循环,可见 $i>n+1$ 时,while 循环因 p==NULL 退出。再来分析 $i<1$ 情况,即 $i-1<0$。因 while 循环控制变量从 $j=0$ 开始,循环一开始就有 $j>i-1$,此后每次循环 j 加 1,所以永远不可能出现 j==i−1 情况,while 循环只能在 p==NULL 时退出,可见 $i<1$ 时,while 循环也以 p==NULL 退出。综上可知,while 循环结束后,如果 p==NULL,则肯定是因为 i 超出有效范围。在 while 循环后面,增加下面代码即可检查 i 的合法性。

```
if( p==NULL ) error("序号错");
```

顺便提一下,利用上面的方法判断 i 的有效性,在 $i<1$ 和 $i>n+1$ 两种无效序号情况下,都要搜索链表的所有结点,直至表尾。事实上,对 $i<1$ 无效情况,可以在 while 循环前直接加一条"if(i<1) error("序号下越界")"语句排除,不需要搜索整条链表,效率会更高。

② 申请一个新结点,结点指针为 s。

```
s=new node;    //或 s=( node * ) malloc( sizeof( node ));
```

③ 将元素值 x 赋给新结点的数据域。

```
s->data=x;
```

④ 更新新结点的 next 指针,使指向结点 e_i。
   s->next=p->next;
⑤ 更新 e_{i-1} 结点的 next 指针,使指向结点 x。
   p->next=s;

【算法描述】
```
void listInsert(node *L,int i,elementType x)
{   node *p=L;int j=0;
    while( j!=i-1 && p!=NULL )          //搜索 e_{i-1} 结点
    {
        p=p->next;
        j++;
    }
    if(p==NULL) error("序号错");        //等价于判断插入序号是否正确
    else
    {   s=new node;                      //产生新结点。或用下面语句申请新结点:
                                         //s=( node *)malloc( sizeof( node ));
        s->data=x;                       //装入数据 x
        s->next=p->next;                 //插入(链接)新结点
        p->next=s;
    }
}
```

【算法的一种实现】
```
//****************************//
//* 函数功能:表中指定位置 i 插入 x 元素        *//
//*         插入成功返回 true;失败返回 false   *//
//* 输入参数:node *L, int i, elementType x    *//
//* 输出参数:node *L                           *//
//* 返 回 值:bool,插入成功返回 true,失败返回 false*//
//****************************//
bool listInsert(node *L, int i, elementType x )
{
    node *p=L;                   //p 指向头结点
    node *S;
    int k=0;
    while(k!=i-1 && p!=NULL)     //搜索 e_{i-1} 节点,并取得指向 e_{i-1} 的指针 p
    {
        p=p->next;               //p 指向下一个节点
        k++;
    }

if( p==NULL )
    return false;                //p 为空指针,说明插入位置 i 无效,返回 false
```

```
else
{
    //此时,k=i-1,p 为 e_{i-1} 结点的指针
    S=new node;                    //动态申请内存,创建一个新节点,即要插入的节点
    S->data=x;                     //装入数据
    S->next=p->next;
    p->next=S;

    return true;                   //正确插入返回 true
}
```

【算法分析】算法的主要费时操作在循环搜索 e_{i-1} 结点的指针 p,时间复杂度为 $O(n)$。

【思考问题】主调函数中也需要知道插入结点情况,为什么这里函数参数用结点指针(单指针)就可以了呢?

6. 删除算法的实现

删除链表中第 i 个元素结点 e_i,就是要让其前驱 e_{i-1} 的 next 指针绕过该结点指向 e_{i+1} 结点,释放 e_i 结点。结点删除操作过程如图 2-15 所示。

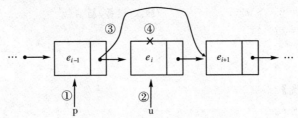

图 2-15 结点删除操作示意图

可见要删除一个结点,需要完成以下工作:

① 搜索 e_{i-1} 结点,给出此结点指针 p。

p 指针的搜索过程与前面结点插入算法的搜索过程相同,当给出的删除元素序号 i 有效时,while 循环由 $j==i-1$ 条件控制结束,此时 p 指向 e_{i-1} 结点,p->next 指向 e_i 结点,即要删除的目标结点。

删除操作也要检查序号 i 的合法性,i 的有效范围为:$1<=i<=n$。对于 $i<1$ 无效情况,i 的无效判定方法与插入操作的判定方法完全相同。对于 $i>n$ 无效情况,与插入算法判定稍有不同。当 $i>n+1$ 时,while 循环由 p==NULL 控制退出,这与插入算法判定一样。但是当 $i=n+1$ 时,两者不同,对插入是合法位置,但对删除就是无效序号。当 $i=n+1$ 时,$j=n$,此时 p 指在 e_n 结点上,即有 $j==i-1$ 和 p!=NULL,while 循环因 $j=i-1$ 条件满足而退出,退出后 p 指向 e_n 结点,不为空,但 p->next 为空。而删除的目标结点指针正是 p->next,p->next 为空则没有结点可供删除,即序号 $i=n+1$ 无效。综上分析,while 循环结束时,p==NULL 或者 p->next==NULL,都可判定为删除序号 i 无效。即:

```
if( p==NULL || p->next==NULL )   error("删除序号错");
```

② 获取 e_i 结点指针 u,用于后面释放此结点。

u=p->next;

③ 更新 e_{i-1} 结点的 next 指针,使绕过 e_i 结点,指向 e_{i+1} 结点。

p->next=u->next;或者 p->next=p->next->next;

④ 释放 e_i 结点的存储空间。

delete u;或者 free(u);

前面已经介绍过,C 或 C++中用户申请的内存,不用时必须用 free()或 delete 显示地释放,系统不能自动回收这部分内存空间。

【算法描述】
```
void listDelete(node *L,int i)
{
    node *p,*u;
    int j=0;
    p=L;
    while(j!=i-1 && p!=NULL)        //搜索 e_{i-1} 结点
    {
        p=p->next;
        j++;
    }
    if(p==NULL || p->next==NULL)    //判定删除序号 i 是否有效
        error("删除序号错");          //报错并退出运行
    else
    {
        u=p->next;                   //指向待删除的结点
        p->next=u->next;             //绕过待删除的结点
        delete u;                    //释放结点的存储空间,或用 free(u);
    }
}
```

【算法的一种实现】
```
//************************//
//* 函数功能:删除表中指定位置 i 处的元素(结点)  *//
//*         删除成功返回 true;失败返回 false    *//
//* 输入参数:node *L,int i                      *//
//* 输出参数:node *L,返回删除后的链表           *//
//* 返 回 值:bool,删除成功 true;失败 false      *//
//************************//
bool listDelete(node *L,int i)
{
    node *u;
    node *p=L;                       //指向头结点
    int k=0;
    while(k!=i-1 && p!=NULL)         //搜索 e_{i-1} 结点
    {
```

```
            p=p->next;
            k++;
        }
        if(p==NULL || p->next==NULL)
            return false;             //删除位置 i 超出范围,删除失败,返回 false
        else
        {   //此时,p 指向 $e_{i-1}$
            u=p->next;                //u 指向待删除结点 $e_i$
            p->next=u->next;          //$e_{i-1}$ 的 next 指向 $e_{i+1}$ 结点,或为空($e_{i-1}$ 为最后结点)
            delete u;                 //释放 $e_i$ 结点
            return true;              //成功删除,返回 true
        }
    }
```

【算法分析】算法时间复杂度 $O(n)$。

7. 链表的构造

前面讨论链表的 6 种基本运算,除了初始化链表外,其他 5 种运算,均假设链表已经存在,且可能已经有若干个元素结点。那么,这个链表从哪来呢?我们知道链表是在程序运行期间,通过动态申请内存逐步构建的,所以要使用链表,必须先创建它。

创建链表即先初始化一个链表,然后连续地插入若干个元素结点。您可能立刻想到,这很简单,先初始化一个链表,然后反复调用插入结点运算就可以完成这个任务。按这个思路的确可以完成任务,但每次都要搜索插入位置 i,显然时间性能不理想。因此,如果在构造算法中能记住上一次的插入位置,按这个位置直接插入当前结点,则可解决其时间性能问题。下面所讨论的算法正是基于这一基本思想的。我们约定从键盘输入数据元素。那么如何控制创建结束呢?一般有两种方法:一种是循环创建结点,当键盘输入一个特殊符号(结束符),退出循环,结束创建;另一种是先指定结点个数,由此控制循环,当插入的结点数等于这个值时,退出循环,创建结束。

算法的基本框架如下:
① 初始化链表 L。
② 读入元素 x。
③ 如果 x 是结束符,结束构造。
④ 否则,产生结点并装入 x。
⑤ 插入新结点到链表 L 中。
⑥ 转 ②。

在这一框架中,需要明确操作 ⑤ 中插入结点的位置。有几种不同的选择:
① 插入到表尾,简称"**尾插法**",即每次插入的结点都成为节点,从而使所建链表中元素的次序与输入的顺序一致。
② 插入到表头,简称"**头插法**",即插入到头结点之后,每次插入的结点都成为首元素结点,从而使所建链表中元素的次序与输入的顺序相反。
③ 其他要求的插入,例如,按递增、递减的要求插入等。

下面分别讨论前两种方法,即尾插法和头插法建表的算法。这两个算法也是许多链表问题求解的基础。

(1) 尾插法创建链表的算法

如前所述,所谓**"尾插法建表"**是指在创建链表的过程中,将每次所读入的数据装入结点后插入到链表的尾部,使成为新的尾结点。分析如下:

① 为使创建算法相对独立,这里不调用链表初始化操作,直接在创建算法中申请头结点,给出头指针,即执行 L=new node 即可。

② 为能很快找到插入的位置(即原来的尾结点),提高插入的速度,可设一指针 R,始终指向尾结点,这样每个新结点可直接链接到 R 所指的结点上。

③ 插入每个结点时,除将其链接到链表尾部外,还要移动原指针 R,使其指向新的尾结点,以便后续结点的插入操作。

依此分析得尾插法建表算法的基本框架如下:

① 产生链表 L 的头结点,头结点 next 置空,并让指针 R 指向头结点,即:R=L。
② 读入元素 x。
③ 如果 x 是结束符,结束构造。
④ 否则,产生结点并装入 x。
⑤ 将新结点链接到指针 R 所指结点的后面,并让指针 R 指向新的尾结点。
⑥ 转②。

【算法描述】
```
void   createList( node * &L)              //尾插法建表
{
    elementtype x; node * u, * R;
    L=new node;                            //申请产生头结点,头指针为 L,或用下面语句申请:
                                           //L=(node * )malloc(sizeof(node));
    R=L;                                   //设置尾指针
    cin>>x;                                //读入键盘输入的第一个数据到变量 x
    while ( x!=End_of_Symbol )             //x 不是结束符时,循环插入
    {                                      // End_of_Symbol 表示结束符
        u=new node;                        //申请新结点
        u->data=x;                         //装入数据
        u-> next=NULL                      //新结点 next 指针置空,或用 u->next=R->next;
        R->next=u;                         //将新结点链接到链尾
        R=u;                               //尾指针后移,以指向新的尾结点
        cin>>x;                            //读入下一个键盘输入数据到变量 x
    }
}
```

【算法的一种实现——结束符控制创建结束】
```
void createListR( node * & L )
{
    elementType x;                         //保存键盘输入的数据元素值
    node * u, * R;                         //L 为头结点指针(头指针),R 为尾结点的指针
    L=new node;                            //产生头结点,头指针为 L
```

```cpp
    L->next=NULL;                            //头结点的指针域为空
    R=L;                                     //设置尾指针,对空链表:头、尾指针相同
    cout<<"请输入元素数据(整数,9999 退出):"<<endl;   //本例以 9999 为结束符
    cin>>x;                                  //读入第一个键盘输入数据到变量 x
    while(x!=9999 )
    {
        u=new node;                          //动态申请内存,产生新节点
        u->data=x;                           //装入元素数据
        u->next=NULL;                        //新结点 next 指针置空
        R->next=u;                           //新结点链接到表尾
        R=u;                                 //修改尾指针,使指向新的尾结点
        cin>>x;                              //读入下一个键盘输入数据
    }
}
```

【算法的另一种实现——结点个数控制创建结束】

```cpp
void createListR( node *&L )
{
    int i, n;                                //n 为元素结点个数,不含头结点
    elementType x;                           //数据元素值
    node *u, *R;                             //R 为尾结点指针
    L=new node;                              //产生头结点
    L->next=NULL;                            //头结点的指针域为空
    R=L;                                     //设置尾指针,对空链表头、尾指针相同
    cout<<"请输入元素结点个数(整数):n=";      //输入元素结点个数,保存到 n
    cin>>n;
    cout<<"请输入元素数据(整数):"<<endl;
    for( i=n; i>0; i--)                      //尾插法循环插入节点
    {
        u=new node;                          //动态申请内存,产生新结点
        cin>>x;                              //键盘输入元素数据
        u->data=x;                           //元素数据装入新结点
        u->next=NULL;
        R->next=u;                           //新结点链接到表尾
        R=u;                                 //后移尾指针,使指向新的尾结点
    }
}
```

【算法分析】时间复杂度 $O(n)$。

【思考问题】创建链表也存在往主调函数回传创建好的链表问题,即回传头指针,这里使用了 C++ 的"引用"实现回传。如果用"双重指针"或函数返回值的方法实现回传,怎样实现呢?

(2) 头插法建立链表的算法

头插法建表也是链表算法中的一个重要算法,其基本方法是指在创建链表的过程中,将

每次所读入的数据装入结点后插入到链表的表头,成为首元素结点。分析如下:

① 头插法初始化链表过程类似尾插法。

② 由于每次新结点都插入到头结点之后,有头指针 L 即可记忆插入位置,故不必像尾插法那样要专门设置一个指针来指示插入位置。

③ 插入每个结点的操作一致。

依此分析得头插法建表算法的基本框架如下:

① 产生链表 L 的头结点,并设置其 next 指针为空。

② 读入元素 x。

③ 如果 x 是结束符,结束构造。

④ 否则,产生结点并装入 x。

⑤ 将新结点链接到链表的头结点之后。

⑥ 转②。

【算法描述】
```
void   createListH (node * & L)              //头插法建表
{
    node * u; elementtype x;
     L=new node;                             //产生头结点
    L->next=NULL;                            //设置头结点 next 指针为空
    cin>>x;                                  //读入键盘输入的第一个数值
    while ( x!=End_of_Symbol )               //x 不是结束符时,循环插入新结点
    {                                        // End_of_Symbol 表示结束符
       u=new node;                           //产生新结点
       u->data=x;                            //元素数据装入新结点
       u->next=L->next;
       L->next=u;                            //将新结点链接到表头,使成为首元素结点
       cin>>x;                               //读入键盘输入的下一个数据
    }
}
```

【算法的一种实现——结束符控制创建结束】
```
void createListH( node  * & L)
{
    node  * u;
    elementType x;                           //存放元素数值
    L=new node;                              //产生头节点
    L->next=NULL;                            //头结点的指针域置为空
    cout<<"请输入元素数据(整数,9999 退出):"<<endl;   //本例以 9999 为结束符
    cin>>x;                                  //读入第一个键盘输入数据到变量 x
    while (x!=9999)
    {
       u=new node;                           //动态申请内存,产生新节点
       u->data=x;                            //装入元素数据
```

```
        u->next=L->next;        //新结点链接到表头,使成为首元素结点
        L->next=u;
        cin>>x;                  //读入下一个键盘输入数据
    }
}
```

【算法分析】时间复杂度 O(n)。

【思考问题】

① 如果采用结点数控制创建结束,如何实现?

② 如果采用"双重指针"或函数返回值回传创建的链表,如何实现?

2.3.3 链表结构的应用

【例 2.6】 设计算法以判断链表 L 中的元素是否是递增的,若递增,则返回 TRUE,否则返回 FALSE。

【解题分析】判断是否递增就是要判断表中每个元素是否小于其直接后继,因而是表的搜索问题的变形。为此,不妨设一个指针 P 依次指向各元素结点,当 P 所指元素小于其直接后继时,即满足 P->data<P->next->data 时,需要继续其后续元素的判断,否则,可直接返回失败标志 FALSE。这样,当整个表搜索结束时,可直接返回成功标志。由此可得到算法描述及流程图如下:

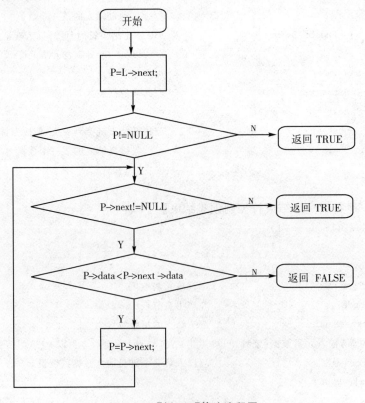

图 2-16 【例 2.6】算法流程图

【算法描述】
```
bool Judge(node *L)
{
    node *P=L->next;            //P指向第一个元素节点
    if(P==NULL)
        return true;            //空表返回true
    while(P->next!=NULL)
    {
        if(P->data<P->next->data)
            P=P->next;          //当前2个相邻结点递增,P指向下一个节点
        else
            return false;       //后一个元素值大于或等于前驱的值,非递增,返回false
    }
    return true;                //所有元素都相邻递增,则L递增;一个节点情况也在这返回
}
```

【例 2.7】 假设递增有序的链表 L 表示一个集合,试设计算法在表中插入一个值为 x 的元素结点,使其保持递增有序。

【解题分析】显然,这是插入算法的一个变形——给出了插入要满足的条件,但没有给定插入位置。因此,需要搜索满足这一条件的插入位置的前驱结点的指针 P。有效的插入位置分为两种情况:一种是 x 结点插入中间某位置,必须满足:P->data<x,同时,P->next->data>x;另一种情况是 x 最大,要插入到表的最后,此时,P 指向表尾,而 P->next==NULL。另外,由于给定链表表示一个集合,这意味着不能有重复的元素,在算法中应能判断出来。请读者自己构造算法的流程图。

【算法描述】
```
void setInsert(node *L, elementType x)
{
    node *u;
    node *P=L;
    while(P->next!=NULL && P->next->data<x)   //搜索插入位置P
    {
        P=P->next;                            //P后移一个结点
    }
    if(P->next==NULL || P->next->data>x)
    {
        //P指向表尾,或P->next的元素比x大,P->next即为插入位置
        u=new node;                           //产生新节点
        u->data=x;
        u->next=P->next;                      //插入新结点
        P->next=u;
    }
}
```

【思考问题】此算法能处理 x 已经在集合中(链表 L 中)的情况吗?

【例 2.8】 设计算法复制链表 A 中的内容到 B 表中。

【解题分析】 对 B 表来说,事实上是一个创建链表的问题。与前面创建链表算法不同的只是数据来源不同,这里要将 A 表的数据元素作为 B 表的输入数据,即循环读出 A 表的元素数据,申请新结点,插入 B 表。因为题目隐含要求 B 表元素的逻辑顺序与 A 表相同,所以 B 表要采用尾插法进行创建。

【算法描述】
```
void listCopy(node * A, node * &B)
{
    node * u;
    node * Pa=A->next;          //Pa 指向 A 的首元素结点
    node * Rb;                   //B 的尾指针
    B=new node;                  //初始化 B 表,产生 B 的头结点
    B->next=NULL;
    Rb=B;                        //B 表空表,尾指针和头指针相同
    while(Pa!=NULL)
    {   //循环取出 A 中的所有元素,创建新结点插入 B 中
        u=new node;
        u->data=Pa->data;        //复制节点的值
        u->next=NULL;
        Rb->next=u;              //u 插入 B 表尾
        Rb=u;                    //Rb 重新指向 B 表尾
        Pa=Pa->next;             //取 A 的下一个元素
    }
}
```

【例 2.9】 已知递增有序链表 A、B 分别表示一个集合,设计算法以实现 C=A∩B,要求求解结果以相同方式存储,并要求时间尽可能少。

【解题分析】 对 C 表来说,这也是一个按尾插法建表算法的一种变形,所不同的是数据来源。因此,对 C 表来说,应包括:设置头结点;设置尾指针;每找到一个符合条件的元素,即将其插入到表尾。

这些操作的形式相对固定些,因而易于理解。下面重点讨论符合条件的元素的搜索的实现。

由给定条件可知,要插入到 C 表的元素应是在 A、B 两表中都出现的元素。如何求出这些元素?容易想到的方法是使用两层循环,第一层:依次取 A 的一个元素;第二层:将 A 的这个元素与 B 的元素依次进行比较,若 B 中有相同元素,加入 C 中,继续取 A 的下一个元素,直到 A 的元素取完。对于 A 的每个元素,B 每次从第一个结点开始比较。时间复杂度为 $O(|A|*|B|)$。这不是性能最好的实现方法。

如果运用所给出的递增有序特点,可以提高算法的时间性能。用两个指针 Pa 和 Pb 分别指向 A 和 B 的结点,初始时分别指向 A、B 的首元素结点,即 Pa=A->next,Pb=B->next,则比较 Pa 和 Pb 当前指向结点的元素大小,会有下述 3 种情况:

① Pa->data==Pb->data:搜索到公共元素,加入 C 中,即在 C 表表尾插入一个新

结点,其值为 Pa->data 或 Pb->data。然后继续取 A 表中下一个元素,即 Pa=Pa->next,同时 Pb 也往后移一个结点,即 Pb=Pb->next。

② Pa->data>Pb->data:表明 A 中当前元素可能在 B 表当前元素的后面,因此要往 B 表的后面搜索,即执行 Pb=Pb->next,继续搜索。

③ Pa->data<Pb->data:A 当前元素值小于 B 当前元素值,说明 A 当前元素不可能在 B 中,取 A 的下一个元素,即 Pa=Pa->next,继续搜索。

循环搜索,直到 A 或者 B 元素取完,即 Pa、Pb 至少有一个为空为止。此后不可能再有交集元素存在,搜索结束。

这样在判定 A 的下一个元素是否为交集元素时,B 表不必再从头开始,而只要从上次 Pb 指示的结点继续往后搜索即可。算法完成下来,A 表和 B 表都最多只需要遍历(搜索)一遍,所以时间复杂度为 O(|A|+|B|)。时间复杂度是两表长之和而不是积,从而要快得多。

由此分析可得流程图如下:

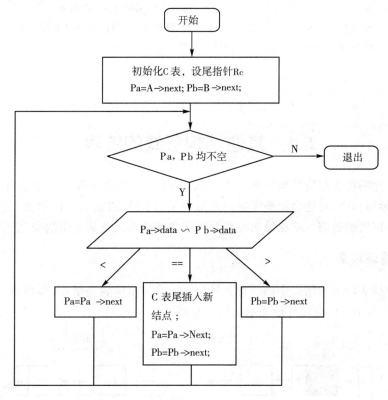

图 2-17 【例 2.9】算法流程图

【算法描述】
```
void interSet( node * A, node * B, node * & C )
{
    node * Pa, * Pb, * Rc, * u;
    C=new node;                    //生成 C 的头结点
    C->next=NULL;
```

```
        Rc=C;                                //设置C表尾指针
        Pa=A->next;Pb=B->next;               //Pa和Pb分别指向A和B表的第一个元素节点
        while( Pa!=NULL && Pb!=NULL )        //A或B中一个元素取完,退出循环
        {
            if( Pa->data<Pb->data )          //B中没有A的当前元素,即Pa->data
                Pa=Pa->next;                 //取A的下一个元素
            else if (Pa->data>Pb->data)      //A元素值大于B元素值,移动Pb,继续搜索B
                Pb=Pb->next;
            else       //Pa->data=Pb->data,即为交集元素,在C插入新节点,Pa,Pb同时后移
            {
                u=new node;
                u->data=Pa->data;            //或 u->data=Pb->data
                u->next=NULL;
                Rc->next=u;                  // 尾插法在C中插入u
                Rc=u;                        //修改C的尾指针Rc,指向u
                Pa=Pa->next;                 //Pa和Pb同时后移,分别取A和B的下一个元素
                Pb=Pb->next;
            }
        }
```

2.4 其他结构形式的链表

前面所讨论的链表结构只是一种基本形式,由于每个结点中仅有一个指针,故称为"单链表"。在实际应用中,可能会根据实际问题的特点和需要,对链表结构作必要的修改,从而得到不同结构形式的链表。下面给出一些常见链表结构形式及其运用的变化。

2.4.1 单循环链表

如果将单链表的表尾结点中的后继指针(next)改为指向表头结点,即构成单循环链表,如图2-18为带头结点的单循环链表结构的示意图。

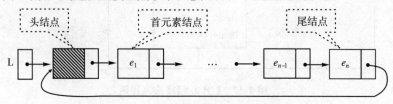

图 2-18 带头结点的单循环链表示意图

单循环链表也可以不带头结点。其特点是尾结点的next指针指向首元素结点,整个链表形成一个环,可从任一结点出发搜索到其他各结点。

由于尾结点后继指针的变化,使有关单循环链表的运算的实现必须作相应的调整。首先,链表初始化时要建立循环,即:L->next=L。其次,在遍历链表结点时,单链表中常用

P==NULL 或 P->next==NULL 来判定遍历结束,但对循环链表,当 P 指向尾结点时, P->next 指向表头,即 P->next==L,所以单循环链表要用 P==L 或 P->next==L 来判定是否搜索到表尾,否则会造成死循环。再次,在表尾插入和删除结点时要注意保持链表的循环。除此以外,单循环链表的基本操作和单链表基本一致。

2.4.2 带尾指针的单循环链表

在许多情况下,要求能方便地搜索到链表的表头和表尾结点。为此,可采用带尾指针的单循环链表结构,如图 2-19 所示。这类结构也可以不带头结点。

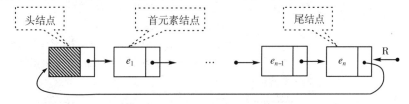

图 2-19 带尾指针的单循环链表示意图

对单循环链表,有了尾指针 R 后,头指针可以用 R->next 表示,可以取消专门的头指针变量 L。与此对应,其基本操作也应作相应调整。初始化链表改为 R=new node;R->next=R。遍历链表时,用指针 P 依次指向各结点,P 初始化指向头结点应为 P=R->next;指向首元素结点应为 P=R->next->next;判定是否指向尾结点应用 P==R。在表尾插入和删除结点时,要记得移动尾指针 R,使其始终指向尾结点,同时注意保持链表的循环特性。

【例 2.10】 已知 A 和 B 分别是如图 2-20 所示的两个带尾指针的单循环链表的尾指针,设计程序段将 A、B 这两个表首尾相接,合并后以 A 表的头结点为头结点,B 表的尾结点为尾结点,要求尽可能节省时间。

【解题分析】按题意,由于要求时间性能好,可以利用两表的原有结点,重新链接构成一个合并表,而不能通过申请新结点重新创建一个新表。即将 B 表的首元素结点链接到 A 表的尾结点上;更新 B 表尾结点的 next 指针,即 B->next,使指向原 A 表的头结点,形成一个大环;释放不需要的原 B 表头结点。

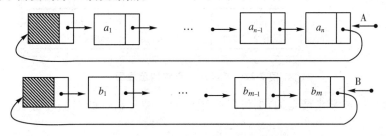

图 2-20 【例 2.10】示意图

如果不是带尾指针的单循环链表,而是一般的带头结点的单链表或循环链表,则在求解本题时,需要先搜索到 A 表的表尾结点,然后才能将 B 表的首元素结点连接到其后继指针中。然而,本题所给出的带尾指针的单循环链表结构已经给出了尾指针,因而不必搜索。因此,本题只需集中考虑重新链接问题,下面是实现步骤:

① 连接到 A 表表尾的应是 B 表的首元素结点,而不是头结点,故需执行下面语句:
A->next=B->next->next;
然而,这一操作将丢失 A 表头结点指针,故应先保存其指针:u=A->next;
② 由于 B 表头结点已经不需要了,故应执行释放操作。
③ 最后,应将 B 表尾结点的 next 指针指向新的表头,即原 A 表头结点,并让 A 也指向新的表尾。
操作序列如下:

```
u=A->next;              //保存 A 表头指针
A->next=B->next->next;  //B 表首元素结点链接到 A 表尾结点
delete B->next;         //释放 B 表头结点
B->next=u;              //B 表尾结点的 next 指向新的表头,形成"大环"
A=B;                    //让 A、B 同时指向新表的尾结点,即新表尾指针
```

合并后的链表如图 2-21 所示。

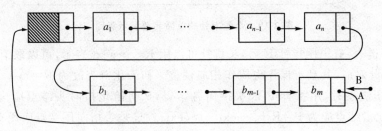

图 2-21 【例 2.10】合并后的链表

2.4.3 双链表结构

如果要求能快速地求出任一链表结点的前驱结点,则需要用到双链表结构。双链表中每个结点除了后继指针外,还增加了指向其直接前驱结点的指针。双链表结点结构如图 2-22 所示。

图 2-22 双链表结点结构示意图

双链表既可以是带头结点的,也可以是循环的。带头结点的双循环链表结构形式如图 2-23 所示。

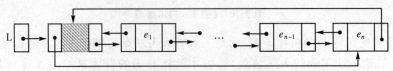

图 2-23 带头结点的双循环链表结点结构示意图

双向链表从任意一个结点开始,既可前向搜索,又可以后向搜索。如果把单链表比作城市中的单行车道,那么双链表就是双向车道。双链表结点之间的指针关系相对复杂,下面列举几个指针间的关系,如图 2-24 所示。

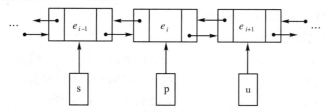

图 2-24　双循环链表结点间指针关系示意图

由图可见,p—>next==u,指向 e_{i+1} 结点;p—>prior==s,指向 e_{i-1} 结点;p—>next—>prior==p,即 u—>prior==p,指向 e_i 结点;p—>prior—>next==p,即 s—>next==p,指向 e_i 结点。

双链表的优点是访问前驱、后继方便(单链表访问前驱不便)。双链表的缺点是有两个指针域,占用更多内存。

【双链表结点结构描述】

假设双链表中的结点的前驱和后继指针分别为 prior 和 next,数据字段为 data,结点类型可描述如下:

```
typedef struct DLNode
{
    elementType  data;       //数据域
    struct DLNode  * prior;  //前驱指针
    struct DLNode  * next;   //后驱指针
}dnode, * dLinkedList;
```

由于增加了一个前驱指针,因此,与单链表结构相比,双链表的某些基本运算可能要做一些变化,但像按序号搜索元素、按值查找元素等运算基本上没有多大变化。下面重点讨论在双循环链表中插入和删除结点的操作的实现。

1. 双循环链表的初始化

申请头结点,建立双向循环链,即它的 prior 和 next 指针都指向头结点,等于头指针,如图 2-25 所示。

【算法描述】

```
void initialList(dnode * & L)
{
    L=new dnode;
    L—>prior=L;
    L—>next=L;
}
```

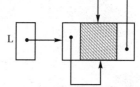

图 2-25　空双循环链表示意图

2. 在双循环链表中插入结点

现在讨论在双循环链表中的第 i 个位置上插入一个值为 x 的结点的实现。插入操作首先要搜索到目标位置结点,并用指针 p 指示;然后申请一个新结点,指针为 s;最后要更新 4

个指针把新结点链接到表中,即新结点的 prior 和 next 指针,p 指向结点前驱的 next 指针,p 指向结点的 prior 指针,插入操作过程如图 2-26 所示,由图可见要完成插入操作需要经过以下步骤。

① 搜索插入位置,获取 e_i 结点的指针 p;
② 申请新结点,装入数据:s＝new node; s－＞data＝x;
③ s－＞prior＝p－＞prior;   //新结点前向链接到 e_{i-1} 结点
④ s－＞next＝p;   //新结点后向链接到 e_i 结点
⑤ p－＞prior＝s;   // e_i 结点前向链接到新结点
⑥ s－＞prior－＞next＝s;   // e_{i-1} 结点后向链接到新结点

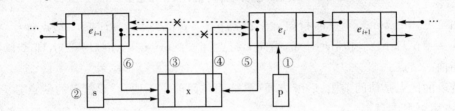

图 2-26 双循环链表插入操作示意图

在这一序列中,许多初学者容易将其中⑥的语句错误地写成 p－＞prior－＞next＝s,这是由于没有注意到指针的动态变化所造成的,因为执行⑤语句后,p－＞prior 已经为 s。

还有,这个操作序列不是唯一的。比如,保持其他步骤不变,上述的⑤、⑥两步可以改变为:

⑤ p－＞prior－＞next＝s;
⑥ p－＞prior＝s;

【算法描述】
```
bool listInsert(dnode *L, int i, elementType x )
{
    dnode *p=L->next;        //p 指向首元素结点
    dnode *S;
    int k=1;
    while(k!=i && p!=L)      //搜索 ei 结点,获取其指针 p。当 p=L 时,又回到头结点
    {
        p=p->next;           //p 移到下一个结点
        k++;
    }
    if(p==L && k!=i)         //当 p==L 且 K==i 时,插入位置仍然合法,结点要插在最后
        return false;        //p 指向头结点,说明插入位置 i 不对,返回 false
    else
    {   //此时,k==i,p 为 a1 结点的指针,或者 p==L 且 k==i,新结点要插入最后
        S=new dnode;         //申请新结点
        S->data=x;           //装入数据
        S->prior=p->prior;   //S 的前驱为 ei-1
```

```
            S->next=p;              //S 的后继为 p
            p->prior=S;             //p 的前驱变为 S
            S->prior->next=S;       //e_{i-1} 的后继为 S
            return true;            //正确插入返回 true
        }
}
```

3. 在双循环链表中删除结点

下面讨论删除双循环链表中的第 i 个元素结点的实现。删除操作首先要搜索到目标结点 e_i,取得其指针 p,然后,修改 p 指向结点前驱的 prior 指针和后继的 next 指针,最后释放目标结点即可。操作过程如图 2-27 所示。

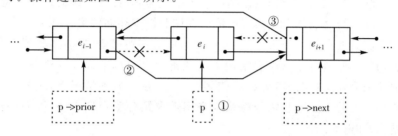

图 2-27 双循环链表删除操作示意图

具体步骤如下:

① 搜索 e_i 结点,指针 p;则 e_{i-1} 结点指针 p->prior;e_{i+1} 结点指针 p->next;
② (p->prior)->next = p->next;   //e_{i-1} 结点的 next 指向 e_{i+1} 结点
③ (p->next)->prior = p->prior;   //e_{i+1} 结点的 prior 指向 e_{i-1} 结点
④ delete p;   // free(p),释放结点 p

【算法描述】

```
bool listDelete(dnode *L,int i)
{
    dnode *p=L->next;             //p 初始化指向首元素结点
    int k=1;
    while(k!=i && p!=L)           //搜索 e_i 结点,p=L 说明又回到头结点
    {
        p=p->next;
        k++;
    }
    if(p==L)
        return false;             //删除位置 i 超出范围,删除失败,返回 false
    else
    {                             //此时,p 指向 e_i 结点
        p->next->prior=p->prior;  //p 的后继 e_{i+1} 的 prior 指向 p 的前驱 e_{i-1}
        p->prior->next=p->next;   //p 的前驱 e_{i-1} 的 next 指向 p 的后继 e_{i+1}
        delete p;                 //释放结点
        return true;              //成功删除,返回 true
```

　　　　}
　　}

小结

　　线性表是本课程后续其他数据结构的重要基础。线性表也是软件设计中最常用的数据结构，是实际应用领域中许多具体数据的抽象表示形式，在实际应用时可赋予不同的实际含义。

　　每种数据结构都涉及逻辑结构、运算定义、存储结构及其上的运算的实现几个方面。

　　线性表是有限个元素的序列，元素之间逻辑上是线性关系，其特点是每个元素最多有一个前驱和一个后继。对线性表结构可概括出 6 个基本运算，许多复杂的运算可通过调用这 6 个基本运算来实现。线性表的存储实现有顺序存储和链式存储两类。

　　采用顺序存储方式存储线性表，得到顺序表结构。在顺序表结构中，逻辑上相邻的元素的存储地址也相邻。通过对在顺序表结构上实现所给出的基本运算及算法分析可知，在顺序表结构上插入和删除运算时，需要移动较多的元素（在等概率情况下，插入或删除一个元素平均需要移动一半的元素），且需要按最大空间需求预分配存储空间，因而提出了线性表的链式存储结构，即链表结构。

　　在链表结构中，逻辑上相邻的元素的存储位置不一定相邻，元素之间的逻辑次序是通过指针（链）来描述的。链表有静态链表和动态链表两种实现方式，本章仅讨论了采用指针和动态变量实现的动态链表。动态链表可以在程序执行期间动态按需申请内存，用完释放。

　　为了运算及描述的一致性，在链表中设置了一个头结点，从而得到带头结点的单链表结构形式。在（带头结点的）单链表上实现各种基本运算是本章的重要内容，许多更为复杂的运算都是建立在对这些基本运算的真正理解的基础之上的。

　　在有些情况下，为了实现特定问题的求解，需要将链表的首尾结点相连接，即让尾结点的后继指针指示表头结点，从而得到循环链表结构。对循环链表的有关运算的实现与前面链表结构上的运算实现基本类似，所不同的是，循环链表中尾结点的判断，因此要求算法中能注意到这一点，以免出现"死循环"。对某些特定问题，例如，要实现链表的首尾相接，需要能比较方便地知道链表的首尾结点，为此可采用带尾指针的单循环链表形式。

　　如果需要能方便地指示每个结点的前驱结点的话，可在每个结点中再增设一个指示其前驱的指针，从而得到双（向）链表结构。双链表可以带头结点，也可以设置为循环形式。在双链表上的大多数运算的实现与单链表上的运算实现有许多相似之处，明显不同的是插入和删除结点的运算。

　　在各种链表结构上搜索结点及插入和删除运算是最基本的运算要求，因为这是复杂运算的基础；理解线性表的各种存储结构及其特点是基本的学习要求；根据实际问题的需要设计合理的数据结构、有效的算法是重点也是难点。

习题 2

　　2.1 若将顺序表中记录其长度的分量 listlen 改为指向最后一个元素的位置 last，在实现各基本运算时需要做哪些修改？

2.2 试用顺序表表示较多位数的大整数,以便于这类数据的存储。请选择合适的存放次序,并分别写出这类大数的比较、加、减、乘、除等运算,并分析算法的时间性能。

2.3 试用顺序表表示集合,并确定合适的约定,在此基础上编写算法以实现集合的交、并、差等运算,并分析各算法的时间性能。

2.4 假设顺序表 L 中的元素递增有序,设计算法在顺序表中插入元素 x,要求插入后仍保持其递增有序特性,并要求时间尽可能少。

2.5 假设顺序表 L 中的元素递增有序,设计算法在顺序表中插入元素 x,并要求在插入后也没有相同的元素,即若表中存在相同的元素,则不执行插入操作。

2.6 设计算法以删除顺序表中重复的元素,并分析算法的时间性能。

2.7 假设顺序表 L 中的元素按从小到大的次序排列,设计算法以删除表中重复的元素,并要求时间尽可能少。要求:

(1) 对顺序表(1,1,2,2,2,3,4,5,5,5,6,6,7,7,8,8,8,9)模拟执行本算法,并统计移动元素的次数。

(2) 分析算法的时间性能。

2.8 若递增有序顺序表 A、B 分别表示一个集合,设计算法求解 A=A∩B,并分析其时间性能。

2.9 若递增有序顺序表 A、B 分别表示一个集合,设计算法求解 A=A−B,并分析其时间性能。

2.10 假设带头结点的单链表是递增有序的,设计算法在其中插入一个值为 x 的结点,并保持其递增特性。

2.11 设计算法以删除链表中值为 x 的元素结点。

2.12 设计算法将两个带头结点的单循环链表 A、B 首尾相接为一个单循环链表 A。

2.13 假设链表 A、B 分别表示一个集合,试设计算法以判断集合 A 是否是集合 B 的子集,若是,则返回 1,否则返回 0,并分析算法的时间复杂度。

2.14 假设递增有序的带头结点的链表 A、B 分别表示一个集合,试设计算法以判断集合 A 是否是集合 B 的子集,若是,则返回 1,否则返回 0,并分析算法的时间复杂度。

2.15 假设链表 A、B 分别表示一个集合,设计算法以求解 C= A∩B,并分析算法的时间复杂度。

2.16 假设递增有序的带头结点的链表 A、B 分别表示一个集合,设计算法以求解 C= A∩B,并分析算法的时间复杂度。

2.17 假设递增有序的带头结点的链表 A、B 分别表示一个集合,设计算法以求解 A= A∩B,并分析算法的时间复杂度。

2.18 假设递增有序的带头结点的单循环链表 A、B 分别表示两个集合,设计算法以求解 A= A∪B,并分析算法的时间复杂度。

2.19 假设链表 A、B 分别表示两个集合,设计算法以求解 C= A∪B,并分析算法的时间复杂度。

2.20 设计算法将两个递增有序的带头结点的单链表 A、B 合并为一个递增有序的带头结点的单链表,并要求算法的时间复杂度为两个表长之和的数量级。

2.21 设计算法将链表 L 就地逆置,即利用原表各结点的空间实现逆置。

2.22 设计算法将两个递增有序的带头结点的单链表 A、B 合并为一个递减有序的带头结点的单链表,并要求算法的时间复杂度为两个表长之和的数量级。

2.23 设计算法以判断带头结点的双循环链表 L 是否是对称的,即从前往后和从后往前的输出序列是否相同。若对称,返回 1,否则返回 0。

2.24 设计算法将带头结点的双循环链表 L 就地逆置,即利用原表各结点的空间实现逆置。

第 3 章 栈和队列

栈和队列是两种重要的数据结构,有着广泛的实际应用。栈和队列都是特殊的线性结构,是操作受限的线性表。本章将介绍这两种结构的有关概念、特性、运算、存储结构及相应的运算实现。

3.1 栈

栈是按"先进后出"操作方式组织的数据结构,日常生活中随处可见这种操作组织方式,比如,我们洗碗,将碗摞成一堆,先洗好的碗最后才能拿出,又如,一些枪支的子弹夹,子弹的压入和弹出也是这种操作方式。在计算机中,栈是一种应用广泛的技术,许多类型 CPU 的内部就构建了栈,在操作系统、编译器、虚拟机等系统软件中栈都有重要的应用,比如,函数调用、语法检查等。在应用软件设计和实际问题求解中更是经常会用到栈结构,比如,表达式求解、回溯法求解问题、递归算法转换为非递归、树和图搜索的非递归实现等。可见,栈是一种重要的、应用广泛的数据结构。

3.1.1 栈的定义和运算

1. 基本概念

栈(stack)是限定只能在一端进行插入和删除操作的线性表。进行插入和删除操作的一端称为"**栈顶**"(top),另一端称为"**栈底**"(bottom),如图 3-1 所示。与线性表一样,称没有元素的栈为"**空栈**"。

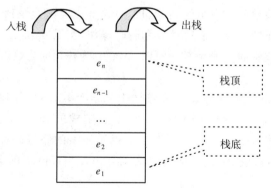

图 3-1 栈结构示意图

栈的插入操作称为"**入栈**"(push),栈的删除操作称为"**出栈**"(pop),早期的许多教材中分别称为"**压栈**"和"**弹栈**"。

由栈的定义可知,栈是操作(运算)受限的线性表。

下面分析一下栈的特征:假设初值为空的栈,按 $e_1, e_2, \cdots, e_n$ 次序,将这些元素依次连续入栈,由定义可知,这些元素的出栈次序只能是 $e_n, e_{n-1}, \cdots, e_2, e_1$,也就是说,栈具有**后进先**

出(LIFO—Last In, First Out)或先进后出(FILO—First In, Last Out)的特性。

2. 栈的运算

栈的基本运算与线性表的基本运算类似,但又有其特殊之处。常见的基本运算有以下几种:

① 初始化栈:initialStack(S)。设置栈 S 为空栈。

② 判断栈是否为空:stackEmpty(S)。若栈 S 为空,返回 TRUE,否则,返回 FALSE。

③ 取栈顶元素值:stackTop(S,x)。若栈 S 不空,将栈 S 的栈顶元素的值送变量 x 中,否则应返回出错信息。

④ 判断栈是否为满:stackFull(S)。栈 S 为满时,返回 TRUE,否则,返回 FALSE。

⑤ 入栈:pushStack(S,x)。将值为 x 的元素插入到栈 S 中。若插入前的栈已经满了,不能入栈时,应报出错信息。

⑥ 出栈:popStack(S)。若栈 S 不空,删除栈 S 的栈顶元素,否则应返回出错信息。

上述基本运算中涉及栈满概念的都是针对限定最大元素个数的顺序栈结构。

和线性表一样,这些运算都是基本运算,其具体实现形式可根据具体需求作相应变化。关于栈更为复杂的运算可由这些基本运算复合而成。

下面分别讨论栈的两类存储结构及其在相应结构上的运算实现。

3.1.2 顺序栈

1. 存储结构

与顺序表一样,以顺序存储方式存储的栈称为**"顺序栈"**,可用数组 data[MAXLEN] 的前 n 个元素来存储栈的元素值。在用数组 data[] 存储栈的元素时,数组的哪一端作为栈顶?哪一端作为栈底呢?对这一问题,可能有些读者认为数组的哪一端作为栈顶都可以,但实际上栈顶选择不同,实现的算法的时间性能会有很大差异。

正确的方法是将栈顶放在数组的后面,即 data[$n-1$] 作为栈顶,data[0] 作为栈底。因为栈的入栈和出栈操作即为线性表的插入和删除操作,当以 data[$n-1$] 为栈顶时,入栈和出栈操作都不需要移动栈中的其他元素。而以 data[0] 为栈顶时,入栈和出栈都需要移动栈中几乎全部元素。

此外,需要一个变量来记录栈顶位置或栈中元素个数,不妨使用变量 top 来指示栈顶。本书中 top 与数组下标一致,即若栈中有 n 个元素,则栈顶 top=$n-1$,栈顶元素 data[top] 即数组的最后一个元素 data[$n-1$]。当然也可以用元素的序号来标记栈顶,不同的只是与数组下标差 1。可见由数组 data[] 和栈顶指示器 top 就可以唯一确定一个顺序栈,顺序栈的结构如图 3-2 所示。

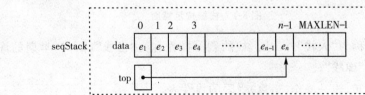

图 3-2 顺序栈存储结构示意图

【顺序栈存储结构描述】
```
typedef struct sStack
{
    elementType data[MAXLEN];    //存放栈元素
    int    top;                  //栈顶指示器
} seqStack;
```
【思考问题】分析顺序栈和顺序表存储实现的异同。

2. 顺序栈上运算的实现

在顺序栈上实现栈的运算与线性表基本相同，因此不再给出分析。

（1）初始化栈

初始化栈就是将栈设置为空栈，即将其元素个数设置为 0。但顺序栈中没有设置元素个数这一分量，只有栈顶指针 top，而 top 为数组下标，data[0] 为栈底元素，因此，top 不能初始化为 0。所以，将 top 初始化为 -1，即 top=-1，来标记栈空。

【算法描述】
```
void initialStack(seqStack &S)
{
    S.top=-1;
}
```
（2）判断栈空

即判断 top 的值是否为 -1。

【算法描述】
```
bool stackEmpty(seqStack &S)
{
    if(S.top==-1)
        return true;
    else
        return false;
}
```
（3）取栈顶元素

若栈不为空，返回栈顶元素的值，否则返回出错信息。较为通用的方法是将返回的元素以参数的形式给出。

【算法描述】
```
bool stackTop(seqStack &S, elementType &x)
{
    if(stackEmpty(S))
        return false;            //空栈,返回 false
    else
    {
        x=S.data[S.top];
        return true;             //取得栈顶,返回 true;取得的值用 x 传递
    }
```

}

(4) 判断栈满

栈顶指针为 top,则栈中元素个数为 top+1,当 top+1==MAXLEN 时,说明栈空间已放满元素。

【算法描述】
```
bool stackFull(seqStack &S)
{
    if(S.top==MAXLEN-1)
        return true;            //栈满,返回 true
    else
        return false;           //栈未满,返回 false
}
```

(5) 入栈

入栈即在栈顶插入一个元素。插入前需要先判断是否已经栈满,栈满则不能插入,报错。栈不满,栈顶指示器 top 加 1,将元素入栈。

【算法描述】
```
bool pushStack(seqStack &S, elementType x)
{
    if(stackFull(S))
        return false;           //栈满,元素不能入栈,返回 false
    else
    {
        S.top++;                //栈顶后移
        S.data[S.top]=x;        //数据入栈
        return true;            //元素入栈成功,返回 true
    }
}
```

(6) 出栈

出栈即删除栈顶元素。删除栈顶元素前需要先判断是否栈空,若栈空,没有元素可删除,报错。

删除栈顶元素时,可顺便将栈顶元素返回到主调函数,下面的算法在元素出栈的同时,利用函数参数向主调函数返回删除的元素值。当然,也可以不返回删除的元素,因为前面已经定义了取栈顶元素函数 stackTop(),需要时可以先调用 stackTop() 取栈顶,再出栈。

【算法描述】
```
bool popStack(seqStack &S, elementType &x)      //x 返回出栈的元素
{
    if(stackEmpty(S))                           //空栈,没元素出栈,返回 false
        return false;
    else
    {
```

```
        x=S.data[S.top];              //取栈顶元素至变量 x
        S.top--;                      //栈顶减1,即删除了栈顶元素
        return true;                  //出栈成功,返回 true
    }
}
```

【算法分析】这几个算法的时间复杂度均为 O(1),因此从时间性能方面来说,这种结构是比较理想的。

【思考问题】上面介绍的算法在函数参数传递时,基本上都是用 C++ 的"引用"实现的,如果换为"指针",如何实现呢?

顺序栈和顺序表面临着同样的问题,即需要按最大空间需求分配栈空间,而一个实际的软件系统往往需要多个栈,如何合理分配栈空间就成了相对棘手的问题。如果为每个栈都分配很大的空间,可能造成空间利用率不高;分配少了又会经常出现栈溢出。针对此问题,人们想了很多办法,比如,两个顺序栈共享空间,还有就是采用链式存储结构,按需分配栈空间。接下来,我们就讨论栈的链式存储实现——链栈。

3.1.3 链栈

链栈即采用链式存储结构实现的栈。链栈可用单链表结构来表示,不失一般性,本书采用不带头结点的单链表结构形式。在这种表示中,同样要注意栈顶位置的选择。将链表的首元素结点作为栈顶,尾元素结点作为栈底,用栈顶指针 top 替代链表中的头指针(其实只是叫法不同),链栈结构如图 3-3 所示。

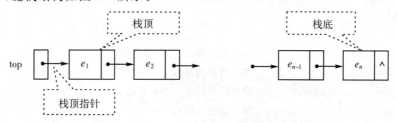

图 3-3 链栈存储结构示意图

【链栈存储结构描述】
```
typedef struct lsNode
{
    elementType data;            //链栈结点数据域
    struct lsNode * next;        //链栈结点指针域
} sNode, * linkedStack;
```

在这种结构上实现运算,事实上已变成对链表的运算,入栈和出栈分别变成了在表头插入和删除元素结点的运算,因而是较简单的运算。链栈没有栈满问题,下面仅对初始化、入栈和出栈进行描述。

(1) 初始化栈

由于不带头结点,初始化仅需将栈顶指针置为空。

【算法描述】
```
void initialStack(sNode * & top)
```

```
{
    top=NULL;
}
```

（2）入栈

【算法描述】
```
void pushStack(sNode *& top, elementType x)
{
    sNode *s;
    s=new sNode;            //申请新结点
    s->data=x;              //装入元素值
    s->next=top;            //新结点链接到栈
    top=s;                  //更新栈顶指针,使指向新结点
}
```

（3）出栈

下面的算法用参数 x 返回出栈的元素。

【算法描述】
```
bool popStack(sNode *& top, elementType &x)
{
    sNode *u;
    if(top==NULL)
        return false;       //栈空,返回 false
    else
    {
        x=top->data;        //取栈顶元素,由变量 x 返回
        u=top;              //栈顶指针保存到 u
        top=top->next;      //栈顶指针后移一个元素结点
        delete u;           //释放原栈顶结点
        return true;        //出栈成功,返回 true
    }
}
```

以上 3 个算法中,函数参数中的栈顶指针都用 sNode *& top 进行定义,即栈顶指针的引用,因为这 3 个函数调用前后,指针变量 top 的值都发生变化,如果不这样定义,比如仅定义为 sNode *top,子函数中虽修改了 top 的值,主调函数中 top 的值仍保持为调用前的值,不能感知栈的变化。如果不用"引用",用指针的指针,或函数返回值也可以完成传递任务。这一点在实现时,千万注意。

这里只完成了基本运算中的 3 个算法,链栈没有栈满的问题,剩下的判定栈空和取栈顶元素,请读者自行完成。

3.1.4 栈的应用

如前所述,栈是软件设计中最基础的数据结构,有着广泛的应用,其中最具有代表性的应用是用于子程序调用的实现、递归的实现以及表达式的计算。下面简要介绍其应用实例。

1. 栈的基本应用实例

【例 3.1】 设计算法完成如下功能:从键盘读入 n 个整数,然后按输入次序的相反次序输出各元素的值。例如,依次输入 5 个整数为 1,2,3,4,5,则算法的输出为 5,4,3,2,1。

【解题分析】很显然,输出操作应在读入所有输入的整数之后才能进行,因此,需要设计一个结构存放所读入的数据。选择什么样的结构来存储这些数据呢?许多初学者可能会想到用一个数组,这是不太合适的,因为数组的元素个数是在程序运行之前确定的,而输入的元素个数 n 是在程序运行时确定的,故不能保证所输入的元素个数不超出数组的范围。

然而,从逻辑上说,线性表和栈的元素个数(即长度)可以是一个非确定的有限整数,因此,采用这两种结构可以满足存储数据的要求。由于最后读入的元素要最先输出,符合"后进先出"操作特点,故采用栈结构实现直观明了。为简化描述,下面不涉及栈的具体的存储结构形式,而只是采用算法调用的形式。

【算法描述】
```
void ReverseOrderOut()
{
    seqStack S;
    elementType x;
    int n;
    initStack(S);              //初始化栈,S.top=-1
    cout<<"请输入整数个数:n=";
    cin>>n;
    cout<<"请输入"<<n<<"个数据元素(整数):"<<endl;
    for(int i=1;i<=n;i++)
    {
        cin>>x;
        pushStack(S,x);        //循环读入数据、入栈
    }
    cout<<"逆序输出:";
    while(!stackEmpty(S))
    {
        stackTop(S,x);         //取栈顶元素到 x
        cout<<x<<",";          //输出栈顶元素值 x
        popStack(S,x);         //元素 x 出栈
    }
}
```

【例 3.2】 设计算法将一个十进制整数转换为八进制数,并输出。

【解题分析】数制转换的计算方法大家都很熟悉:循环相除取余数,对于本例即"除 8 取余"方法。设十进制数为 n,循环除 8,每次相除取出余数并保存,相除中商的整数部分再重新赋给 n,直至 $n=0$。

"除 8 取余"结束,最后获得的余数是对应八进制数的最高位,第一个获得的余数是最低位,即:余数要按获得次序的逆序(反序)输出,才得到八进制数。操作过程如图 3-4 所示。十进制数 1357 转换为八进制数为 2515。由分析可知,余数的输出次序正好要与获得次序相

反,所以,利用栈的"后进先出"特性,可以很容易实现这个需求,即每取得一个余数,将其入栈,取余结束后,再依次将余数出栈打印即可。

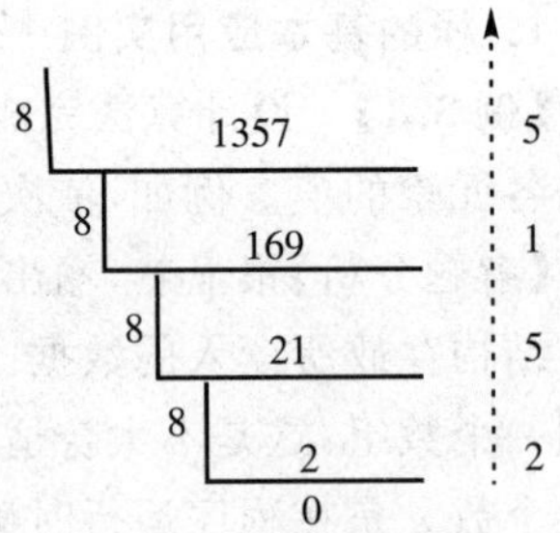

【算法描述】
```
void Dec2ocx(int n)
{
    seqStack S;
    int mod,x;
    initStack(S);              // 初始化顺序栈
    while(n! =0)
    {
        mod=n%8;               //除 8 取余数到 mod
        pushStack(S,mod);      //余数入栈
        n=n/8;                 //除 8 取商,存回 n
    }
    cout<<"八进制数为:";
    while(!stackEmpty(S))
    {
        popStack(S,x);         //取栈顶元素入 x,出栈
        cout<<x;               //打印余数
    }
}
```

图 3-4 进制转换操作示意图

【思考问题】十进制转换为二进制数呢?十进制转换为十六进制数呢?十进制转换为任意进制数呢?

【例 3.3】 设计算法将单链表 L 就地逆置,即将链表中的各元素结点的后继指针倒置为指向其前驱结点,将 e_1 结点变成最后一个结点,e_n 结点变成第一个结点。

【解题分析】这一问题原本是第 2 章线性表中的问题,下面先用第 2 章单链表的知识求解此问题,再用栈的技术求解这个问题。就地逆置的含义是不要申请新结点,只能通过原链表的指针实现逆置。

① 用单链表技术求解。

方法是从原链表首元素结点开始,依次取出结点,采用头插法构建一个新表即可,只是这里不要申请新结点。这样原链表结点就被分为两个部分:已逆置部分、未逆置部分。已逆置部分用指针 P 指示第一个结点;未逆置部分用指针 L 指向第一个结点。逆置过程操作如图 3-5 所示。

由图 3-5 可知,逆置的核心步骤有四步,图中用带圆圈的数字标注了四步操作的次序,同时用虚线表明了重新链接后废弃的指针,并在虚线旁加注了"×"号。

【算法描述】
```
void reverse(node * & L)
{
    node * P=NULL;             //P 指向 e_{i-1} 节点
    node * u;                  //u 指向 e_i 节点
```

```
while(L!=NULL)
{
    u=L;                    //操作①,用指针 u 指示待分离的表头结点
                            //u 和 L 指向尚未逆置部分的第一个结点
    L=L->next;              //操作②,未逆置部分表头指针 L 后移指向 e_{i+1} 结点
    u->next=P;              //操作③,新分离出的 e_i 结点的 next 指针指向 p,形成逆置
    P=u;                    //操作④,已逆置部分头指针 P 指向新分离出的结点 e_i
}
L=P;                        //原表头指针指向新的表头
}
```

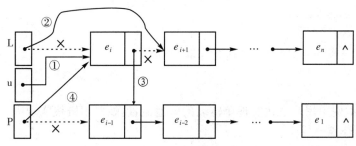

图 3-5　就地逆置过程示意图

② 用栈技术求解。

本题也可以利用栈的"后进先出"操作特点完成就地逆置操作,既可以使用顺序栈,也可用链栈求解,下面给出使用顺序栈求解的算法描述。定义一个顺序栈,栈元素为单链表的结点指针,循环取出每个结点的指针,入栈。入栈后,原链表尾结点的指针存放在栈顶,首元素结点指针存放在栈底。构建逆置链表时,将栈内的指针依次弹出,按尾插法重建链表,这样就得到一个就地逆置的链表。栈的元素类型要定义为 typedef node * elementType。因为要采用尾插法,重建时要设置一个尾指针。下面的算法只处理不带头结点的单链表,如果单链表带有头结点,可以在主调函数中处理,先产生不带头结点的链表头指针,再调用本函数。

【算法描述】
```
void reverse(node * & L)
{
    node * R, * u;
    seqStack S;
    initialStack(S);        //初始化栈
    u=L;
    while(u)
    {
        pushStack(S,u);     //链表中所有结点的指针入栈
        u=u->next;
    }
    if(stackEmpty(S))
```

```
        return;                    //空栈,返回
    stackTop(S,u);                 //取栈顶,即 e_n 的指针到 u
    L=u;                           //设置新表头指针,即原表尾结点 e_n 的指针
    R=u;                           //新表尾指针
    u->next=NULL;
    popStack(S,u);                 //原表尾结点 e_n 指针出栈
    while(!stackEmpty(S))
    {
        stackTop(S,u);             //取栈顶结点指针
        R->next=u;                 //尾插法将当前结点链接到新表,形成逆置
        u->next=NULL;
        R=u;
        popStack(S,u);             //当前结点指针出栈
    }
}
```

【思考问题】本例中用顺序栈实现单链表的就地逆置,如何用链栈实现呢?

2. 表达式的计算

表达式计算指输入任意一个合法的表达式,计算机能自动计算出结果。它是任何程序设计语言编译中的一个最基本问题,是栈应用的一个典型实例。

对这一问题,许多初学者可能会感到很奇怪,觉得表达式的计算对计算机来说是早已解决的基本问题了,用不着再费劲考虑了。然而,现在的问题不是要调用系统中求解表达式的程序,而是要自己编写程序来实现求解。

还有些初学者可能会考虑到对特定的表达式,用一段特定的程序来实现求解,这显然也不行,因这不满足前面所要求的"对任意输入的表达式的计算"的要求。

任何一个表达式都由操作数、运算符和定界符组成,**操作数**指参与计算的数值,可以是常量和变量,以及中间计算结果;**运算符**用来对操作数进行不同的运算,分为算术运算符、关系运算符和逻辑运算符三类;**定界符**是用来改变计算次序的特殊符号对,它们成对出现,以界定左右边界,常见的定界符为成对出现的括号。

运算符有优先级之分,用来确定计算的先后次序,为简单起见这里只讨论算术运算符。算术运算符优先级规定与数学相同——先乘除,后加减;顺序出现的同级运算符,先出现的优先级高。定界符可以改变运算次序,规定:一对定界符外部任何其他运算符的优先级低于定界符;一对定界符内部所有运算符的优先级高于定界符。

通用表达式的求解是软件设计领域中的重要成果之一,需要借助于栈这种数据结构来实现,基本求解思想如下:

① 设置两个栈分别存储表达式中的操作数和运算符,不妨称之为**"操作数栈"**和**"运算符栈"**。这里操作数也可能是中间计算结果。定界符视作算符,入运算符栈。

② 求解时,依次扫描表达式中的各基本符号(每个运算符、操作数等均看作是一个基本符号),并根据所扫描的符号的内容分别做如下处理:

• 如果所扫描的基本符号是操作数,则将此操作数直接进到操作数栈中,然后继续扫描其后续符号。

- 如果所扫描的基本符号是运算符 CurrentS，则以此来决定运算符栈当前栈顶的运算符 TopS 是否能运算，具体地说，分如下情况处理：如果栈顶的运算符 TopS 的优先级低于当前所扫描的运算符 CurrentS 的优先级，则栈顶的运算符不能进行运算，故当前运算符 CurrentS 要入栈，然后继续扫描其后续符号；如果栈顶的运算符 TopS 的优先级高于当前所扫描的运算符 CurrentS 的优先级，则要取出运算符 TopS 进行运算。此时，TopS 的两个操作数一定是操作数栈栈顶位置的两个元素，取出这两个元素进行计算，并将运算结果入操作数栈。

如果此时的运算符栈不空，需要继续以栈顶的运算符 Tops 对当前运算符 CurrentS 重复上述比较操作，以此确定是用栈顶运算符运算还是将当前运算符入栈。

当表达式扫描结束，即计算出了表达式的结果。

【例 3.4】 设计算法实现对任意输入的表达式的计算。例如，表达式为 12+5*(2+3)*6/2-4。

【解题分析】下面以表达式 12+5*(2+3)*6/2-4 为例来演示求解过程中栈的变化情况。为便于描述，在表达式首尾添加一对定界符"♯"，即在表达式首尾分别添加一个"♯"，表示表达式的开始和结束，并将运算符栈和操作数栈两个栈并列画在一起。扫描过程中用一个箭头表示将要读入的位置。

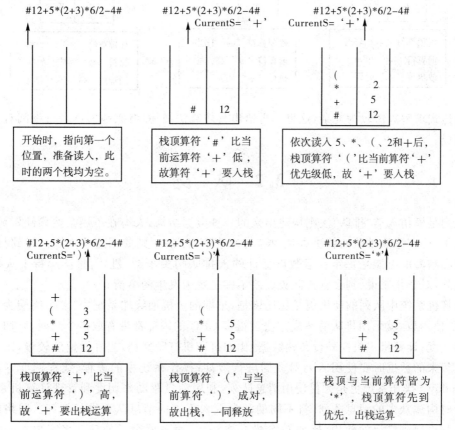

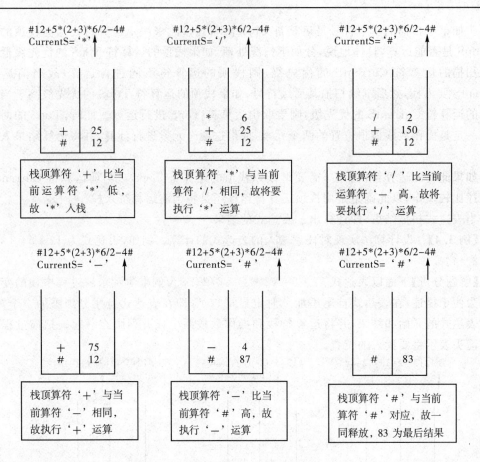

表达式求解算法较为复杂,这里不再给出具体算法描述,有兴趣的读者可参阅有关资料自行完成。

3.2 队　列

　　队列是模仿人类"排队"法则构建出来的一种数据结构,人类在争用某些稀缺资源时,为体现公平,往往采取排队的解决办法,按"先来先服务"的原则使用这些资源。提到排队,首先浮现在脑海的可能是每年春运数以亿计的人排队购买车票、机票,排队等待上火车的景象。此外,对学生来说,到食堂排队买饭差不多是每天发生的事情。

　　计算机系统中队列的使用更是比比皆是,早期的主机加终端系统中,多个终端为争用主机 CPU 使用权,就采用排队的解决方法。很多 CPU 的内部都带有取指令队列,以加快指令的执行速度;计算机主机向外设传输数据,比如打印机打印文档,当外设速度较慢,来不及处理主机传来的数据时要使用队列对数据进行缓冲;操作系统中的进程、线程调度等用到队列,Windows 操作系统更是大量使用消息队列,利用消息驱动来调度和管理计算机系统,系统运行时构建众多的消息队列,将不同的消息放入不同的消息队列进行管理。网络应用系统中队列也得到广泛的使用,比如 C/S 模式系统中,服务器为了处理众多客户端的并发访问,会用队列对客户端的服务请求进行管理。此外,解决实际问题的应用系统中也会经常使用队列。可见,队列也是一种重要的、应用广泛的基础数据结构。

3.2.1 队列的定义和运算

1. 基本概念

队列(Queue)是限定只能在一端插入、另一端删除的线性表。允许删除的一端叫做队头(front),允许插入的一端叫做**队尾**(rear),如图 3-6 所示。没有元素的队列称为"**空队列**"。由定义可知,队列也是操作(运算)受限的线性表。

队列的插入操作称为"**入队**",队列的删除操作称为"**出队**"。

假设初值为空的队列,按 $e_1, e_2, \cdots, e_n$ 次序,将这些元素依次连续入队,由定义可知,这些元素的出队次序只能是 $e_1, e_2, \cdots, e_n$,也就是说,队列具有**先进先出**(FIFO——First in, First out)的特性。

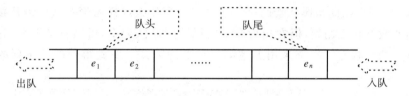

图 3-6 队列结构示意图

2. 队列的运算

与栈类似,队列有以下几种常用的基本运算:

① 初始化队列:initialQueue(Q)。设置队列 Q 为空。

② 判断队列是否为空:queueEmpty(Q)。若队列 Q 为空,返回 TRUE,否则返回 FALSE。

③ 取队头元素:queueFront(Q,x)。若队列 Q 不空,求出队列 Q 的队头元素置 x 中,否则,提示取队头出错。

④ 入队:enQueue(Q,x)。将值为 x 的元素插入到队列 Q 中。若插入前队列已满,不能入队,报出错信息。

⑤ 出队:outQueue(Q,x)。若队列 Q 不空,删除队头,并将该元素的值置 x 中,否则,报出错信息。

⑥ 判断队列是否为满:queueFull(Q)。若 Q 为满时,返回 TRUE,否则,返回 FALSE。这一运算只用于顺序队列,链队不存在队满问题。

下面分别讨论队列的两种存储结构及其运算实现。

3.2.2 顺序队列与循环队列

1. 存储结构

和顺序表一样,以顺序存储方式存储的队列叫做顺序队列(Sequential Queue)。也可用一个数组 data[MAXLEN]来存储元素,将数组前面的元素作为队头,后面的元素作为**队尾**,并分设两个整型变量 **front** 和 **rear** 来指示队头和队尾元素,称为"队头指针"和"队尾指针"(它们并非真正的指针,而只是整型变量)。

读到这里有的读者可能会有一个疑问:既然用数组存放队列元素,那么能不能固定以 data[0]为队头,只设一个尾指针 rear 呢?为什么还要设置一个队头指针 front 呢?简单分析一下,就会明白其中的道理。如果只设队尾指针,入队操作非常简单,不需移动元素,直接把元素插入到队列后面即可。但是,出队操作时,每次要删除 data[0] 的数据,由前面学习的顺序表知识可知,完成这个操作需要把队列中除 data[0] 以外的所有元素前移一个单元,这是一个非常耗时的操作。此外,每次出队还需要修改队尾指针 rear。

使用队列通常是因为某种资源紧缺,发生争用,当然希望队列的操作是高效的,显然,上面讨论出现的批量移动元素是不可取的。为此,在队列中增加一个 front 指针,这样,入队操作不变,出队操作时,只需简单地执行 front++,即队头指针后移一个单元即可,无需批量迁移元素。

关于 front 指针和 rear 指针的具体指向,有多种处理方法。一种处理是让 front 指示队头元素的前一个位置,而不是指在队头元素上;rear 指示队尾元素。另一种处理是 front 指示队头元素,而 rear 指向队尾元素的后一个位置。为什么这样做呢?这样错开指示对普通的顺序队列并没有什么用处,但在稍后介绍的循环顺序队列中,可谓意义重大,它能够区分出队满和队空两种状态。本书采用上述第一种处理方式。由此得到顺序队列的结构如图 3-7 所示。

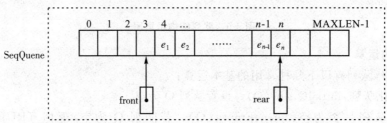

图 3-7 顺序队列结构示意图

【顺序队列存储结构描述】
```
typedef struct sQueue
{
    elementType data[MAXLEN];    //存放队列元素
    int front;                    //队头指针
    int rear;                     //队尾指针
} seqQueue;
```

2. 普通顺序队列存在的问题

在这样的普通顺序队列中,入队操作就是先将尾指针 rear 后移一个单元(rear++),然后将元素值赋给 rear 单元(data[rear]=x)。出队时,则是头指针 front 后移(front++)。像这样进行了一定数量的入队和出队操作后,可能会出现这样的情况:尾指针 rear 已指到数组的最后一个元素,即 rear==MAXLEN-1,此时若再执行入队操作,便会出现队满"溢出"。然而,由于在此之前可能也执行了若干次出队操作,因而数组的前面部分可能还有很多闲置的元素空间,即这种溢出并非是真的没有可用的存储空间,故称这种溢出现象为"假溢出"。显然,必须要解决这一假溢出的问题,否则顺序队列就没有太多使用价值。下面介绍的循环顺序队列就巧妙地解决了这个问题。

3. 循环顺序队列

循环顺序队列的存储结构,头、尾指针都和普通顺序队列相同。不同的只是将数组

data[]视为"环状结构",即视 data[0]为紧接着 data[MAXLEN-1]的单元,为相邻单元,首尾相接构成一个"环"。这样得到循环顺序队列的结构如图 3-8 所示。

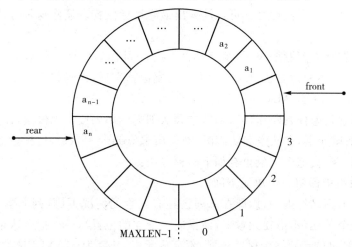

图 3-8 循环顺序队列结构示意图

如图 3-8 可见,如果 rear 当前指向数组 data[]的最后一个单元,即 rear==MAXLEN-1 时,欲再插入一个元素,执行 rear++,则 rear==MAXLEN,对普通顺序队列,此时 rear 已经指向 data[]数组以外,一定会"溢出"。但对循环队列,rear++后,让 rear==0,即重新指向 data[0]单元,如果此时 data[0]单元为空,则仍然可以完成插入操作。对 front 指针,也一样处理,当 front==MAXLEN-1 时,再删除一个元素,front++后,让 front==0,重新指向 data[0]单元。通过上述规定,产生了一个逻辑上的循环结构(非物理上的),data[]数组中的所有单元都可以循环重复使用,不会出现"假溢出"问题。

因为反复的入队和出队操作,循环队列中,front 和 rear 指针可以位于数组 data[]的任何位置,如图 3-8 所示,可能出现 front>rear 的情况。

对循环队列如何计算入队(插入)操作 rear 指针的位置呢?正常情况下,rear<MAXLEN-1,则 rear++就是插入(入队)位置。但当 rear==MAXLEN-1 时插入,执行 rear++后,不能让 rear==MAXLEN,而要让 rear==0。对此,可用下述两种方法实现:

① 手工判断。
if(rear==MAXLEN-1)
  rear=0;
else
  rear++;
在 C 语言中,这种方法可用一句代码表示:
rear=(rear+1==MaxLen)？0：rear++;

② 模运算。
rear=(rear+1) % MAXLEN;

模运算几乎是每种高级程序设计都支持的运算,利用模运算可以很容易实现一个逻辑上的环。举个具体的例子,比如 MAXLEN=100,当 rear=99 时,再插入元素,rear+1 后,rear 为 100,对其做模运算求余数,即 100 % 100 == 0,可见余数正好为 0,将其赋给 rear,

正好就是插入位置,实现了逻辑循环。在 rear<99 的情况下,比如 rear=67,插入元素,rear+1 后为 68,对其做 100 的模运算,仍为 68,也是插入位置。综上分析,无论 rear 原先指在什么位置,插入操作时,用模运算都可以计算出最终目标位置。显然这种方法比前一种方法简洁。

插入操作位置计算问题解决了,那么出队(删除)操作如何计算位置呢?计算方式与删除操作一样,也有上述两种方法,比如,用方法二模运算实现,代码如下:

front=(front+1) % MAXLEN;

还有一个问题是怎样判断循环队列队空和队满呢?如果按常规做法,让 front 指向队头元素,rear 指向队尾元素,在队空和队满时,都会出现 front==rear,这样就无法分辨出究竟是队空还是队满。解决这个问题也有如下两种方法:

① data[]数组中保留一个单元空间。

这个方法在前面已经提到过,即在队列已经有元素的情况下(队列非空),让 front 指向队头元素的前一个单元(不指在元素上,而指向一个空的位置),rear 指向队尾元素,如图 3-8 所示。即 front 指向单元始终为保留单元,不存放元素,长度为 MAXLEN 的 data[]数组,最多只存放 MAXLEN-1 个元素。这样,无论怎样执行入队、出队操作,只要队列中有元素,rear 就永远不会"赶上"front。在队列满时也是这样,front 会指在 data[]数组剩下的唯一的一个空单元上,rear 指在队尾元素上,front 和 rear"相差 1 个单元"(相差一个单元是循环意义上的)。队列空时,我们让 front==rear。这样就可以区分出队空和队满情况。下面用一个实例来说明循环队列正常、队空和队满的情形,如图 3-9 所示。

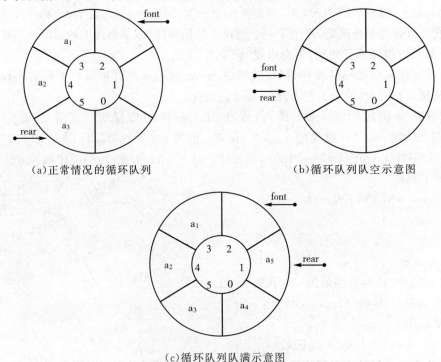

(a)正常情况的循环队列 (b)循环队列队空示意图

(c)循环队列队满示意图

图 3-9 循环队列队空、队满示意图

图 3-9(a)表示一个正常的非空队列,front=2,rear=5;图 3-9(b)表示一种队空情形,

front＝rear＝4；图 3-9(c)表示一种队满情形,front＝2,rear＝1。

可见,在循环顺序队列中,无论哪种情况,front 和 rear 指针都可能指在 data[]数组的任何单元上,可能有 front＜rear,也可能有 front＞rear。当队空时,front 不是固定指向 data[0]单元,可能指向 data[]的任何位置,只要 front＝＝rear。当队满时,rear 不是固定指向 data[MAXLEN－1]单元,可能指向 data[]的任何位置,只要 front＝＝(rear＋1) % MAXLEN。由此分析可以得出循环顺序队列判定队空和队满的条件：

【队空判定条件】front＝＝rear

【队满判定条件】front＝＝(rear＋1) % MAXLEN

为什么队满判定条件要做模运算呢？正常情况 rear＜MAXLEN－1 时,直接用 front＝＝rear＋1 判定即可。但有一种特殊情况的队满,front＝0,rear＝MAXLEN－1,这种情况必须模运算后才能判定。

本书即采用这种方法判定队空和队满。

② 设置入队和出队标志。

设置一个标志变量 s,用来区分入队、出队操作,比如,设变量为 s,s＝＝1 标记插入操作,s＝＝0 标记删除操作。在队列空和满时,都有 front＝＝rear,但队满只会在执行插入操作后发生；队空只会在初始化和执行删除操作时发生。所以(front＝＝rear) && (s＝＝0)为队空；(front＝＝rear) && (s＝＝1)为队满。这种方法相对繁琐,本书采用方法一判定队空和队满。

4. 循环顺序队列的基本运算实现

(1) 初始化队列

由前面的讨论可知,循环队列为空时,其头尾指针相等,且约定同时指向 data[0]单元。

【算法描述】
```
void initialQueue(seqQueue *Q)
{
    Q->front=0;        //空队列
    Q->rear=0;
}
```

(2) 判断队空

通过判断头、尾指针是否相等来判断队空。

【算法描述】
```
bool queueEmpty(seqQueue &Q)
{
    if(Q.front==Q.rear)
        return true;       //队空,返回 true
    else
        return false;      //队不空,返回 false
}
```

(3) 判断队满

按前面的约定,当队列满时,front 指向唯一的保留单元。rear 的下一个单元,即 front(循环意义上的),判定条件前面已经给出。由此得算法如下：

【算法描述】
```
bool queueFull(seqQueue &Q)
{
    if(((Q.rear+1) % MaxLen)==Q.front)
        return true;        //队满,返回 true,即尾指针的下一个位置是头指针
    else
        return false;       //不满,返回 false
}
```

(4) 取队头元素

先要判定队列是否为空,队空给出错误信息,队列非空取出队头元素。

【算法描述】
```
void queueFront(seqQueue &Q, elementType &x)
{
    if(queueEmpty(Q))
        cout<<"队空,不能取队头元素!"<<endl;
    else
        x=Q.data[(Q.front+1) % MaxLen];  //front 指示的下一个单元才是队头元素
}
```

【思考问题】在 x=Q.data[(Q.front+1) % MaxLen]中,为何要做模运算呢?

(5) 入队

入队前,首先要判断是否已经队满,若队满,则不能插入,报错。

【算法描述】
```
void enQueue(seqQueue *Q, elementType x)
{
    if(queueFull(*Q))
        cout<<"队列已满,不能完成入队操作!"<<endl;
    else
    {
        Q->rear=((Q->rear)+1) % MAXLEN;   //后移 rear
        Q->data[Q->rear]=x;               //填入数据 x
    }
}
```

(6) 出队

出队之前先要判断是否队空,队空,删除失败,报错。对出队的队头元素,也可以用参数返回主调函数,但是这里给出的算法是简单的删除函数。

【算法描述】
```
void outQueue(seqQueue *Q)
{
    if(queueEmpty(*Q))
        cout<<"空队列,没有元素可供出队!"<<endl;
    else
```

{
　　　　Q->front=(Q->front+1) % MaxLen; // front 指针后移一个单元
　}
}

【思考问题】如果使用函数参数传回删除的队头元素,上述算法如何修改?

【算法分析】与栈的基本运算类似,队列的 6 个基本运算的时间复杂度都是 O(1)。

3.2.3 链队列

顺序队列或者循环顺序队列都只适合于事先知道其最大存储规模的情况。然而,如果事先不能估计队列的最大存储规模,则需要采用能动态申请内存的链式存储结构来存储队列,由此得到链队列。

1. 链队列的存储结构

在采用链队列存储时,要确定结点结构、队头和队尾位置等问题,讨论如下:

① 链队列采用单链表结构,结点结构与单链表相同。

② 如果要区分队头和队尾,约定单链表的表头为队头,并设置队头指针 front;单链表的表尾为队尾,并设置队尾指针 rear。

③ 为操作方便也给链队列添加一个头结点,形成带头结点的链队列,这样队头指针指向头结点,而 front->next 才指向队头元素结点;rear 仍指向队尾结点。

由此,得到链队列结构如图 3-10 和图 3-11 所示。

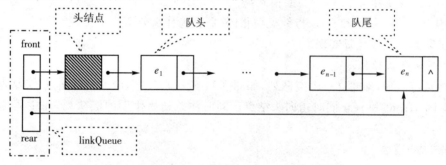

图 3-10　链队列结构示意图

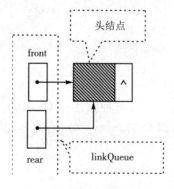

图 3-11　空链队列示意图

由上面的讨论和图 3-10、图 3-11 可知，front 和 rear 指针唯一地确定一个链队列。但是出现了一个新的问题，描述一个链队列需要 front 和 rear 两个指针，而这两个指针又不是每个结点都有的，所以不能像单链表和链栈那样只定义结点结构就行了。那么怎么处理呢？可以采用两步定义方式，先定义链队列的结点结构，结点结构定义同单链表；再定义一个结构描述 front 和 rear 指针，这个结构表示一个队列。

【链队列结点结构描述】
```
typedef struct LNode
{
    elementType data;      //存放数据元素
    struct LNode * next;   //下一个结点指针
} node;
```

【链队列结构描述】
```
typedef struct
{
    node * front;    //队头指针
    node * rear;     //队尾指针
} linkQueue;
```

因为 front 和 rear 指针唯一确定一个链队列，所以可用 linkQueue 来定义一个链队列。

【思考问题】
① front、rear 和 next 指针类型相同吗？
② 如果 front、rear 和 next 指针类型相同，那么为什么分两步定义呢？

2. 链队列的基本运算实现

(1) 链队列初始化

初始化链队列，即建立一个空队列，如图 3-11 所示，需要申请一个新结点（头结点），next 置为 NULL，front 和 rear 同时指向头结点。同时注意初始化后的链队列，向主调函数回传的实现方法。

【算法描述】
```
void initQueue(linkQueue &Q)
{
    Q.front=new node;         //产生头结点，指针为 front；
    Q.rear=Q.front;           //rear 也指向头结点
    Q.front->next=NULL;       //头结点的 next 置为 NULL
}
```

(2) 判断队空

判断链队列是否为空有两种方法：一种方法是 Q.front->next==NULL；另一种方法是判断其头尾指针是否相同，即 Q.front==Q.rear。这里采用第二种方法。

【算法描述】
```
bool queueEmpty(linkQueue &Q)
{
    return (Q.front==Q.rear);
}
```

(3) 取队头元素

先判断是否队空,队空的话,给出相应信息。本算法取出的队头用参数返回给主调函数。

【算法描述】
```
void queueFront(linkQueue &Q, elementType &x)
{
    if( queueEmpty(Q) )
        cout<<"空队列,无法取队头元素!"<<endl;
    else
        x=((Q.front)->next)->data;   //队头是 front->next 指向的结点
}
```

(4) 入队

将值为 x 的元素插入队列,申请新结点,新结点赋值 x,插入到队尾。
```
void enQueue(linkQueue &Q, elementType x)
{
    node *P=new node;         //申请内存,产生新结点
    P->data=x;                //x 赋给新结点
    P->next=NULL;             //x 结点成为新的尾结点,next 置 NULL
    Q.rear->next=P;           //新结点链接到原表尾
    Q.rear=P;                 //后移尾指针,指向新结点(新队尾)
}
```

(5) 出队

首先判定是否队空,队空时给出错误信息,然后删除队头结点,也可以在删除队头的同时用参数传回删除的队头元素值,下面的算法就用参数 x 传回删除的队头元素值。

【算法描述】
```
void outQueue(linkQueue &Q, elementType &x)
{
    node *u;                              //用以指向删除节点
    if(QueueEmpty(Q))
        cout<<"当前队空,无法执行出队操作!"<<endl;
    else
    {
        x=Q.front->next->data;            //取出队头元素值到变量 x
        u=Q.front->next;                  //u 指向队头(首元素结点)
        Q.front->next=u->next;            //更新队头指针
        delete u;                         //删除原队头,释放内存
        if(Q.front->next==NULL)           //如果删除结点后,队空,则要修改 rear 指针
            Q.rear=Q.front;
    }
}
```

特别需要注意算法最后的更新 rear 指针代码,当队列只有一个元素结点时,队尾指针就指在这个结点上,删除这个结点后,将成为空队列,如果不更新 rear 指针,rear 将指向不确定

的内存位置,故要更新 rear,使 rear=front,如图 3-12 所示。

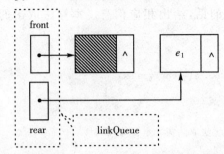

图 3-12 删除链队最后一个元素结点中间状态示意图

队列在软件设计中有较多的应用,最典型的应用是在后面要介绍的图的广度遍历算法中。

3.3 栈与递归

递归(Recursion)是思考问题和分析问题的一种方式,是解决问题的一种方法。计算机中实现递归计算需要借助栈。递归是栈的一个重要应用。事实上,计算机中的函数调用也是用栈来实现的。将递归程序转换为非递归程序也经常要借助栈来实现。

递归是问题归约法或分治法求解问题的一种。人类在解决复杂问题时,往往采用"分而治之"的策略,即将原问题进行反复分解,分解为一些规模较小的子问题,直到产生的所有子问题都可以直接求解,这些可以直接求解的子问题称为"基本问题"(Primitive Problem)。然后,通过解决所有基本问题,反向合成出原始问题的解。递归求解是上述情况的一个特例,也分为递推分解子问题和回推原问题的解两个过程,但要求递推分解的子问题与原问题有相同的定义及相同的求解方法。

计算机求解递归问题时,通常将问题的定义、分解、求解用函数或过程的形式来实现,递推分解子问题时就会出现函数调用自身的情况,函数直接或间接调用自身称为"**递归**"。

3.3.1 递归的基本概念

1. 递归的定义

如果一个对象部分地包含它自己,或者利用自己定义自己的方式来定义或表述,则称这个对象是递归的;如果一个过程(函数)直接或间接地调用自己,则称这个过程(函数)是一**个递归过程(函数)**。

若在函数体内直接调用自己,称为"**直接递归**";若函数调用其他函数,其他函数中又反过来调用前者,称为"**间接递归**"。

在先修的一些课程中已经接触过递归函数,这里给出几个递归函数的实例。

(1) 阶乘 $n!$ 的递归定义

求整数的阶乘 $n!$,阶乘的递归定义如下:

$$n! = \begin{cases} 1 & n=0 \\ n\times(n-1)! & n>0 \end{cases}$$

【算法描述】
```
int Fact( int n )
{
    if(n==0)
        return 1;                    //终止条件
    else
        return n * Fact(n-1);        //递归调用
}
```

(2) Fibonacci 数的递归定义

求整数的 Fibonacci 数，Fibonacci 数递归定义如下：

$$\text{Fib}(n)=\begin{cases} 0 & n=0 \\ 1 & n=1 \\ \text{Fib}(n-1)+\text{Fib}(n-2) & n\geqslant 2 \end{cases}$$

【算法描述】
```
int Fib(int n)
{
    if( n==0 )
        return 0;                    //终止条件
    else if(n==1)
        return 1;                    //终止条件
    else
        return Fib(n-1)+Fib(n-2);    //递归调用
}
```

(3) 函数中两次调用自身

【算法描述】
```
void P(int n)
{
    if(n>0)          //终止条件：n<=0
    {
        P(n-1);      //递归调用
        cout<<n;
        P(n-2);      //递归调用
    }
}
```

(4) 间接递归调用

【算法描述】
```
void P1(int n)                    void P2(int n)
{                                 {
    if(n>0)                           if(n>0)
    {                                 {
        cout<<n;                          P1(n-1);
        P2(n-1);                          cout<<n;
    }                                 }
}                                 }
```

2. 递归调用需要具备的条件

① 待解问题可以反复分解为子问题,子问题的求解复杂度趋于简单,且子问题和原问题具有相同的定义和求解方法。

② 正向递推分解子问题的过程必须有明确的结束条件,叫做递归终止条件,或递归出口。即把问题反复分解,直至产生一个可以直接求解的基本问题集合,正向递推结束。

如果没有明确的递归出口,正向分解过程将一直进行下去,对计算机程序来说,这相当于"死循环",直至栈溢出或系统崩溃。

③ 通过基本问题的解可以反向回归合成出原问题的解。

可见,递归求解分为两个过程:一个是正向递推分解子问题的过程;另一个是通过基本问题的解反向回归合成原问题解的过程。

3. 递归函数的一般形式

由上面的实例和讨论,可以得到递归函数的一般形式如下:

```
void   RecFunc(参数表)
{
    if(递归出口条件)
        简单操作;              //递归出口(终止条件)
    else
    {
        简单操作;
        RecFunc(参数表);       //递归调用
        [简单操作;]            //加[]表示可选项,下同
        [RecFunc(参数表);]     //可能有多次递归调用
        [简单操作;]
    }
}
```

这里给出的函数形式没有返回值,但有的递归函数是需要返回值的,且返回值还可能参与运算,例如,前面给出的求阶乘和求 Fibonacci 数。

3.3.2 递归调用的内部实现原理

针对许多初学者理解递归存在困难,接下来介绍递归的实现原理。事实上递归函数调用也是函数调用,只不过是调用函数自身,其实现原理与普通函数调用实现原理是一样的。所以要搞清楚递归实现原理,首先要弄明白一般函数调用的原理。

1. 一般函数调用的实现原理

函数调用需要解决如下问题(为了表达方便下面称被调用函数为子函数):

① 如何找到子函数(过程)的入口?我们知道每个函数都有函数名,编译成机器代码后,函数名就变为子函数第一条指令的存储地址,当调用此子函数时,CPU 的程序指针指向这个地址(函数名),就找到了子函数的入口。

② 如何向子函数传递参数?许多情况下函数带有参数,比如前面给出的求阶乘和求 Fibonacci 数,执行函数调用时,需要主调函数向子函数传递这些参数(实参),这个工作是用栈来完成,即在转入子函数执行之前,把实参入栈,详情见稍后的讨论。

③ 子函数执行完毕如何找到返回位置(返回地址)？子函数执行完毕,应该返回到主调函数继续执行,即返回到主调函数调用位置后面的第一条指令继续执行。

所以在转入子函数执行之前,需要把主调函数调用指令后面第一条指令的地址"告知"子函数,以便子函数执行结束能正确返回,这个工作也是通过将返回地址入栈完成的。

④ 子函数本地变量存储问题。子函数的本地变量也入栈保存,这样做对递归调用特别有用。

⑤ 函数返回值问题。子函数可以通过函数参数和函数返回值两种方式往主调函数回传数据。数据回传是通过在主调函数和子函数间共享内存实现的。

函数参数回传数据时,先要在主调函数中定义一个变量,比如x,为变量x在内存中开辟一块存储空间,然后把变量x的地址传递到子函数,子函数通过x的地址操作这块存储空间改变x的值,主调函数也是操作这块空间改变x的值。这样主调函数和子函数改变x的值,操作的是同一块内存空间,所以子函数中改变了变量x的值,主调函数是能够"感知"到的,从而实现了数据的回传,C++中指针和引用回传数据就是这样实现的。

函数返回值回传数据情况稍微复杂一些,对于字节数较少的返回值,直接通过CPU的寄存器回传,即子函数返回时,把要返回的值存放到CPU的寄存器中,返回后主调函数直接到CPU指定寄存器中读取这个值即可。比如对于32位机,4字节以下的返回值,用单个寄存器返回;5~8字节的返回值用2个寄存器返回。

对于较大的返回值,即长度超出2个寄存器长度的返回值,也是转换为参数进行传递的,只是参数是隐藏的。这个工作由编译器自动完成,编译器根据函数返回值类型,计算出需要的存储空间,如果超出2个寄存器长度,它就自动定义一个隐藏变量,开辟一块内存,调用子函数之前,把隐藏变量的地址传递给子函数,与②中讨论的实参传递一并完成,就是主调函数向子函数传递实参时,多了一个作为函数返回值的隐藏变量,可见这就是参数回传。

为了简化讨论,假设有一个"回传变量",通过此回传变量把函数返回值从子函数返回到主调函数。

2. 函数调用栈

操作系统执行程序时,为每个线程的函数调用专门开辟一块内存空间,以栈的方式进行管理,这块空间叫做**"函数调用栈"(Call Stack)**,也叫"函数工作站"。函数调用栈是线程独立的,即每个线程有自己独立的调用栈。

每当调用一个函数时,系统就在调用栈中为这个函数划出一片区域,存储这个函数调用的相关信息,这个区域叫做**"栈帧"(Stack Frame)**。栈帧组成如图3-13所示。栈帧中保存有以下信息:

① 函数实参:主调函数传递给子函数的实际参数。如果函数有较大返回值,需用隐藏参数回传时,隐藏参数也作为实参保存在这里。

② 返回地址:主调函数调用点后下一条指令的地址。

③ 相关寄存器的值:CPU的一些寄存器值,细节不在这里介绍。

调用函数时,相关信息入栈,形成栈帧;子函数执行结束,相关信息出栈,对应的栈帧释放。

当函数有嵌套调用时,每调用一次函数就形成一个栈帧,调用栈中就会同时存在多个栈帧。按栈的先进后出原则,当前正在执行的函数的栈帧处于栈顶位置,叫做"活动栈帧",也叫"活动记录"。

下面用一个实例说明栈帧的工作情形,假定在主函数 main()中调用子函数 A(),A()中再调用 B()。3 个函数代码如下,main()函数中符号"①"作为调用函数 A()返回后继续执行的地址,因为 A()返回后要执行 m＝A(m)的赋值语句,设 A()返回后继续执行的地址就是赋值语句的地址,即"①"。同样,函数 A()中符号"②"表示调用 B()的返回地址。在栈帧中就直接用这两个符号表示返回地址;main()函数返回地址由系统确定,栈帧中用"main 返回地址"表示。图 3-14 和图 3-15 用来说明,程序执行时调用栈和栈帧的建立和释放过程。

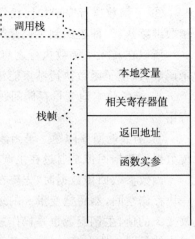

图 3-13 栈帧构成示意图

【主函数代码】
```
int main()
{
    int m=5;
①:  m=A(m);
    cout<<m;
    return 0;
}
```

【A 函数代码】
```
int A(int n)
{
    int x=10;
②:  x=B(x+n);
    return x+n;
}
```

【B 函数代码】
```
int B(int w)
{
    int y=50;
    return y+w;
}
```

下面解释函数时调用栈和栈帧的建立和释放过程：

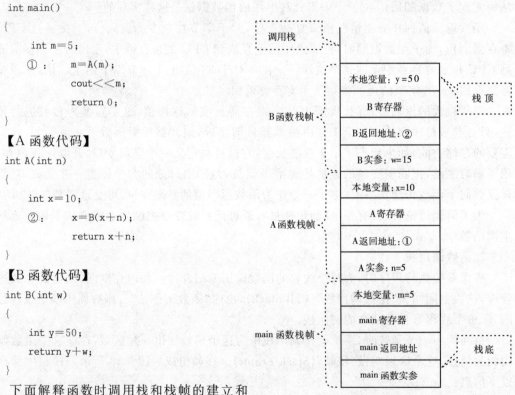

图 3-14 嵌套调用调用栈示意图

① 启动程序,调用程序入口的主函数 main()(C、C++、Java、C#等语言程序都以 main()函数为程序驱动入口),执行 main()函数也是函数调用,相关信息压入调用栈,形成 main()函数的栈帧。如图 3-14 和图 3-15(a)所示。

② main()函数执行到①处,调用子函数 A(),先将实参(值为 5)入栈;再将 A()的返回地址"①"入栈;相关寄存器值入栈;最后将 A()的本地变量 x(值为 10)入栈,形成 A()的栈帧,然后即转入执行函数 A()。A()的栈帧处于栈顶位置,如图 3-14 和图 3-15(b)所示。

③ 函数 A()执行到"②"处,又调用子函数 B(),首先将 A()传递给 B()的实参(值 15)入栈;B()的返回地址"②"入栈;相关寄存器值入栈;B()的本地变量 y(值为 50)入栈,形成 B()的栈帧,然后转入函数 B()的执行。B()的栈帧处于栈顶位置,如图 3-14 和图 3-15(c)所示。

在函数 B()执行期间,调用栈中共有 3 个栈帧,其中函数 B()的栈帧为活动记录,处于栈顶位置,表示当前正在执行函数 B()的代码,如图 3-14 所示。至此正向调用过程结束。

④ 当函数 B()执行结束,B()函数栈帧中本地变量首先出栈;接着 B()相关寄存器出栈;B()的返回地址出栈,并取得返回地址"②";B()实参出栈。至此 B()的栈帧销毁,B()函数返回值(值为 65)由 CPU 寄存器返回,最后根据返回地址值,返回到 A()函数的"②"处继续执行 A()函数的代码,即把返回值 65 赋值给变量 x。接着回到 A()函数,继续执行 A()的剩余代码。A()的栈帧处于栈顶位置,如图 3-14 和图 3-15(d)所示。

⑤ 当 A()执行结束,A()函数栈帧内容相继退栈,A()栈帧释放,根据返回地址返回到主函数 main()的"①"处,继续执行 main()函数后面代码。main()的栈帧处于栈顶位置,如图 3-14 和图 3-15(e)所示。

⑥ 当 mian()函数执行完毕,这个程序执行结束,main()栈帧释放,然后整个调用栈销毁。

图 3-15 是用一个简图来说明上面例子调用栈的建立和销毁过程,每个栈帧简单用一个方块表示。

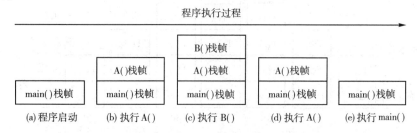

图 3-15 嵌套调用调用栈变化示意图

3. 递归函数调用的实现原理

搞清了一般函数调用的实现原理,再学习递归调用的实现原理就很简单了。递归调用与一般函数调用的内部实现原理相同。不同的只是递归调用时,每次调用的都是函数自身,即每次递归调用执行的代码都相同(调用自身),但每次调用时的函数参数都不同,函数的本地变量值也可能不同。下面以求 3 的阶乘为实例,说明递归调用的内部实现原理,程序代码如下。

【主函数代码】
```
int main()
{
    F(3);
①:    cout<<"OK";
    return 0;
}
```

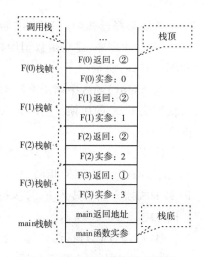

图 3-16 递归调用调用栈示意图

【求阶乘函数代码】
```
int F( int n )
{
    if(n==0)
        return 1;
    else
②:     return n*F(n-1);
}
```

主函数中调用 F(3)，求 3 的阶乘，F(3)执行结束，返回到 main()的"①"处继续执行。F(3)执行到"②"处，递归调用 F(2)，F(2)执行结束，将返回到"②"处，计算 3*F(2)。同样 F(2)执行到"②"处，递归调用 F(1)，F(1)执行结束，返回到"②"处，计算 2*F(1)。F(1)执行到"②"处，递归调用 F(0)，F(0)执行结束，返回到"②"处，计算 1*F(0)。图 3-16 和图 3-17 说明程序执行时调用栈和栈帧的建立和释放过程，同时也演示了递归的正向递推调用和反向回归合成解的过程。为了简化在图中省略了相关寄存器内容。另外，这两个函数都没有本地变量，也省略不画。

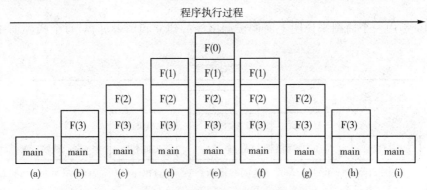

图 3-17　递归调用栈变化示意图

下面解释递归调用时调用栈和栈帧的建立和释放过程：

① 启动程序，建立函数调用栈，main()函数栈帧入栈。执行 main()函数代码，如图 3-16 和图 3-17(a)所示。

② main()函数中调用求阶乘函数 F(3)，求 3 的阶乘。F(3)的实参 3，返回地址"①"等入栈形成 F(3)的栈帧。然后转入 F(3)执行，F(3)栈帧处于栈顶，为活动记录。如图 3-16 和图 3-17(b)所示。

③ F(3)执行到"②"处，需要计算 3*F(2)，因而递归调用求阶乘函数 F(2)，求 2 的阶乘，执行的代码与 F(3)相同，只是实参为 2。此时，F(2)的实参 2，返回地址"②"等入栈形成 F(2)的栈帧。然后转入 F(2)执行，F(2)为当前正在执行的函数，栈帧处于栈顶位置。如图 3-16 和图 3-17(c) 所示。

④ 同理，F(2)执行到"②"处，要计算 2*F(1)，递归调用 F(1)，建立 F(1)栈帧，转入 F(1)执行。如图 3-16 和图 3-17(d) 所示。

⑤ F(1)执行到"②"处，要计算 1*F(0)，递归调用 F(0)，建立 F(0)栈帧，转入 F(0)执行，图 3-16 和图 3-17(e)都表示函数 F(0)正在执行时调用栈的情况，此时 F(0)栈帧为活动

记录,处于栈顶位置。

⑥ F(0)是递归的出口,当 F(0)执行结束时,正向递推过程结束,接下来开始反向回归合成解的过程。取出返回值1,返回地址"②"。释放 F(0)的栈帧,返回到其调用者 F(1)的"②"处继续执行 F(1)余下部分代码,即利用 F(0)的返回值1,计算 F(1)的返回值 1 * F(0) = 1 * 1 = 1。此时 F(1)为正在执行的函数,其栈帧为活动栈帧,处于栈顶位置。如图 3-17(f)所示。

⑦ 当 F(1)执行结束,取出 F(1)的返回值1,返回地址"②"。释放 F(1)的栈帧,返回到其调用者 F(2)的"②"处,继续执行 F(2)余下部分代码,即利用 F(1)的返回值1,计算 F(2)的返回值 2 * F(1) = 2 * 1 = 2。此时 F(2)为正在执行的函数,如图 3-17(g)所示。

⑧ 当 F(2)执行结束,取出 F(2)的返回值2,返回地址"②"。释放 F(2)的栈帧,返回到其调用者 F(3)的"②"处,继续执行 F(3)余下部分代码,即利用 F(2)的返回值2,计算 F(3)的返回值 3 * F(2) = 3 * 2 = 6。此时 F(3)为正在执行的函数,如图 3-17(h)所示。

⑨ 当 F(3)执行结束,取出 F(3)的返回值6,返回地址"①"。释放 F(3)的栈帧,返回到其调用者 main()的"①"处,继续执行 main()余下部分代码,此时 main()为正在执行的函数,如图 3-17(i)所示。

⑩ main()函数执行结束,其栈帧退栈释放,整个程序执行结束,这个程序的函数调用栈也随之释放所示。

递归调用的返回地址在很多情况下是相同的,如上例中,F(2)、F(1)和 F(0)的返回地址都是"②",但递归开始函数的返回地址一定是不同的,如上例中 F(3)是返回到 main()函数中的"①"。

我们可以使用一些调试工具来跟踪和查看程序执行时调用栈的实际工作状态。比如 VC6.0 在调试模式下就可以查看调用栈的情况,图 3-18 就是 VC6.0 跟踪求阶乘递归函数,调用 Fact(6)时调用栈情况的截图。图中显示当前正在执行 Fact(2)函数,Fact(2)的栈帧处于栈顶位置,为活动栈帧。通过设置断点,然后单步执行,还可以看到每次函数调用,栈帧的建立和释放过程、递归的正向递推过程和反向回归过程。

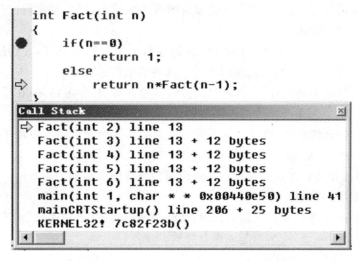

图 3-18　VC6.0 中递归调用调用栈情况截图

许多教材上都会笼统地说递归调用会耗费内存空间,什么原因呢?从上面的讨论和例子中可以清楚看出这一点。系统为每个线程开辟的函数调用栈空间大小是有限的。每一次函数调用都要在调用栈上建立一个函数调用栈帧。栈帧的大小由函数参数的个数及大小、返回地址、相关寄存器值和本地变量的个数及大小共同确定。其中,返回地址和相关寄存器值占用空间相对固定。但函数参数和本地变量的个数和大小在不同的函数中都是不同的。不管怎样,每建立一个栈帧就会消耗掉调用栈上的部分存储空间。所以,在递归调用中,正向递推的过程是不能无限加深的,递归每加深一次,至少会新建一个栈帧,消耗掉调用栈的部分空间,这样迟早会造成函数调用栈的溢出(调用栈满)。特别是栈帧较大时,更容易溢出。许多读者在平时运行一些软件时,所见到的"stack overflow"或"栈溢出错"就是因为递归调用或嵌套函数调用层次太深,造成函数调用栈满溢出。

3.3.3 递归程序的阅读和理解

在实际应用中,常常要求能够快速地模拟递归程序的执行过程,并给出其运行结果,因此,需要有更快捷使用的方法。下面介绍一种依据递归内部实现原理,图形化的递归程序阅读方法。

这种方法采用图形化的方式描述程序的运行轨迹,从中可较直观地描述各调用层次及其执行情况,是一种比较有效的递归程序阅读和理解方法。事实证明,理解这一方法对后续有关内容的学习大有帮助,若能结合后面介绍的树、二叉树的遍历过程来讨论,收获会更大。

这个描述方法中以每次调用的函数为主要结点,因为每次递归调用的函数名相同,我们用实参加以区分。然后按"先主后次"的次序给出程序的运行轨迹。这里的"主"指两条线,一是正向递推线,一是反向回归线,结点之间用有向边(弧)进行连接,表明执行次序,这是核心部分,它们分别描述了调用点、返回点和执行路径。这里的"次"是指,在正向递推线上可能还进行了其他的计算、打印结果等操作,如果有就要用相应的图形符号加以表示;在反向回归线上,可能有函数返回值或修改了函数参数,也要以相应图形符号标记。最后对草图加以整理即可得到直观的运行图。详细步骤如下:

① 根据调用情况,画出每个调用函数作为图的主要结点,以实参进行区分,用有向边连接各个结点,表明调用层次和调用点。

② 从递归出口点开始,逐次回归返回,返回线路也用有向边链接,直到递归起始函数,给出整条反向回归线。在绘制返回线时要特别注意函数的返回点。

③ 在正向递推线相关位置,画出函数执行的其他计算、打印等结果;在反向回归线的相关位置,画出函数的返回值或修改的返回参数。

④ 重绘上面得到的草图,使其更加美观和直观。从这个图上就可以清晰地见到递归的运行轨迹和程序的执行结果。

下面分线性递归和树形递归两种情况给出递归路线图的实例。

1. 线性递归执行路线图

递归函数体中,如果只有一次递归调用,这样的递归叫做**"线性递归"**。线性递归执行路线图的正向递推线是一条"线",画起来相对简单。

【例 3.6】 画出求阶乘函数 F(6) 的执行路线图,并给出执行结果。

【解题分析】阶乘函数体内只有一次递归调用,属于线性递归。先画出正向递推线和反向回归线两条主线,如图 3-19(a)所示。假定在正向调用路线上没有其他的计算和处理;返回线路上需要添加函数返回值,整理后得到完整的执行线路图 3-19(b)。

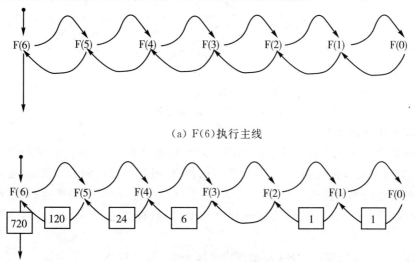

(a) F(6)执行主线

(b) F(6)添加其他操作后的路线

图 3-19　阶乘 F(6)执行路线图

【例 3.7】 对下面的程序代码,画出 P(4)的执行路线图,并给出执行结果。

```
void P(int n)
{
    if(n>0)
    {
        printf("%d",n);
        P(n-1);
        printf("%d",n);
    }
}
```

【解题分析】这也是一个线性递归函数,先画出执行主线如图 3-20(a)所示。再在执行路线上添加两个打印操作,整理后的最终执行路线图,如图 3-20(b)。由路线图可得执行结果:4 3 2 1 1 2 3 4。

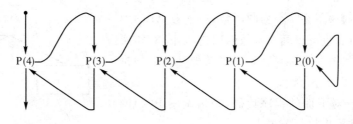

(a) P(4)执行主线

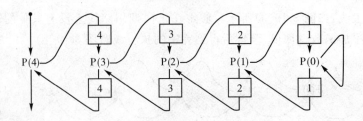

(b) P(4)添加其他操作后路线图

图 3-20 P(4)执行路线图

2. 树形递归执行路线图

函数体内有两次或两次以上的递归调用,称为**"树形递归"**。在画这种递归的执行路线图时,如果只保留正向递推线路,省略其他所有东西,将得到一棵递归调用树,这也是其名称的由来。在画完整的执行路线图之前,先画出其递归调用树,有助于理解递归执行过程,然后再在树上添加反向回归路线,以及其他计算和处理,这样比直接画出执行路线图要简单得多。

【**例 3.8**】 对下面的程序代码,画出调用 AB( )的执行路线图,并给出执行结果。

```
void A( )
{   cout<<"A";
}
void B( )
{
    cout<<"B";
    A( );
    cout<<"B";
}
void AB( )
{
    cout<<"AB";
    A( );
    B( );
    cout<<"AB";
}
```

【**解题分析**】这不是一个递归函数,但函数 AB( )中有两次函数调用,也可以画出函数调用树,如图 3-21 所示。执行主线如图 3-22(a)所示,添加其他处理后的执行路线图如图 3-22(b)所示。

【**例 3.9**】 对下面的程序代码,画出调用 P(4)的执行路线图,并给出执行结果。

```
void P( int w )
{
    if( w>0 )
```

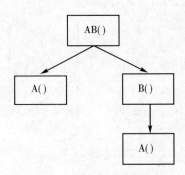

图 3-21 函数 AB( )的调用树

```
    {
        P(w-1);
        cout<<w;
        P(w-2);
    }
}
```

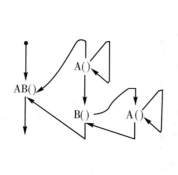
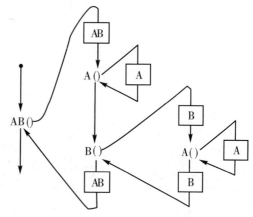

（a） AB( )执行主线　　　　　　（b） AB( )添加其他操作后路线图

图 3-22　AB( )执行路线图

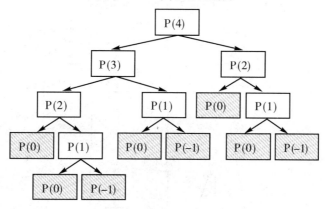

图 3-23　函数 P(4)的调用树

【解题分析】函数体中有两次递归调用,所以这是一个树形递归,递归调用树如图 3-23 所示,其中阴影部分结点为递归基本问题,或递归出口。

事实上,根据源代码和调用树即可画出递归调用主线,如图 3-24 所示。在执行主线图上添加上其他计算和处理得到最终的执行路线图,如图 3-25 所示。

执行结果为:1 2 3 1 4 1 2。

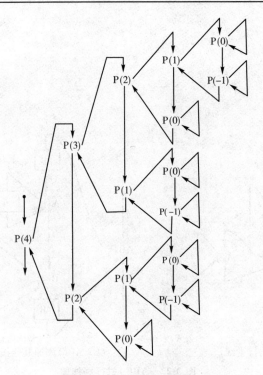

图 3-24　P(4)执行主线图

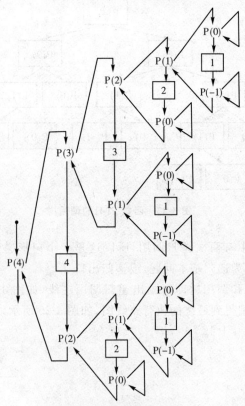

图 3-25　P(4)执行路线图

第 3 章 栈和队列

【例 3.10】 对下面的程序代码,画出调用 F(6) 的执行路线图,并给出执行结果。

```
int F( int n )
{
    if( n<=2 )
        return 1;
    return 2 * F(n-1) + 3 * F(n-2);
}
```

【解题分析】本题有点类似 Fibonacci 函数,在函数体中有两次递归调用,属于树形递归,且在返回线路上要做计算处理。递归出口条件为 n<=2,所以基本问题为 F(1) 和 F(2),返回值都为 1。画出的递归调用树如图 3-26 所示。执行主线如图 3-27 所示。执行路线图如图 3-28 所示。

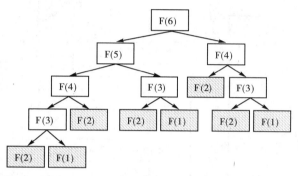

图 3-26 函数 F(6) 的调用树

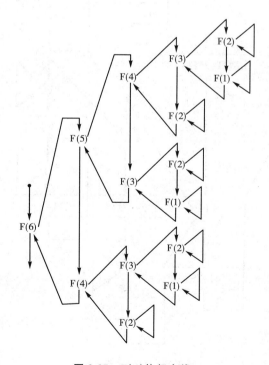

图 3-27 F(6) 执行主线

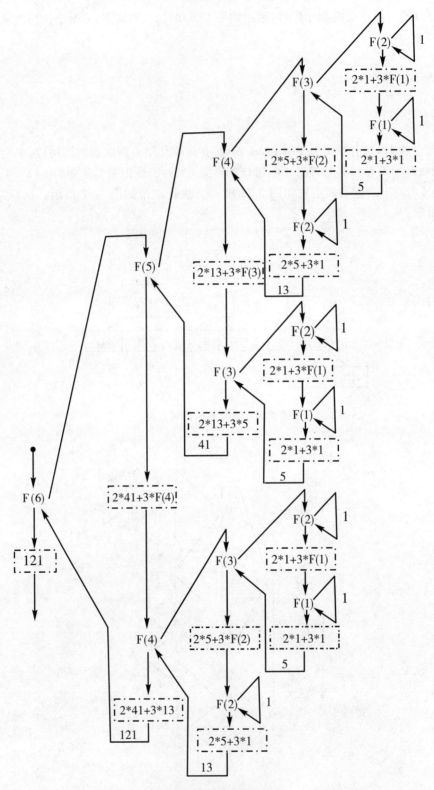

图 3-28　F(6)执行路线图

从例 10 中 F(6)的执行过程可以看出树形递归的执行效率较低。F(1)有 3 次重复调用,在函数调用栈中经过 3 次建立栈帧和释放栈帧的过程;F(2)有 5 次重复调用,经历 5 次栈帧建立和释放过程;F(3)3 次,F(4)2 次。每次建立和释放栈帧都是有时间消耗的,所以程序执行效率较低。例 9 也有同样的问题。

可见,只要是树形递归,就会存在同样函数的多次重复调用(参数和本地变量都相同),造成重复建立和释放同样的栈帧,使程序执行效率变低。同样,如果递归层次较深,参数或本地变量较大,容易造成栈溢出。

3.3.4 递归程序编写

不是所有的问题都可以用递归方法求解的,在 3.3.1 小节讨论了递归求解的条件,只有满足这 3 个条件的问题,才可以编写递归程序求解。

这样,当面对一个问题并试图用递归求解时,首先就要对照递归的 3 个条件进行分析,判定递归求解是否可行。一旦确定用递归求解,需要做好下面的工作:

① 分析出正向递推分解子问题的规律,并给出形式化的表示。比如,求阶乘的递推公式为:$n! = n * (n-1)!$,求 Fibonacci 数的递推公式为:$Fib(n) = Fib(n-1) + Fib(n-2)$。对于较复杂的问题这一步可能是相对困难的工作。

② 分析出递归出口条件和基本问题的解。有的递归只有一个出口,有的递归会有多个出口。比如,求阶乘的出口条件为 $n=0$,只有此一个出口,对应的基本问题为 $Fact(0)=0$;求 Fibonacci 数,就有两个出口,分别为 $n=0$ 和 $n=1$,对应两个基本问题 $Fib(0)=0$ 和 $Fib(1)=1$。

③ 分析反向回归合成解的规律。有的递归只需简单地返回值,但有些递归不仅要返回值,而且要用返回值进行其他计算和处理,简单的递归甚至不要求返回值。例如,求阶乘需要根据 $Fact(n-1)$ 的返回值做 $n * Fact(n-1)$ 的计算;求 Fibonacci 数要根据 $Fib(n-1)$ 和 $F(n-2)$ 的返回值,计算 $Fib(n-1) + Fib(n-2)$。

前面已经举了很多简单递归程序的例子,下面再举两个稍微复杂一点的例子,对照上面的方法进行分析来编写求解程序。

【**例 3.11**】 一只小猴第 1 天摘了若干桃子,当场吃掉一半,还没过瘾,又多吃了一个;第 2 天又将前一天剩下的桃子吃掉一半,又多吃一个;以后每天都吃掉前一天剩下的一半另加一个。到第 10 天早上猴子想再吃时发现只剩下一个桃子了。问第一天猴子共摘了多少个桃子?

【**解题分析**】假定求解函数名为:int MonkeyPeach(int t),函数返回值为桃子数,t 为天数。

① 分析递推公式。这个问题可以从第 10 天的桃子数,倒退求出第 9 天的桃子数,一直到第 1 天。假定今天的桃子数为 n_2,前一天的桃子数为 n_1,而今天的桃子数为昨天吃剩下的,即 $n_2 = n_1 - (n_1/2 + 1)$,得到 $n_1 = 2 * (n_2 + 1)$。这样第 10 天为 1,第 9 天为 4,第 8 天为 10,第 1 天为 1534。递推公式写成函数形式即为:return 2 * (MonkeyPeach (t+1)+1);

② 第 10 天为递归出口条件,对应的基本问题为 $n_2 = 1$。代码为"if(t==10) return 1;"。

③ 反向合成原问题解。对这个问题很简单,只要调用 MonkeyPeach (1),即求出第 1 天的桃子数。

也有人把第1天看作10,第10天看作1,这样上面的公式、出口条件、原问题解的表示都要做相应变更。

【算法描述】
```
int MonkeyPeach(int t)                    //主调函数中调用 MonkeyPeach(1)
{
    if(t==10)
        return 1;                         //递归出口
    else
        return 2*(MonkeyPeach(t+1)+1);    //递归调用
}
```

【例 3.12】 河内塔问题。一个底座上有 a、b 和 c 3 根柱子,a 柱子上放置有 n 片直径不同的圆盘,大盘放底下,小盘放上面。现在要求把所有圆盘全部从 a 移动到 c 柱子上。游戏规则:一次只能移动一片圆盘;移动过程中大盘不能压在小盘上面;移动过程可以借助第 3 根柱子。

【解题分析】假设用 1 到 n 对盘片进行编号,数字越大表示圆盘越大,1 号盘最小,n 号盘最大。以 4 片盘的移动为例分析问题的解法,如图 3-29 所示。

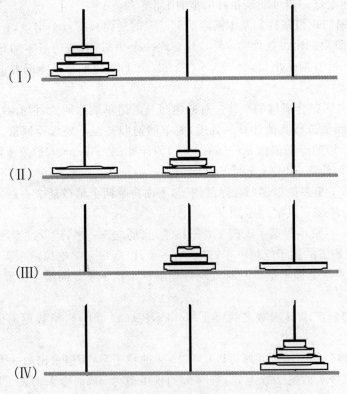

图 3-29 河内塔示意图

递归求解分析如下:

① 若想把 4 片盘全部从 a 移到 c,关键是要把 4 号盘先移到 c 柱;若要移动 4 号盘,必须把压在其上的 1、2、3 号盘移走,且最好放到 b 柱子上,如图 3-29(Ⅱ)所示。

② 此时,a 柱上只有 4 号盘,c 柱为空,4 号盘可以从 a 移到 c,如图 3-29(Ⅲ)所示。

③ 最后,再设法将 b 柱上的 3 片盘移动到 c 柱,这样就实现了全部的移动,如图 3-29(Ⅳ)所示。

通过上面的分析可见,移动 4 片盘的问题可以分解为 3 个子问题来解决,即 2 个移动 3 片盘的子问题,和 1 个移动 1 片盘的子问题。这里 1 片盘的移动是直接可求解的基本问题,不需再分解。同样,3 片盘的移动问题可按同样的方法分解为 3 个子问题解决:2 个移动 2 片盘问题和 1 个移动 1 片盘问题。显然,可以用递归分解,每次分解后问题求解难度降阶。

对于 n 片盘的移动,也是这样,现把 a 柱上 $n-1$ 片盘移到 b 上;n 号盘从 a 移到 c 上;再把其他 $n-1$ 片盘从 b 移动 c。$n-1$ 片盘采用同样方法分解,如此下去,直到 1 片盘移动的基本问题。

假设函数为 void Hanoi(char a, char b, char c, int n),其中 a、b、c 为柱子名,n 为盘片数,含义为把 n 片盘从 a 柱移动到 c 柱,中间借用 b 柱;另定义一函数表示 1 片盘的移动,void Move(a,n,c),表示将编号为 n 的 1 片盘子从 a 柱移到 c 柱。根据上面的分析得到:

① 正向递推规律。n 片盘移动分解 3 个子问题。用上面定义的函数表示就是:Hanoi(a,c,b,n−1),Move(a,n,c),Hanoi(b,a,c,n−1)。即把较小的 $n-1$ 片盘,经 c 柱,从 a 柱移动到 c 柱;n 号盘从 a 柱移到 c 柱;b 上的 $n-1$ 片盘,经 a 柱,从 b 柱移到 c 柱。

② 递归出口条件。$n=1$,即 1 片盘子的移动,对应的基本问题 Move(a,n,c)。

③ 反向回归求解原问题。在主函数中调用 Hanoi(a,b,c,n)即可,n 为实际的盘片数。

【算法描述】
```
void Hanoi(char a, char b, char c, int n)
{
    if(n>=1)
    {
        Hanoi(a,c,b,n−1);      //将 a 上的 n−1 片盘移动到 b,c 为借用盘
        Move(a,n,c);           //表示移动一个圆盘,从 a 到 c
        Hanoi(b,a,c,n−1);      //将 b 上的 n−1 片盘移动到 c,a 为借用盘
    }
}
```

Move()函数可以很简单,比如,只是一条简单的打印语句:
```
void Move(char a,int n, char c)
{
    cout<<"移动圆盘 "<<n<<":"<<a<<"-->"<<c<<endl;
    //表示移动一个圆盘 n,从 a 到 c
}
```

这个问题的来源有不同的传说,有说来自印度寺庙的游戏,有说来自欧洲的修道院,有说来自越南河内。传说中这个底座是镶满各种宝石的,柱子和圆盘都是金子的,a 柱上有 64 片盘。如果一个人把所有盘从 a 柱移到 c 柱,一种说法是完成后这些财宝就归它了;另一种说法是完成之时就是宇宙毁灭之时。事实上我们可以计算出移动的总次数,n 片盘需要移动的总次数为 2^n-1 次。64 片盘的移动次数是 18,446,744,073,709,551,616 次。如果一个人每秒钟移动一片盘,大约需要 584,942,417,355.07 年,可见一个人有生之年是无法完

成的。即使每秒中移动10亿片盘的计算机,也需要大约584.94年才能完成。

前面分析了递归调用的不少缺点,那么为什么还要使用它呢。从例9和例10就能大概看出一些端倪,这两个看上去有点复杂的问题,用递归编程求解只不过3行代码就解决了,这正是递归的魅力所在。接下来总结一下递归调用的缺点和优点:

【递归调用的缺点】

① 空间效率不高。每次递归调用都要在函数调用栈上建立一个调用栈帧,耗费一些内存空间,递归深度越深,栈帧就越多,占用的内存越多,容易导致"栈溢出"错误。

② 时间效率不高。树形递归调用,即在递归函数体内有多次递归调用时,会出现多次重复调用同样的函数(相同代码、相同参数、相同本地变量),而每次调用函数都有建立栈帧和释放栈帧的过程,需要花费一定的时间,重复调用造成相同的栈帧被重复的建立和释放,完成同一任务花费重复的时间。

【递归调用的优点】

① 递归调用有完善的数学理论支撑,其正确性可以用数学归纳法加以证明。

② 递归容易编程实现,只需按照数学定义就可以写出正确的递归程序,有时甚至还未弄清楚问题的求解机理。

③ 递归编程求解问题,代码简短,便于阅读,容易理解,甚至可称之为"优美"。往往几行代码就可以解决很复杂的问题,前面已经看到这样的例子,在后面学习树、二叉树和图的遍历算法时还可以充分见证这一点。

④ 递归代码健壮性和可维护性好。

⑤ 递归通过让计算机做更多的事情,而让人做更少的事情。

3.3.5 递归程序转换和模拟

由前述内容可知,递归方法的优点和缺点都非常明显,那么在解决实际问题时怎样来扬长避短呢?通常的做法是一开始用递归设计算法,并用递归方法编程实现,然后再寻求把递归程序转换为等价的非递归程序。当然,转换的前提是确保两者的等价性,且程序性能得到提升。还有,除了递归的上述缺点外,有些程序设计语言不支持递归,比如Fortran语言,就必须把递归算法转换为非递归实现。

下面分两类情况讨论递归程序转换为非递归程序的方法。

1. 直接用循环(迭代)方法转换

有些类型的递归程序可以直接用循环(迭代)方法进行等价转换,这种转换会使得程序的时间和空间性能都得到极大提高,因为减少了递归调用中栈帧的建立和释放过程,节省了时间和空间。

(1) 尾递归

函数体中只有一次递归调用,且调用发生在函数的最后,即函数最后一条语句是递归调用,递归调用返回时,不需进行其他运算,这种递归叫**"尾递归"**(tail recursion)。尾递归包括有些借助辅助函数和辅助参数可以转换为尾递归的函数。例如,求阶乘函数,本身不是尾递归函数,因为递归调用返回后,还要计算 $n * Fact(n-1)$,但借助一个辅助参数可以转化为尾递归调用,代码如下:

【尾递归调用求阶乘代码】

```
int FactTail(int n, int result)
{
    if(n==0)
        return result;
    else
        return FactTail(n-1, n*result);
}
```

用辅助参数保存累乘的结果,开始调用时 result=1,即 FactTail(n,1)。转换为循环方法也要借助一个辅助变量来保存累乘的结果,代码如下:

【阶乘的循环方法代码】
```
int Fact1(int n)
{
    int result=1;          //保存累乘结果
    int i;
    for(i=n;i>=1;i--)
        result=i*result;
    return result;
}
```

(2) 单向递归

函数体中有两次以上递归调用,但是递归的过程总是朝着一个方向进行,即递归函数的参数只由主调函数确定,递归调用不影响函数参数,称这种递归为**"单向递归"**。比如,求 Fibonacci 数函数就属于单向递归。上面讨论的递归是单向递归的一个特例。单向递归借助辅助参数和辅助函数也可以转换为尾递归调用,只是可能要借助多个辅助参数。比如,求 Fibonacci 数的递归函数转换为尾递归调用,代码如下:

【尾递归调用求 Fibonacci 数代码】
```
int FibTail(int n, int k, int f1, int f2)
{
    if(n==k)
        return f1;
    else
        return FibTail(n,k+1,f1+f2,f1);      //尾递归
}
```

这里引入了 3 个参数,k 初始化为 1,每次递归 k 加 1,以实现从 Fib(2)往 Fib(n)方向累加;f1 相当于 Fib(n-1),初始化为 1;f2 相当于 Fib(n-2),初始化为 0。这个尾递归函数初始调用形式为 FibTail(n,1,1,0)。同样引入相关参数,可将其转换为循环实现,代码如下:

【循环方法求 Fibonacci 数代码】
```
int Fib1(int n)
{
    int f1=1,f2=0,tem,i;
    if(n==0)
        return 0;
```

```
    else if(n==1)
        return 1;
    else
    {
        for(i=2;i<=n;i++)
        {
            tem=f1;
            f1=f1+f2;
            f2=tem;
        }
        return f1;
    }
}
```

2. 递归的栈模拟

递归的栈模拟就是定义一个软件栈来模拟递归调用时系统使用函数调用栈建立栈帧和释放栈帧的过程。理论上讲这种方法可以将任何递归函数转换为非递归函数。但是必须明确的是通过这种转换后，程序代码会变得"面目全非"，代码的可读性和可维护性都将很大程度上变差，且容易出错。由于还是使用栈，当调用时会有入栈操作（类似系统调用时的建立栈帧）和返回时的出栈操作（类似系统调用时的释放栈帧），因而转换后程序的时空性能并没得到改善，甚至比系统调用时的性能更差。唯一的好处可能就是可以开辟更大的软件栈空间，突破系统对函数调用栈的空间限制。所以，使用这种方法转换时，一定要分析经过优化后，程序的时空性能是否的确有改善，否则不建议做这种转换。它的真正作用在于深入研究递归的实现机理。下面仅给出这种转换的步骤。

① 定义一个软件栈 S，初始化为空栈。

② 在调用函数的入口处设置一个标号地址（不妨设为 L_0）。系统调用时这一步是系统通过指令指针自动完成的，转为人工调用时，必须有一个地址，明确函数从哪开始执行。

③ 模拟递归的正向递归过程。即模拟系统调用时，建立栈帧的过程，可用以下等价操作替换：

• 保留现场：在栈 S 的栈顶，将函数实参，返回地址，函数本地变量值入栈。

• 转入函数入口点执行，即执行 goto L_0。

• 在函数原来的递归返回处设置标号地址 L_i(i=1,2,3⋯)，即原递归调用的返回地址。有些递归只有一个返回点，有些递归有几个返回点，需要根据实际情况进行设置。

• 根据需要，如果函数有返回值，需要人工定义一个回传变量，模拟函数返回时取出返回值，传送到相应位置。这个过程在系统调用中也是自动完成的。

④ 模拟反向回归过程。即模拟系统调用时，释放栈帧的过程，可以用以下等价操作替换：

如果栈 S 不空，则依次执行下列操作，否则结束函数执行，返回。

• 回传数据：函数值返回的值保存到回传变量中；函数参数回传的从相应参数中取出。系统调用中此步自动完成。

• 回复现场：从栈顶取出返回地址和需要回传的参数。本次调用的相关信息退栈。这个操作相当于系统调用时释放一个栈帧。

- 返回,按取出的返回地址,执行 goto X,假定取出的返回地址放在 X 中。

⑤ 对其他非递归函数的调用和返回可以照搬上述步骤。

按照上述 5 个步骤就可以把任何递归程序机械地转换为非递归程序。但上述方法在实现时,还有一些具体问题,比如,函数参数、返回值、本地变量可能有不同的数据类型,再加上返回地址类型。如果只定义一个软件栈,那么就要先定义一个包含所有需要数据类型的结构体,将上面的各个数据变为结构的一个分量来处理;还有一种办法是定义几个栈,一个栈处理一种类型的数据。不管哪种方法都比系统调用复杂,都需要人工去处理和完成。前面已经分析过,这种方法并没太多实用价值,这里不再举具体的例子,后面在学习树和图的遍历算法时,会给出一些通过软件栈将递归遍历函数转换为非递归函数的例子。

小结

栈和队列都是运算受限的线性表,是软件设计中最常用和最基本的数据结构。

栈是只能在一端(顶端)进行插入和删除的线性表,因而具有先进后出特性。对栈的存储与线性表类似,有顺序存储和链式存储两种,由此而得到顺序栈和链栈两种存储结构。

顺序栈和顺序表结构相同,并将表的后面部分设置为栈顶,其运算的时间复杂度都较好。然而,由于许多情况下事先难以估计所用栈的最大规模,因而需要采用链栈。

采用链表形式存储栈所得到的链栈,其栈顶设在表头部分,实现运算较为方便。

队列是只能在一端(尾端)进行插入,另一端(队头)进行删除的线性表,因而具有先进先出特性。对队列的存储也有顺序存储和链式存储两种,由此而得到顺序队列和链队列两种存储结构。

与顺序表结构中仅设置一个指针所不同的是,顺序队列中设置了头尾两个指针,分别指示队列的第一个元素之前的位置和最后一个元素的位置。由于在此结构中执行入队和出队时,其头尾指针均是往后移,故可能会出现"假溢出"的问题。为此,通过将数组的首尾元素看作相邻元素而引入循环队列结构。然而,由于循环队列中满和空的状态的判断条件相同,故需要采用相应的处理方法,其中的一个解决方案就是在队列为"满"时还能有一个元素空间为空闲状态。

链队列是采用链表存储的队列,其中将队头元素设置在链表的表头,将队尾放在链表表尾,并采用带头结点的结构形式,以便进行不同位置的运算。

习题 3

3.1 对一个栈的输入序列 $a_1, a_2, a_3, \cdots, a_n$,称由此栈依次出栈后所得到的元素序列为栈的合法输出序列。例如,假设栈 S 的一个输入序列为 1,2,3,4,5,则可得到多个输出序列,例如,1,2,3,4,5 就是一个合法的输出序列,同理,5,4,3,2,1 和 3,2,1,4,5 也分别是其合法的输出序列。分别求解下列问题:

(1) 判断序列 1,3,4,5,2 是否是合法的输出序列。

(2) 对输入序列 1,2,3,4,5,求出其所有的合法的输出序列。

(3)* 设计算法以判断对输入序列 1,2,3,$\cdots$,n,序列 $a_1, a_2, a_3, \cdots, a_n$ 是否是该栈的合法的输出序列(假设输出序列在数组 A 中)。

3.2 如果顺序栈中的第二个分量是记录元素个数的变量而不是栈顶指针,应如何实现各算法?

3.3 设计出链栈的各基本问题求解的算法,并分析其时间复杂度。

3.4 对一个合法的数学表达式来说,其中的各大小括号"{","}","[","]","("和")"应是相互匹配的。设计算法对以字符串形式读入的表达式 S,判断其中的各括号是否是匹配的。

3.5 对表达式 $5+3*(12+4)/4-8$,依次画出在求解过程中的各步骤中的栈的状态。

3.6* 设计算法以求解所读入的表达式的值。假设数据类型为整型,并且仅包含加减乘除四则运算。

3.7* 设计算法以求解所读入的表达式的值。假设数据类型为浮点型,并且仅包含加减乘除四则运算。

3.8 用一个数组、头指针和元素个数合在一起所构成的结构来存储顺序队列,设计算法以实现队列的各运算。

3.9 对教材中所讨论的循环队列及其约定,给出求解队列中元素个数的表达式。

3.10 如果对循环队列采用设置运算标志的方法来区分队列的满和空的状态,试给出对应的各运算的实现。

3.11 如果采用带尾指针的单循环链表作为队列的存储结构,设计算法以实现队列的各运算。

3.12 写出下面程序调用的结果。

(1) void P1(int W)
  { int A,B;
   A=W-1; B=W+1;
   cout<<A<<B;
  }
 void P2(W int)
  { int A,B;
   A=2*W; B=W*W;
   P1(A); P1(B);
   cout<<A<<B;
  }
 调用 P2(5);

(2) int Hcf(int M,int N)
  { int H;
   while(N!=0)
   { H=M % N;
    M=N; N=H
   }
   cout<<M; return M;
  }
 调用 cout<<Hcf(100,350);
   cout<<Hcf(200,49);

(3) int Hcf(int M, int N)
    {   int H;
        while (N!=0)
        {
            H=M mod N;
            M=N; N=H
        }
        return M;
    }
    void reduce(int M1, int N1; int *M2, int *N2)
    {   int R;J
        R=Hcf(M1,N1);
        *M2=M1/R; *N2=N1/R;
        cout<<M1<<'/'<<N1<<'='<<M2<<'/'<<N2;
    }
    调用 reduce(100,200, X,Y);
        reduce(300,550, M,N);

3.13 阅读下列程序,并写出其运行结果。
(1) void P(int W)
    {
        if (W>0)
        {   P(W-1);
            cout<<W;
        }
    }
    调用 P(4);
(2) void P(int W)
    {
        if (W>0)
        {   cout<<W;
            P(W-1);
        }
    }
    调用 P(4);
(3) void P(int W)
    {
        if (W>0)
        {   cout<<W;
            P(W-1);
            cout<<W;
        }
    }
    调用 P(4);

(4) void P(int W)
   {
       if (W>0)
       {   P(W-1);
           P(W-1);
           cout<<W;
       }
   }
   调用 P(4);

(5) int F(int N)
   {
       if (N==0) F=0;
       else if (N==1)
           return 1;
       else return F(N-1)+2*F(N-2);
   }
   调用 cout<<F(5);

(6) void P(int N, int *F);
   {
       if (N==0)
       *F=0;
       else { P(N-1, *F); F=F+N; }
   }
   调用 P(4, *M); cout<< *M;

3.14 求解下面各调用的结果，并指出算法的功能。

(1) void PrintRV(int N)
   {
       if (N>0)
       {   cout<<N%10;
           PrintRV(N / 10);
       }
   }
   调用 PrintRV(12345);

(2) void PC(int M, int N; int *K)
   {
       if (N==0)
       *K=1;
       else { PC(M-1,N-1,*K); *K= *K*M / N; }
   }
   调用 PC(10,4, *M); cout<< *M;

(3) int SS(int N)
   {
       if (N==0) return 100;

```
        else return SS(N-1)+N*N;
    }
    调用   cout<<SS(5);
(4) int   ACM(int M, int N)
    {
        if (M==0) return N+1;
        else if (N==0) return ACM(M-1,1);
        else return ACM(M-1,ACM(M,N-1));
    }
    调用   cout<<ACM(2,2);
```

3.15 对下面的函数定义，证明下面有关程序功能描述的正确性。

```
(1) void   P(int N)
    {
        if (N>0)
        {  P(N-1);
           cout<<N;
           P(N-1);
        }
    }
```

① 在调用 P(N)所产生的输出序列中，当且仅当其序号为奇数时，输出项为 1。

② 在调用 P(N)所产生的输出序列中，输出 2 的项数为 2^{n-2}。

（2）下面函数的设计目标是求整型数组 A 中下标从 i 到 j 的各元素的最大值，请判断该函数的正确性。另外，函数中所定义的局部变量是否是必需的？

```
int Max(int i, int j)
{   int M1,M2,Mid;
    if (i==j) return A[I];
    else {   Mid=(i+j) / 2;
             M1=Max(i,Mid);
             M2=Max(Mid+1,j);
             if (M1>M2)return M1;
             else return M2;
         }
}
```

3.16 已知 Ack 函数定义如下，试分别编写出求解该函数的递归过程和递归函数。

$$Ack(m,n)=n+1 \qquad m=0$$
$$Ack(m,n)=Ack(m-1,1) \qquad n=0$$
$$Ack(m,n)=Ack(m-1,Ack(m,n-1)) \qquad m>0,n>0$$

3.17 将下面递归程序转换为等价的非递归程序。

```
(1) void   P(int N)
    {
        if (N>0)
        {   cout<<N;
```

```
            P(N-1);
            cout<<N;
        }
    }
(2) void  P(int N)
    {
        if (N>0)
        {   P(N-1);
            cout<<N;
            P(N-1);
        }
    }
(3) int  f(int N)
    {
        if (N==0) return 0;
        else if (N==1) return 1;
        else return f(1)+f(2);
    }
```

第4章 串、数组和广义表

4.1 串

串(String)是一种特殊的线性表,其特殊性体现在其元素值的类型:每个元素是一个字符。这种特殊性使得其存储结构和运算与线性表存在一定的差异。

4.1.1 串的定义和运算

串(String)或字符串,是由有限个字符 $a_1,a_2,a_3,\cdots,a_n$ 组成的序列,记作 S="$a_1 a_2 a_3 \cdots a_n$"。

其中 S 称作**串名**,等号右边为**串值**,元素个数 $n(n \geqslant 0)$ 称为**串的长度**,当 n 为 0 时,称串 S 为**空串**。S 中的一个连续段所组成的串称为 S 的**"子串"**。

例如,设串 S1="abcdefghijk",S2="cdef",S3="abc123",则 S1 的长度为 11,S2 的长度为 4,S3 的长度为 6。S2 为 S1 的子串,但 S3 不是 S1 的子串。

对串通常有如下基本运算:

① 赋值运算(S=S1):将一个串(值)S1 传送给一个串名 S。

② 求长度运算 strlength(S):返回串 S 的长度值。

③ 连接运算(S1+S2):将串 S1 和 S2 连接成为一个新串。

④ 求子串函数 substr(S,i,j):返回串 S 中从第 i 个元素开始的 j 个元素所组成的子串。

⑤ 串比较 strcmp(S1,S2):比较两个串的大小。此处所谓比较两个串的大小,是指在左对齐的情况下,按两个串的对应位字符的 ASCII 码之间大小的比较。如前例中,S1<S2,这是因为串 S1 中的第一个字符'a'小于串 S2 中的第一个字符'c'。同理,S1>S3,这是因为两者前 3 个字符相同,但串 S1 中的第 4 个字符'd'大于串 S2 中的第 4 个字符'1'。这一运算可有两种形式的返回结果:其一是仅比较是否相等,因此可采用函数 equal(S1,S2)返回 0 与 1 或 FALSE 与 TRUE(分别表示相等关系的不成立和成立)的形式。其二是不仅要能判断是否相等,还要能区分大小,因此可采用 strcmp(S1,S2)返回 -1、0、1(分别表示 S1<S2、S1=S2 和 S1>S2)的形式。

上述两种形式都可能会在某种情况下被采用。

除了上述 5 个基本运算外,还有插入和删除这两个常用运算:

⑥ 插入运算 insert(S,i,S1):将子串 S1 插入到串 S 的从第 i 字符开始的位置上。

⑦ 删除运算 delete(S,i,j):删除串 S 中从第 i 个字符开始的 j 个字符。

串还有一种比较重要的运算——串的模式匹配,限于篇幅,本书不做介绍。感兴趣的读者请参考其他资料。

4.1.2 串的存储

由于串是特殊的线性表,故可采用线性表的存储结构形式,即顺序存储形式和链式存储形式,由此而得到顺序串和链串两种存储结构。

1. 顺序串

显然,这一存储形式类似于顺序表结构,由连续的存储空间及指示大小的变量组成,如图 4-1(a)所示。然而,由于串中的每个字符仅占用 1 个字节的存储空间,而许多计算机系统中的每个内存单元的大小可能包含多个字节,因而造成存储空间的浪费,故可采用压缩的方法来存储,将每个内存单元中尽可能多地存放字符,由此而得到紧凑格式(或称为"紧缩格式")的顺序串,如图 4-1(b)所示。

(a)非紧凑格式顺序串示意图　　　　(b)紧凑格式顺序串示意图

图 4-1　顺序串存储形式示意图

显然,紧凑格式的顺序串能节省存储空间,但运算不便,例如,如果删除其中的某个字符,则可能需要将该单元后面的字符(如果被删除字符不是该单元中所存储的最后字符的话)以及该单元之后的各单元的字符往前移,因而操作较麻烦。

与紧缩格式相反的是,非紧凑格式的顺序串较浪费存储空间,但是运算要方便得多。

另外,无论是紧凑还是非紧凑格式,对插入和删除运算来说,都需要移动元素。运用前面顺序表插入和删除运算的分析方法可知,插入和删除一个元素平均需要移动一半的元素,因而不便于规模较大的串的存储。这样就需要采用链串来存储。

2. 链串

为便于插入和删除运算的实现,需要采用链表结构来存储串。在前面讨论线性表的存储结构时,用链表中的每个结点存储一个元素,然而,这一方法显然不适于串的存储,因为一个结点中的指针所需要的存储空间通常要多于一个字节,例如,32 位机器是 4 个字节,由此造成存储空间的有效利用率低。为此,链串常采用块链结构,一个结点中可存放多个字符。在这种情况下,将每个结点中最多能存储的元素个数定义为结点大小。在一个结点存放多个字符时,最后一个结点可能剩余一些空位置。如图 4-2 所示,图(a)表示结点大小为 1 的链串;图(b)表示结点大小为 4 的链串。

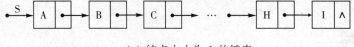

(a)结点大小为 1 的链串

(b) 结点大小为 4 的链串

图 4-2 链串结构示意图

显然,结点大小大于 1 的链串能节省存储空间,但运算不便,而结点大小为 1 的链串则较浪费存储空间,但是运算要方便得多。

【例 4.1】 设计算法对两个结点大小为 1 的链串 S1 和 S2 实现运算 strcmp(S1,S2),并根据不同情况分别返回 −1、0、1(分别表示 S1<S2、S1=S2 和 S1>S2)。

【解题分析】 因为结点大小为 1,可采用普通的单链表结构实现,既可以带头结点,也可以不带头结点,本题采用带头结点的单链表实现。使用两个指针 p1、p2 分别指向串 S1、S2 的结点,然后逐结点比较字符大小(ASCII 值大小),并根据不同情况作相应的处理:如果 p1 和 p2 指示的字符不同,若 p1->data<p2->data,返回 −1;否则,返回 1。如果 p1 和 p2 指示的字符相同,p1、p2 同时后移一个结点,继续比较。

当比较到一个串的结尾时,比较操作结束,此时也要根据不同情况作相应的处理。若 S1 和 S2 同时结束,则 S1=S2,返回 0;S1 结束,S2 未结束,则 S1<S2,返回 −1;S1 未结束,S2 结束,则 S1>S2,返回 1。

【算法描述】

```
int strcmp( node * S1,  node * S2 )
{
    node * p1=S1->next, * p2=S2->next;   //指向 2 串的第一个字符(结点)
    while( p1!=NULL && p2!=NULL )         //两串皆未结束
    {
        if(p1->data==p2->data)
        {
            p1=p1->next;                  //对应字符相同,p1、p2 同时后移一个字符
            p2=p2->next;
        }
        else if( p1->data<p2->data )
            return −1;                    //S1<S2
        else
            return 1;                     //S1>S2
    }
    //有一个串结束或两个串都结束的处理
    if(p1==NULL)                          //S1 结束
    {
        if(p2!=NULL)
            return −1;                    //S1 结束,S2 未结束
        else
            return 0;                     //两串同时结束,为相等的情况
    }
    else                                  //此为 S1 未结束,但 S2 已经结束,所以 S1>S2
```

```
return 1;
}
```
串的其他基本运算请读者自行实现。

4.2 数 组

这一节所讨论的数组,可以看成前面所介绍的线性表的推广,其元素本身也是一个数据结构。数组是软件设计中应用最多的结构,在工程领域中有广泛的应用,由此而引出了一些特殊形式的数组形式。下面首先讨论数组的基本结构形式,然后讨论有关特殊形式矩阵的基本内容。

4.2.1 数组的定义和运算

数组是计算机程序设计语言中常见的一种类型,几乎所有的高级程序设计语言中都有数组类型。

一维数组是有限个具有相同类型的变量组成的序列。若其中每个变量本身是一维数组,则构成**二维数组**,类似地,若每个变量本身为$(n-1)$维数组,则构成 **n 维数组**。

例如,图 4-3 是一维数组的示意图,其中共有 n 个元素。

在一维数组中,每个元素对应一个下标以标识该元素。例如,图 4-3 中一维数组的第一个元素 a_1 的下标为 1。

图 4-4 为二维数组的示意图,共有 $m \times n$ 个元素,分布于 m 行、n 列中,每个元素属于其中的某一行、某一列。若将其中的每行当作一个元素,则此二维数组也可看作由 m 个元素组成的一维数组,只不过其元素本身是一个一维数组。与一维数组类似,在二维数组中,每个元素对应两个方向的下标以标识该元素。例如,图 4-4 中二维数组的第二行第三列的元素 a_{23} 的下标分别为 2 和 3。

$$(a_1, a_2, a_3, \ldots, a_n)$$

$$\begin{bmatrix} a_{11} & a_{12} & a_{13} & \cdots & a_{1n} \\ a_{21} & a_{22} & a_{23} & \cdots & a_{2n} \\ \cdots & \cdots & \cdots & & \cdots \\ a_{i1} & a_{i2} & a_{i3} & \cdots & a_{in} \\ \cdots & \cdots & \cdots & & \cdots \\ a_{m1} & a_{m2} & a_{m3} & \cdots & a_{mn} \end{bmatrix}$$

图 4-3 一维数组示意图　　图 4-4 二维数组示意图

类似地,在 n 维数组中,每个元素对应 n 个方向的下标以标识该元素。

由于一维数组的线性关系,因此,一维数组中的每个元素最多有一个直接前趋和一个直接后继。而在二维数组中,每个元素分别属于两个向量(即行向量和列向量),因此,每个元素最多有两个直接前趋和两个直接后继。类似地,在 n 维数组中,每个元素最多有 n 个直接前趋和直接后继。

对数组的运算,通常有如下两种:

① 给定一组下标,存取相应的数组元素。

② 给定一组下标,修改相应的元素值。

由于这两个运算在内部实现时都需要计算出给定元素的实际存储地址,因此,计算数组元素地址这一运算就成了数组中最基本的运算,在采用特定的存储结构存储数组时,都需要能实现。

4.2.2 数组的顺序存储

由于数组一般没有插入和删除运算,因此,采用顺序结构是理想的。现在的问题是:以什么次序来存储各元素的值?

由于一维数组与计算机内存存储结构一致,因此存储起来比较方便。而在多维数组中,情况就要麻烦一些。一般有两种存储方式,下面以二维数组为例来说明。

① 以行序为主序的存储(即行优先次序):逐行地顺序存储各元素,如图 4-5 所示。在 C、Java、C♯、PASCAL、COBOL、PL/1 等语言中均采用这种存储方式。

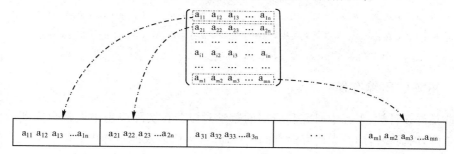

图 4-5 二维数组行优先存储示意图

② 以列序为主序的存储(即列优先次序):逐列地顺序存储各元素,如图 4-6 所示。FORTRAN 语言中采用的就是这种方式。

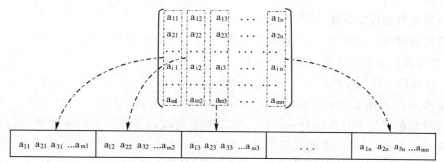

图 4-6 二维数组列优先存储示意图

由前述可知,在实现数组的运算中,涉及求解给定元素的地址这样的问题。由于顺序存储方式的规律性,较易实现数组元素的地址的求解,简要讨论如下:对给定的二维数组的元素 $A[i,j]$,在以行序为主序的存储方式中,该元素的序号为 $\text{Num}(i,j)=(i-1)*n+j$,而在以列序为主序的存储方式中,序号为 $\text{Num}(i,j)=(j-1)*m+i$。若给定存储区的起始地址为 Addr0,每个元素占 C 个单元,则元素 $A[i,j]$ 在内存中的地址为 $\text{Loc}(i,j)=\text{Addr0}+(\text{Num}(i,j)-1)*C$。

需要说明的是,此处所给出的数组的行、列下标是按序号从 1 开始的,然而,在 C、C++、Java 等语言中,数组下标是从 0 开始的,故计算公式中要略微有所变动。例如,如果行列数不变,但均是从 0 开始,则采用行优先时的序号计算公式变成 $\text{Num}(i,j)=i*n+j+1$。

此地址计算公式可以推广到多维数组。为此,首先要知道相应数组分别在行优先和列优先时的元素下标的变化规律。先从二维数组存储时的下标变化规律开始:在二维数组以行序为主序的存储方式中,列下标变化速度最快。而在以列序为主序的存储方式中,行下标变化速度最快。同理,在 n 维数组中,两种存储方式下的下标变化速度也具有这样的规律:在以行序为主序存储时,右边的下标比左边的下标变化快,其变化就像数字电表的各位数字进位那样,当低位满了,就要向前一位进位。在以列序为主序存储时,左边下标比右边下标变化快。

例如,对三维数组 A[1..3,1..3,1..3],其行优先和列优先存储时的元素序列分别如下:

行优先:a_{111},a_{112},a_{113},a_{121},a_{122},a_{123},a_{131},a_{132},a_{133},a_{211},a_{212},a_{213},a_{221},a_{222},a_{223},a_{231},a_{232},a_{233},a_{311},a_{312},a_{313},a_{321},a_{322},a_{323},a_{331},a_{332},a_{333}

列优先:a_{111},a_{211},a_{311},a_{121},a_{221},a_{321},a_{131},a_{231},a_{331},a_{112},a_{212},a_{312},a_{122},a_{222},a_{322},a_{132},a_{232},a_{332},a_{113},a_{213},a_{313},a_{123},a_{223},a_{323},a_{133},a_{233},a_{333}

4.2.3 矩阵的压缩存储

矩阵是许多科学、工程中研究和应用的数学对象。在实际应用中经常会用到一些阶数较高的矩阵,因而要占用较大的存储空间。然而,许多所涉及的矩阵中有较多的元素的值为 0,这种矩阵称为**"稀疏矩阵"**。另外,还有一些矩阵的元素值的分布有一定规律,这类矩阵称为**"特殊矩阵"**。为节省存储空间,可以对此类矩阵采用压缩方式来存储。此处所谓"压缩"是指:在不影响完整性的前提下,用更少的存储空间存储其元素。下面分别讨论这两类矩阵的压缩存储。

1. 特殊矩阵的压缩存储

如前所述,所谓"特殊矩阵"就是元素值的分布有一定规律的矩阵。下面仅给出对称矩阵、三角矩阵和对角矩阵等的压缩存储方法。

(1) 对称矩阵和三角矩阵

若矩阵 $A_{n \times n}$ 满足 $a_{ij}=a_{ji}(1 \leqslant i,j \leqslant n)$,则称 A 为**对称矩阵**。

由于对称矩阵关于对角线对称,因此,知道其对角线以下或以上的各元素的值,就能知道其另外的元素,所以可以考虑只存储下三角或上三角(包括对角线)部分的元素,另一部分不必存储,从而实现了压缩存储。不失一般性,按以行序为主序方式存储矩阵的下三角部分(共 $n(n+1)/2$ 个元素)到数组 SA[1…n(n+1)/2]中,如图 4-7 所示。

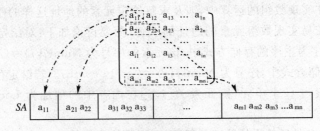

图 4-7 对称矩阵的行优先存储示意图

这样,对给定的下三角元素 a_{ij},其在 SA 中的序号 $num(i,j)$ 可由下式来确定:

$$num(i,j)=1+2+3+\cdots+(i-1)+j=i(i-1)/2+j \quad (i>=j)$$

若元素 a_{ij} 是上三角部分的元素,即 $i<j$,则其序号的确定显然就是将行列互换,即计算公式为:
$$\text{num}(i,j)=1+2+3+\cdots+(j-1)+i=j(j-1)/2+i$$

同样需要说明的是,此处行列下标均是从 1 开始,如果限定为用 C 语言中的矩阵,则下标要从 0 开始,故需要调整。相信读者不难理解,故不多述。

这种方法同样适用于三角矩阵。所谓"**三角矩阵**"是指对角线以上或以下的元素全为 0,或全为同一值。即元素 a_{ij} 的序号计算公式为:
$$\text{num}(i,j)=1+2+3+\cdots+(j-1)+i=j(j-1)/2+i \quad (i>=j)$$

(2) 对角矩阵

所谓"**对角矩阵**",是指除了主对角线和紧靠主对角线的上下若干条对角线外,其余元素全为 0。对此,也可按某种方式来存储,如以逐行、逐列或以对角线的顺序将这几个对角上的元素存储到一维数组上,在此不妨讨论三对角矩阵的行优先方式的存储。此处所谓"三对角矩阵",是指除了主对角线及其上下一条对角线上有非 0 元素外,其余位置均为 0 的矩阵。其存储形式如图 4-8 所示。

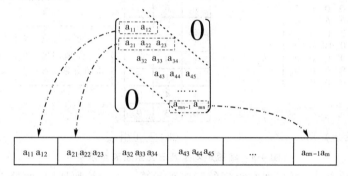

图 4-8 三对角矩阵的行优先存储示意图

在这种存储方式下,元素 a_{ij} 在矩阵中的序号 $\text{num}(i,j)$ 的计算方法:除了第一行和最后一行外,每行均存储 3 个元素,因此,其计算公式中应考虑到其前面各行中的元素个数与其在本行中的序号这两个方面,讨论过程从略,计算公式如下:
$$\text{num}(i,j)=[3(i-1)-1]+[j-i+2]=2i+j-2, |i-j|<=1$$

2. 稀疏矩阵的压缩存储

当数组中非零元素个数非常少时(这是一个模糊概念,一般只是凭直觉来判断),称之为"**稀疏矩阵**"。在对稀疏矩阵进行压缩存储时,除了要存储非零元素的值 v 之外,还要存储其行列号 i 和 j,故每个非零元素对应一个三元组 (i,j,v)。因此,整个稀疏矩阵的压缩存储可通过存储这些三元组来实现。如果将这些三元组集合以线性表的形式组织起来,则可构成**三元组表**。考虑到与矩阵的对应关系,需要在三元组表中增设非零元素个数、行列数以唯一确定一个稀疏矩阵。如图 4-9 为稀疏矩阵和它所对应的三元组表。

这种存储结构需要分两步进行描述,首先定义三元组结构,然后再定义整体表结构。

【三元组结构描述】
typedef struct
{

```
    int i;              //行号
    int j;              //列号
    elementtype v;      //元素值
} tuple;
```

【表结构描述】

```
typedef struct         //三元组表结构
{
    int mu;            //行数
    int nu;            //列数
    int tu;            //非 0 元个数
    tuple data[MAXLEN];  //存放三元组的数组
} spmatrix;
```

其中 MAXLEN 为一个常量。

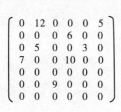

(a)稀疏矩阵

(b)三元组表

图 4-9　稀疏矩阵及其三元组表表示示例

在这种存储结构上,可实现对矩阵的转置等运算。由于篇幅所限,此处不再详细介绍。

4.3 广义表

4.3.1 广义表的基本概念

广义表作为线性表的推广,在软件设计中有重要的作用。

广义表 L 是 n 个元素 $a_1, a_2, \cdots, a_n$ 组成的有限序列,记作 L=$(a_1, a_2, \cdots, a_n)$,其中每个元素 a_i 既可以是不可分割的**原子**,也可以是**广义表**(称为**子表**)。另外,元素个数 $n(n>=0)$ 称为"**表长度**",当 $n=0$ 时为**空表**,记作 L=()。在书写时,一般用小写字母表示原子,用大写字母表示广义表。

由定义可知,广义表是线性表的推广,然而,两者有明显的不同:线性表中每个元素的类型相同,而广义表中每个元素既可以是原子,又可以是广义表。

表 4-1 所示为一些广义表的实例。

表 4-1　广义表实例

广义表	说明
A=(a,b,c)	表 A 有 3 个元素,每个元素都是原子
B=(a,b,(a,d))	表 B 有 3 个元素,第 1 和第 2 个元素为原子,第 3 个元素是子表
C=(A,B)	表 C 有 2 个元素,都是广义表(子表)
D=(d,D)	表 D 有 2 个元素,分别是原子和子表,且子表为 D 自己
E=()	表 E 为空表,没有元素
F=((a,b,c),(),(d,e,f))	表 F 有 3 个元素,皆为子表,其中第二个元素为空表

用图的形式可以来直观地描述广义表,具体方法如下:
① 用一个"点"代表一个元素,即广义表、子表或原子。
② 用箭头指示一个表的所有元素,并在"点"附近标注元素信息。
表 4-1 中各广义表的图表示如图 4-10 所示。

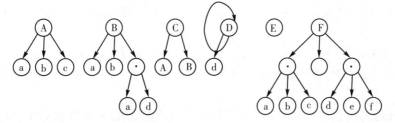

图 4-10　广义表图示法示例

4.3.2　广义表的基本运算

针对广义表可以定义多个运算,其中两个最基本的运算是取表头和取表尾运算。
① 取表头:可用函数 head(L)表示,其结果是返回广义表 L 的第一个元素。
② 取表尾:可用函数 tail(L)表示,其结果是返回广义表 L 中除去第一个元素、剩下元素构成的子表。
例如,对表 4-1 中的各个广义表进行取表头和取表尾运算,结果如表 4-2 所示。

表 4-2　对表 4-1 各广义表取表头和取表尾运算的结果

取表头	取表尾
head(A)=a	tail(A)=(b, c)
head(B)=a	tail(B)=(b, (a, d))
head(C)=A	tail(C)=(B)
head(D)=d	tail(D)=(D)
head(E)无解	tail(E)无解
head(F)=(a, b, c)	tail(F)=(( ),(d, e, f))

注意:

① 广义表中括号用来区分元素和广义表,是数据的一部分,不能随意增减。例如,广义表(a, b)和((a, b))不是同一个广义表。

② 许多初学者对取表尾运算的理解有问题。例如,单纯从字面意义上可能错误地将取表尾运算理解为"取广义表最后一个元素",这是不对的,应该注意。事实上,初学者可以这样来理解和记忆取表尾运算:取表尾运算就是"去表头"运算。

除了取表头和取表尾运算外,有时可能还需要其他一些运算,如"取出广义表中第 3 个元素"。如何实现这类运算? 是否需要另外定义相应的运算呢?

从逻辑上说,这些运算不需要另外定义新的运算函数,通过多次调用取表头和取表尾的复合运算即可实现这些功能。

例如,取出广义表 L 中第 3 个元素可以这样进行:调用 tail(L)去掉表中第 1 个元素;对返回的子表再次调用取表尾运算,即 tail(tail(L)),去掉原表中第 2 个元素,返回的子表的表头即为原表的第 3 个元素;最后,调用取表头运算即可取出原表的第 3 个元素,即执行 head(tail(tail(L)))。显然,这个嵌套调用的次序是由内向外的。

【例 4.2】 对广义表 L=(a, (b, (c, d), e)),写出运算 head(tail(head(tail(L))))的运算结果。

【解题分析】 最先执行是最内层的运算 tail(L),返回结果是从 L 中去掉表头元素 a 后剩下部分元素形成的子表,不妨设为 L_1,即 L_1=((b, (c, d), e))。还要执行的运算为:head(tail(head(L_1)))。

第 2 步执行的运算是 head(L_1),L_1 只有唯一的元素,所以此运算相当于去掉外层括号,取出的元素仍为一个子表,不妨设为 L_2,则 L_2=(b, (c, d), e)。还要执行的运算为:head(tail(L_2))。

第 3 步执行 tail(L_2),去掉 L_2 的表头元素,返回的子表设为 L_3,则 L_3=((c, d), e)。还要执行的运算为:head(L_3)。

第 4 步执行 head(L_3),返回 L_3 的表头元素(c, d),这就是最终结果。

【思考问题】

① 如果要取出广义表 L 中第 3 个和第 4 个元素,应怎样构造复合函数?

② 对广义表 L=(a, (b, (c, d), e)),写出运算 head(tail(tail(head(tail(L)))))的运算结果。

4.3.3 广义表的存储

广义表的存储结构显然要比线性表复杂得多,原因是每个元素的类型可能是原子,也可能是一个子表。为此,需要为每个元素设置区分标志,以区分原子和子表。广义表的存储形式有多种,下面介绍两种最简单的存储形式。

一种简单的存储形式是**单链表存储法**,其方法如下:

① 从总体结构上看,为广义表中的每个元素设置一个结点,并将这些结点按元素在表中的先后次序连接起来(从这一点上看就好像是一个单链表,故有此名)。

② 对表中每个结点这样设计:除了有一个指向下一个元素的后继指针(不妨设为 next)外,还要有 2 个字段:其一是区分元素还是子表的标志(不妨设为 tag,并以取 0 表示元素是

原子,取 1 表示元素是子表);其二是具体的值(元素是原子时)或指向子表的指针(当元素是子表时)。

例如,广义表 L=(a,(b,(c,d),e))的单链表存储结构如图 4-11 所示。

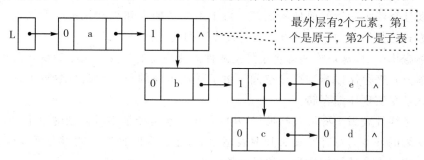

图 4-11　广义表的单链表存储结构示意图

这种表示方法的优点是比较直观,各结点的深度(指作为子表的深度)与元素在表中的括号层次数相对应,因而容易设计出运算的递归算法。例如,原子 a 的深度是 1,则在存储结构中是第 1 层,而原子 c 的深度为 3,则它位于存储结构中的第 3 层。

然而,这种存储结构也有其不足:由于表中的某个元素可能是被多处引用或指示的另外的子表,因此,当对该子表做诸如插入和删除运算时,容易造成不一致的问题。

为此,一种改进的方法是为每个子表设置一个类似于线性表中头结点的表结点,以取代整个子表的出现,在表结点中设置一个指针指示其具体结构。这样,对应于原子的结点可设置一个原子结点。显然,表结点和原子结点的结构可以不同。按照这一方法可得到前面所述广义表 L=(a,(b,(c,d),e))的存储结构,如图 4-12 所示。

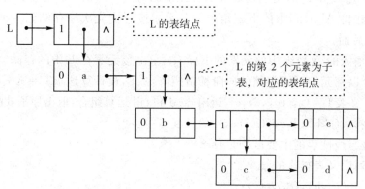

图 4-12　广义表的改进后的单链表存储结构示意图

这种表示方法的优点是便于保证运算的一致性,并且元素在结构中的层次与括号的深度一致。

上述只讨论了广义表的两种存储形式,但广义表还可有其他的形式,并且各有其特点,应根据实际需要选择。

小结

串是一种特殊的线性表,其运算也有较大的差异。由于每个元素仅是一个字符,使得其存储结构与线性表有明显的不同。

数组是线性表的一种推广。数组的元素本身可能也是一个数组,因而得到多维数组。数组中每个元素的数据类型必须相同。数组的运算通常有存取元素和修改元素的值两种,并且都涉及计算给定元素的地址的运算。由于不涉及插入和删除元素的运算,故适于采用顺序存储方式。数组的顺序存储方式有行优先和列优先两种形式。

在实际应用中,特殊矩阵和稀疏矩阵是两种需要注意的矩阵。由于特殊矩阵的规律性,可采用压缩方式来存储以节省存储空间。由于稀疏矩阵的非0元素个数较少,故可通过仅存储这些元素来实现压缩存储。

广义表是线性表另一种形式的推广,其中每个元素可能是不可分割的原子,也可能是子表。对广义表的基本运算有取表头和取表尾运算,通过这两种运算的组合可以得到其他许多种运算。广义表存储结构的设计比较麻烦。

习题 4

4.1 设计算法以判断链串 S1 是否是链串 S2 的子串,若是子串,返回 1,否则返回 0。

4.2 设计算法以比较链串 S1 和链串 S2 的大小,若 S1<S2,返回 −1;若 S1=S2,返回 0;否则返回 1。

4.3 设计算法以判断两个顺序串是否相等,若相等,返回 1,否则返回 0。

4.4 已知数组 A[n,n]是对称的,完成下列任务:

① 设计算法将 A[n,n]中的下三角中的各元素按行优先次序存储到一维数组 B 中。

②对任意输入的 A 数组中的元素的下标 i、j,求出该元素在 B 中的存储位置。

4.5 已知数组 A[n,n]的上三角部分的各元素均为同一个值 v0,完成下列任务:

① 设计算法将 A[n,n]中的下三角中的各元素按行优先次序存储到一维数组 B 中,并将 v0 存放到其后面。

② 对任意输入的 A 数组中的元素的下标 i、j,求出该元素在 B 中的存储值。

4.6 对两个以三元组形式存储的同阶稀疏矩阵 A、B,设计算法求 C=A+B。

4.7 已知广义表 L=(a,(b,c,d),c),运用 head 和 tail 运算组合,取出原子 d 的运算是什么?

4.8 广义表(a,(a,b),d,e,((i,j),k))的长度是多少?

4.9 广义表与线性表的主要区别是什么?

4.10 求下列广义表操作的结果:

① tail(head(((a,b),(c,d))));

② tail(head(tail(((a,b),(c,d)))))

4.11 利用广义表的 head 和 tail 操作写出如上题的函数表达式,把原子 banana 分别从下列广义表中分离出来。

① L =((((apple))),((pear)),(banana),orange);

② L =(apple,(pear,(banana),orange))

第 5 章 树

树是一种重要的、应用广泛的非线性数据结构。树结构模仿自然界的树，日常生活中的许多问题可以用树形结构描述，比如，家族成员关系，如图 5-1 所示。行政组织机构，大到一个国家，小到一个企业、学校的组织结构，如图 5-2 所示。此外像各种物质的分类、教科书的目录等都表现为树形结构。

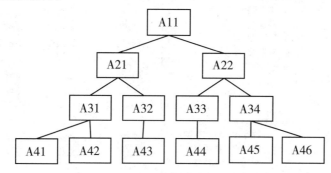

图 5-1　家族成员关系示意图

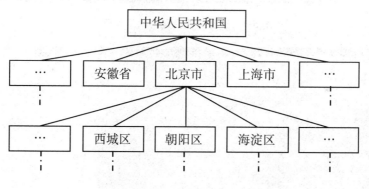

图 5-2　行政组织机构示意图

树结构在计算机系统中的应用案例也是随处可见，比如，磁盘文件的组织，如图 5-3 所示。可视化软件中树经常被用作层次数据的一种可视化表现形式和用户交互手段，许多语言提供 TreeView 组件来实现这个功能，如图 5-4 所示。例如，可视化软件中的菜单结构、Internet 中的域名系统 DNS、软件开发中的功能结构图、编译器中表示源程序的语法结构等。

这种结构形式的共同特点是具有明显的层次特点，并且其中的每个元素最多只有一个前驱（或父辈），但可能有多个后继（或后代），都可抽象表示为本章的树形结构。

树形结构（包括树和二叉树）是一种非常重要的结构。由于树形结构中的各子结构与整个结构具有相似的特性，因而其算法大多采用递归形式，这对许多初学者来说是一个难点。本章系统介绍树结构的基本概念和术语，二叉树的基本概念、性质和存储结构，线索二叉树的有关知识，重点介绍二叉树的遍历这一基本运算及其应用。在此基础上介绍树和森林的有关实现。最后结合哈夫曼树介绍二叉树的应用。

图 5-3　磁盘文件目录结构示意图

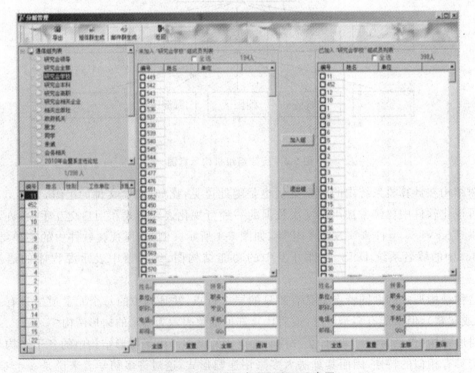

图 5-4　数据的树形表现和交互示意图

5.1 树的概念和基本运算

5.1.1 树的定义

树(Tree)是 $n(n>0)$ 个结点构成的有限集合。对树 T：
① 有且仅有一个结点叫**根**。
② 除根结点外其余结点可划分为 m 个互不相交的子集 T1,T2,…,Tm ($m\geqslant 0$)，并且这 m 个子集每个子集本身又构成一棵树，称为 T 的**子树**(SubTree)。

这个树结构的定义是一个递归的定义，即在树的定义中又用到树的定义，这是由树结构的特点所决定的——每棵子树和树具有相同的结构组织形式。和许多教材类似，本书也采用递归方式描述。

需要说明一点，此处有关树的定义没有给出空树的概念，即树中结点数目至少为1，这与大多数教材一致。在部分教材中也可能有空树的概念，因此提醒读者注意。

为了讲解和分析树结构，需要用形式化的方式来表示树结构，常见树结构的表示形式有（注意不是存储表示）：

① 图形表示法。用结点表示数据元素，用边连接相关的上下层结点构成图形。这种表示形式形象、直观、层次分明，在数据结构中常被使用。

如图 5-5 所示为一棵树的图形表示示例，其中每个结点用一个椭圆表示，其元素值标注在圆圈内。

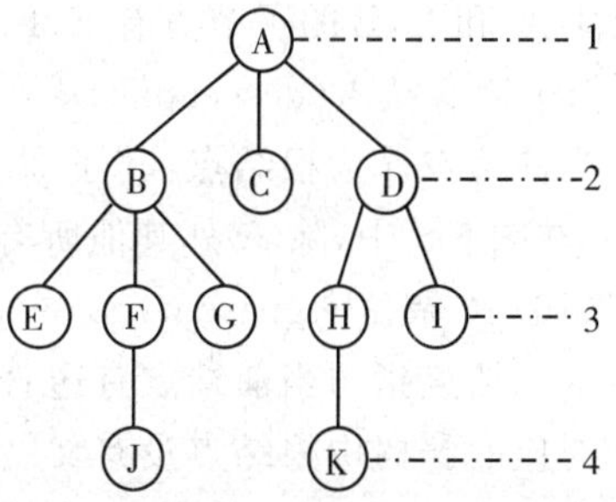

② 广义表表示法。如图 5-5 所示的树的广义表形式为(A,(B,(E),(F,(J))),(G)),(C),(D,(H,(K)),(I)))。

图 5-5 树结构的图形表示示意图

③ 嵌套集合表示法，类似于图表示形式。很显然，这种表示形式难以清晰地表示层次较多的树结构。

④ 凹入表表示法(类似于书本中的目录形式)。

显然，图形表示形式最为直观、清晰，因此，在各种教材中都将此作为主要的表示形式。

5.1.2 树的基本概念和术语

(1) 结点(node)
结点，也称为"**节点**"，表示数据元素。在链式存储结构中要附加相关的指针。

(2) 结点的度(degree)
结点的子树数目或分支数称为"**结点的度**"。在图 5-5 中，结点 A 和 B 的度为 3，D 的度为 2，F 和 H 的度为 1，C、E、G、I、J 和 K 的度为 0。

(3) 树的度
树内各结点的度的最大值称为"**树的度**"。在图 5-5 中，结点度的最大值为 3，则此树的度即为 3。

(4) 叶子结点

度为 0 的结点称为**"叶子结点"**(树叶)，或**"终端结点"**。在图 5-5 中的结点 C、E、G、I、J 和 K 为叶子结点。

(5) 分支结点

分支结点，也叫**"非终端结点"**，指度不为 0 的结点，或具有子树的结点。除了叶子结点外都是分支结点。在图 5-5 中的 A、B、D、F 和 H 结点为分支结点。

(6) 结点的层次(level)

规定根结点的层次为 1，其他结点的层次等于父结点层次加 1。结点的层次也叫**"结点的深度"**。注意有些教材规定根结点的层次为 0，请读者阅读时注意。在图 5-5 中，结点 A 的层次为 1，B、C 和 D 层次为 2，E、F 层次为 3，J 和 K 层次为 4。

(7) 树的高度(height)

树中各结点的最大层次数，称为**"树的高度"**(depth)，或**"树的层次"**。在图 5-5 中，树中结点的最大层次数为 4，所以树的高度为 4。

(8) 孩子结点(child)

当前结点所有子树的根结点，称为**"孩子结点"**，简称"子结点"。用图论的术语描述即当前结点下一层与当前结点有边相连的结点。叶子结点没有子结点。在图 5-5 中，A 的子结点有 B、C 和 D，B 的子节点有 E、F 和 G。C 等叶子结点没有子结点。

(9) 后裔结点(descendant)

当前结点作为根结点，其子树上的所有结点，都是当前结点的后裔结点，也称**"子孙结点"**。在图 5-5 中，除 A 外其他所有结点都是 A 的后裔，H、I 和 K 是 D 的后裔结点。

(10) 双亲结点(parent)

双亲结点指与当前结点有边直接相连的上一层结点，也叫**"父结点"**。父、子结点关系是相互对应的。树中根结点没有父结点，其他结点有且仅有一个父结点。在图 5-5 中，结点 A 没有父结点，B、C 和 D 的父节点为 A，K 的父结点为 H。

(11) 祖先结点(ancestor)

从根结点有路径到达当前结点，路径经过的所有结点，都是当前结点的**祖先结点**，或称**"先驱结点"**。在图 5-5 中，A、B 和 F 都是结点 J 的祖先，A、D 和 H 都是结点 K 的祖先。

(12) 兄弟结点(Sibling)

双亲结点(父节点)相同的所有结点互称为**"兄弟结点"**。在图 5-5 中，B、C 和 D 是兄弟结点，E、F 和 G 是兄弟结点，H 和 I 是兄弟结点。

(13) 堂兄弟结点

双亲结点在同一层次(深度相同)的结点，互为堂兄弟，或同一层次上的结点互为堂兄弟结点。在图 5-5 中，B、C 和 D 也是堂兄弟结点，E、F、G、H 和 I 互为堂兄弟结点，J 和 K 互为堂兄弟结点。

(14) 有序树和无序树

同一结点的所有子树，从左至右规定次序叫**"有序树"**，若结点的子树不分先后次序叫做**"无序树"**。

(15) 森林(forest)

m($m \geqslant 0$) 棵不相交树的集合，称为**"森林"**。

与线性表及其他结构相比,树结构有明显的差异:每个结点至多有一个直接前驱(即父结点),但却可以有多个后继结点(即孩子结点)。

5.1.3 树的基本操作

对树(包括森林)可执行如下的基本运算:
① 初始化树:initialTree(T),建立树或森林 T 的初始结构。
② 遍历树:traverse(T),按规定次序访问树中每个结点一次且仅一次。类似线性表中的搜索操作。
③ 插入子树:insertTree(T,S),将以结点 S 为根的子树作为 T 的第一个子树插入到树中。
④ 插入兄弟结点:insertSibling(T,S),将以结点 S 为根的树作为 T 的兄弟子树插入到树中。
⑤ 删除子树:deleteTree(T),删除树 T 中指定的子树。
⑥ 查询根结点:rootOf(T),查询结点 T 所在树的根结点。
⑦ 查询父结点:fatherOf(T),查询结点 T 的父结点。
⑧ 查询孩子结点:childOf(T),查询结点 T 的所有或某个孩子结点。
⑨ 查询兄弟结点:siblingOf(T),查询结点 T 的所有或某个兄弟结点。
⑩ 求树的高度:treeHeight(T),返回树的高度。

树的运算中**遍历操作**是最基本也是最重要的一种运算,其他的很多运算都是借助遍历操作来完成的。这里列举的只是一些常见的基本运算,还有一些基本运算,这里不再细述,在具体使时时再进行介绍。由于树和森林的存储结构涉及后面将介绍的二叉树结构,因此,有关树和森林的存储结构及运算将在二叉树之后再作介绍。

5.2 二叉树

二叉树是一种特殊类型的树结构,是树结构的一个重要形式,也是最常用的树结构。二叉树的存储和运算算法较一般的树简单和直观,而一般的树结构又可转换为二叉树形式,因此可借助二叉树的存储结构和运算来实现树结构的运算。由此可知,二叉树是本章及整个课程的重点,理解其概念、性质及存储结构,并熟练写出有关算法是最基本的要求。

5.2.1 二叉树的基本概念

1. 二叉树的定义

二叉树(Binary Tree)T 是 n 个结点的有限集合,其中 $n \geqslant 0$,当 $n=0$ 时,称为**"空树"**,否则:
① 有且仅有一个结点为**根结点**;
② 其余结点划分为两个互不相交的子集 TL、TR,并且 TL、TR 分别构成一棵二叉树,叫作 T 的**左子树和右子树**。

二叉树的定义也是递归的。图 5-6 是一棵二叉树的实例。

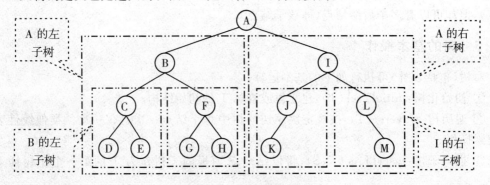

图 5-6　二叉树结构示意图

2. 二叉树的特点

二叉树的特点如下所述：

① 二叉树中每个结点最多只能有两棵子树（两个分支、两个子结点）。即二叉树中结点的度数只有 3 种情况：0 度叶子结点，1 度或 2 度结点。一般的树就没有这个限制，一个结点可有多个子结点（多棵子树）。

② 二叉树是有序树，其子树区分为左子树和右子树，即使只有一棵子树也要区分是左子树，还是右子树，这是初学者容易忽视的问题。一般的树结构是无序树，一个结点的所有子树没有次序之分。对二叉树，相同的结点，结点的安放位置不同就会构成不同形态的二叉树。如图 5-7 所示，3 个结点可以构成 2 棵不同形态的树，但可以构成 5 棵不同形态的二叉树。

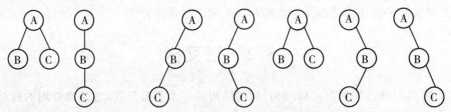

(a) 3 个结点构成树的形态　　　　(b) 3 个结点构成二叉树的形态

图 5-7　3 个结点构成树和二叉树的形态对比

由此可知，二叉树与树本质上是完全不同的两种结构。

树中有关层次、度等概念可引用到二叉树中，在此不再细述。

3. 二叉树的 5 种形态

根据二叉树的定义和树中结点的多少，可以归纳出二叉树的所有可能形态，总共 5 种，如图 5-8 所示。

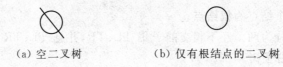

(a) 空二叉树　　　　(b) 仅有根结点的二叉树

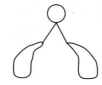

(c) 只有左子树　　(d) 左右子树均非空　　(e) 只有右子树

图 5-8　二叉树的 5 种形态

理解和熟悉二叉树的这些形态,有利于二叉树相关运算算法的分析和设计。

5.2.2　二叉树的性质

二叉树的性质是二叉树的重要内容,理解二叉树的性质有助于二叉树有关内容的学习。下面介绍二叉树的 5 个重要性质。对于其中较简单直观的性质,没有给出证明。

性质 1:在二叉树的第 i 层上的结点数 $\leqslant 2^{i-1}(i>0)$。

性质 2:深度为 k 的二叉树的结点数 $\leqslant 2^k-1(k>0)$。

性质 3:对任一棵非空的二叉树 T,如果其叶子数为 n_0,度为 2 的结点数为 n_2,则有下面的关系式成立: $n_0=n_2+1$。

【证明】设 T 的总结点数为 n,度为 1 的结点数为 n_1,则 T 的结点数满足下面关系式:

$$n=n_0+n_1+n_2 \qquad (a)$$

下面还需要再从 T 的分支数来讨论:一方面,从叶子结点往树根方向看,在这 n 个结点中,除根以外,每个结点有一个分支进入,因此其总分支数为 $n-1$;另一方面,从根结点往树叶方向看,度为 2 的结点发出 2 个分支,度为 1 的结点发出 1 个分支,则分支总数为 n_1+2n_2,因而有下面关系式成立:

$$n-1=n_1+2n_2 \qquad (b)$$

综合(a)和(b)两式得: $n_0=n_2+1$。得证。

性质 1 说明了每层结点数目的上限;性质 2 则指出了给定层数的二叉树中的结点数目的上限;性质 3 描述了二叉树中叶子结点数与度为 2 的结点数之间的关系。

下面要讨论的性质 4 涉及满二叉树和完全二叉树这两种特殊而又重要的二叉树。

所谓**"满二叉树"**是指每层都有最大数目结点的二叉树,即高度为 k 的满二叉树中有 2^k-1 个结点。

满二叉树每层结点数都达到最大值,即第 i 层,结点数等于 2^{i-1}。满二叉树只有度为 0 或 2 的结点,没有度为 1 的节点。除叶子结点外,每个结点均有 2 棵高度相同的子树。叶子结点都在最深层次的同一层上。

对满二叉树中结点可以进行编号。从根结点开始,编号为 1,按层自上而下,从左至右进行连续编号。这种编号对下面讨论的完全二叉树很有用。

完全二叉树是指在满二叉树的最下层**从右到左连续地删除**若干个结点所得到的二叉树。

一棵深度为 k,结点数为 n 的完全二叉树,一棵深度为 k 的满二叉树,按上述约定同时进行编号,则这两棵树在编号 1 到 n 之间的结点一一对应。

完全二叉树叶结点只可能出现在最深的 2 层上;最下层结点一定是从左往右先放置左

孩子,再放右孩子的方式依次开始放置的;若某个结点没有左孩子,则其一定没有右孩子;只有最深 2 层结点的度可能小于 2;最多只有一个结点的度为 1。满二叉树一定是完全二叉树;反之,完全二叉树则不一定是满二叉树。

例如,高度为 4 的满二叉树有 $2^4-1=15$ 个结点,如图 5-9 所示。图 5-10 所示的二叉树则是一棵有 12 个结点,高度为 4 的完全二叉树。

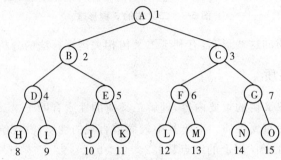

图 5-9　高度为 4 的满二叉树示意图

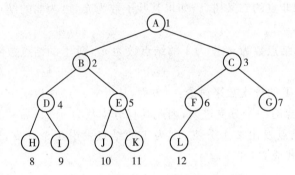

图 5-10　高度为 4 的完全二叉树示意图

性质 4:有 n 个结点的完全二叉树($n>0$)的深度为 $\lfloor \log_2 n \rfloor +1$。

性质 4 给出了给定结点数的完全二叉树的高度的求解公式,即有 n 个结点的完全二叉树的高度为 $\lfloor \log_2 n \rfloor +1$。

【证明】设此完全二叉树的高度为 k,结点数为 n。则此树从 $k-1$ 层到根结点必构成一棵高度为 $k-1$ 的满二叉树,结点数为 $2^{k-1}-1$。必有:

$$n > 2^{k-1} - 1 \tag{a}$$

根据性质 2,有:

$$n \leq 2^k - 1 \tag{b}$$

由(a)和(b)两式得:

$$2^{k-1} - 1 < n \leq 2^k - 1 \tag{c}$$

由(c)式可得:

$$2^{k-1} \leq n < 2^k \tag{d}$$

对(d)式取对数得:

$$k - 1 <= \log_2 n < k \tag{e}$$

又 k 为整数,所以 $k = \lfloor \log_2 n \rfloor +1$,原问题得证。

性质5:在编号的完全二叉树中,当前结点的编号为 i,则有:
① 如果 i 结点的左孩子存在,其编号必为 $2i$。
② 如果 i 结点的右孩子存在,其编号必为 $2i+1$。
③ 如果 i 结点的父结点存在,其编号必为 $\lfloor i/2 \rfloor$。

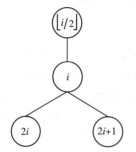

图 5-11 完全二叉树结点编号之间的关系

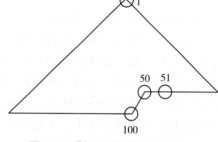

图 5-12 【例 5.1】求解示意图

这个性质证明过程相对复杂,这里不做证明。这一关系用图形形式表示如图 5-11 所示。

性质 4 和性质 5 是完全二叉树的两个重要特性。性质 5 在后面讨论的二叉树顺序存储结构以及在排序算法中都要用到。

【例 5.1】 已知完全二叉树有 100 个结点,则该二叉树有多少个叶子结点?

【解】 本题有多种求解方法,例如,根据性质 3 来求解,或结合性质 1 和 2 来求解。如果用性质 5,则可以更方便地求解,下面讨论其求解过程。

若认为每个结点均已编号,则最大的编号为 100,其父结点编号为 50,如图 5-12 所示,从 51 到 100 均为叶子,因此叶子数为 100−50=50。

5.2.3 二叉树的存储结构

与线性结构类似,二叉树也可采用顺序存储方式和链式存储方式两类存储结构。下面分别讨论这两种存储方式。

存储一个结构时,不仅需要存储元素的值,同时还要能体现出结点之间的关系,否则并没有意义。对二叉树来说,选择的存储结构既要存储结点的值,又要能反映结点之间的层次关系、父子关系及兄弟关系。

1. 顺序存储结构

(1) 完全二叉树的顺序存储

二叉树的顺序存储结构也是用数组存储数据元素(结点的值),但是如果简单地将二叉树所有结点的值"挤"在数组的前 n 个单元中,便不能体现出结点间的相互关系。但对完全二叉树和满二叉树,前面介绍了一种结点编号的方式,如果以元素编号对应数组下标,将元素存放到数组下标与编号相同的对应单元,这样利用性质 5,就可以根据元素对应的数组下标(即元素编号)来求其父结点、左孩子和右孩子结点的位置(数组下标)。假设当前元素数组下标为 i,若父节点存在,存放的数组单元为 $i/2$;若左孩子存在,存放的数组单元为 $2i$;右孩子在 $2i+1$ 单元。

注意:数组下标从 0 开始,可以保留数组的 0 单元不用,这样使元素在数组中的下标与编号完全对应相同。

例图 5-10 所示完全二叉树的顺序存储结构如图 5-13 所示。

```
 0  1  2  3  4  5  6  7  8  9 10 11 12
    A  B  C  D  E  F  G  H  I  J  K  L
```

图 5-13 完全二叉树顺序存储结构示意图

(2) 一般二叉树的顺序存储

一般二叉树没有完全二叉树和满二叉树上述的编号和数组下标的对应关系,怎样实现顺序存储呢?一般二叉树相对完全二叉树只是中间缺少了一些结点,可以设法补齐缺少的结点,使成为一棵完全二叉树,这样就可以借用完全二叉树的方法来存储一般二叉树了。对增补的结点存入特殊的值以区分有效元素,比如下面图示中用"^"符号表示增补的结点。图 5-14 所示是一个转换为完全二叉树的实例。

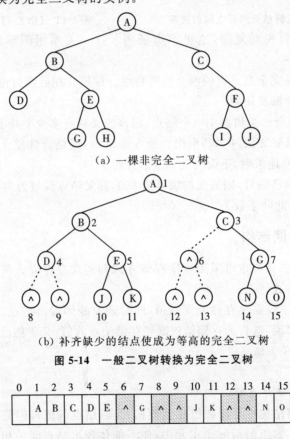

(a) 一棵非完全二叉树

(b) 补齐缺少的结点使成为等高的完全二叉树

图 5-14 一般二叉树转换为完全二叉树

```
 0  1  2  3  4  5  6  7  8  9 10 11 12 13 14 15
    A  B  C  D  E  ^  G  ^  ^  J  K  ^  ^  N  O
```

图 5-15 图 5-14 二叉树的顺序存储结构示意图

图 5-15 是图 5-14 所示一般二叉树转换为完全二叉树后的顺序存储示意图。从这个例子可以看出,虽然通过补齐结点解决了一般二叉树的顺序存储问题,但这种方法的缺陷是要浪费部分存储空间,本例中就有 5 个存储单元的浪费。最极端情况是二叉树除了叶子结点,其他每个结点只有一棵右子树,若此二叉树有 k 个结点,则高度即为 k,补齐结点后将成为高度为 k 的满二叉树,需要的总存储空间为 2^k-1 个单元,而有效使用单元只有 k 个。图 5-16 是一棵只有右分支,高度为 4 的二叉树转换的例子,转换后总共需要 15 个存储单元,实际有

用单元只有 4 个。

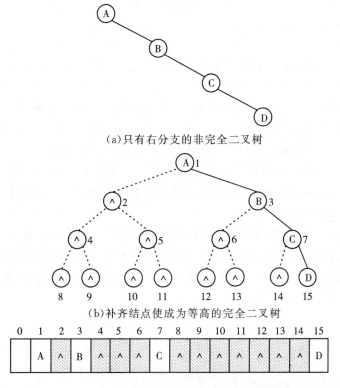

(a)只有右分支的非完全二叉树

(b)补齐结点使成为等高的完全二叉树

(c)(a)所示二叉树的顺序存储结构示意图

图 5-16 只有右分支二叉树转换为完全二叉树

除了上述缺陷外,像顺序表一样二叉树的顺序存储结构在插入结点时,需要移动元素。为此需要能更加合理利用空间和方便操作的二叉树存储结构,于是就有了下述的二叉树的链式存储结构。

2. 二叉链表存储结构

在二叉树的二叉链表存储结构中,结点由 3 个域构成:一个数据域用来存储数据元素,不妨设为 data;两个指针域,分别存放指向两个孩子结点的指针,不妨分别设为 lchild 和 rchild,结点结构形式如图 5-17 所示。

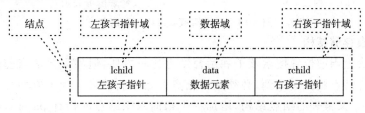

图 5-17 二叉链表结点结构示意图

【二叉链表存储结构描述】
```
typedef char elementType;        //不妨将 elementType 定义为字符类型
typedef struct lBNode
```

```
{
    elementType data;              //存放数据元素
    struct lBNode *lChild, *rChild;  //左、右孩子指针
} BiNode, *BiTree;
```

用这样的结点构造链表,每个结点有两个分叉的指针,分别指向其左右孩子结点,或者说指向其左右子树的根结点指针(尽管可能其值为空),因此称这样的链表为**二叉链表**。

二叉链表是二叉树的基本链式存储结构,后面讨论的二叉树的各种运算实现都是基于这个存储结构。线性链表中头指针可以唯一确定一个链表,与此类似,二叉链表中根结点的指针可以唯一确定一棵二叉树,因为有了根结点指针,再通过结点的左右孩子指针就可以搜索到树上的所有结点。因此常用根结点指针表示整个二叉链表,作为二叉链表的名称。后面讨论的二叉树的各种运算函数,都只要将二叉树的根结点指针作为参数传递到函数中即可,它代表了整个二叉链表。

一棵 n 个结点的二叉树,采用二叉链表存储时,共有 $2n$ 个指针域。其中有 $n-1$ 个指针非空(除了根节点,其他结点皆有指针指向),剩下 $2n-(n-1)=n+1$ 个指针域为空。

举一个例子,对图 5-18(a)的二叉树,画出其二叉链表结构的图形表示,如图 5-18(b),其中 T 是根结点指针,代表这个二叉链表。

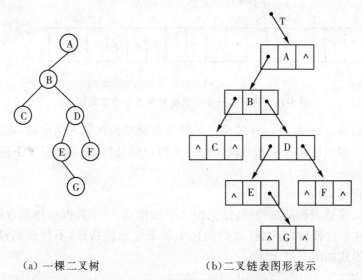

(a) 一棵二叉树　　　　　　(b)二叉链表图形表示

图 5-18　二叉树链表结构图形表示

3. 三叉链表存储结构

在二叉链表上当前位置搜索孩子和后裔结点比较方便,但如果要从当前位置往上搜索双亲结点或祖先结点则无法办到,必须从根结点开始重新搜索。为了方便往上搜索双亲和祖先,可以改造二叉链表的结点结构,增加一个指向双亲结点的指针 parent,这样每个结点就有 3 个指针域,称这种结构的链表叫"**三叉链表**"。

【三叉链表存储结构描述】
```
typedef struct TriTNode
{
    elementType  data;                      //存放数据元素
```

```
    struct TriTNode   *lchild,  *rchild, *parent;   //左、右孩子、双亲指针
}TriBiNode,   *TriTree;
```
三叉链表结构能提供双向搜索，但每个结点增加一个指针域，需要更多的内存开销。

5.3 二叉树的遍历

所谓"**遍历(Traverse)二叉树**"是指按某种次序访问二叉树中每个结点一次且仅一次。在访问每个结点的过程中，可以对结点进行各种操作。比如，存、取结点信息，对结点进行计数等。事实上前面学习的线性表中也涉及元素(结点)的遍历，只是线性表结点之间关系相对简单，这种遍历操作称为"搜索"。

需要强调的是二叉树的遍历操作是二叉树其他各种运算的基础。真正理解这一运算的实现及其含义有助于许多二叉树运算的算法设计和实现。然而，许多初学者开始时的学习效果并不理想，原因之一是理解其内在规律比较困难。为此，本节先讨论其基本方法和算法实现，在此基础上讨论其应用，并通过实例加以说明。

5.3.1 遍历算法的实现

1.基本遍历方法讨论

二叉树是一种非线性结构，其遍历操作就不像线性表搜索那么容易，线性表通过不断查找直接后继结点进行搜索，显然这个方法对二叉树行不通，因为二叉树中结点可能有两个子结点，如何继续访问结点就是个问

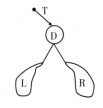

图 5-19 二叉树的一般形式示意图

题。那么，二叉树中，如何确保既不遗漏，也不重复地访问所有结点呢？这就要换一种构思方式。根据前面二叉树的递归定义，任何一棵二叉树都可以抽象为由 3 个部分构成：根结点(D)、左子树(L)和右子树(R)，如图 5-19 所示。

针对图 5-19 抽象出的二叉树的一般形式，如果能设法访问这三个部分中的每个结点一次且仅一次，那么就实现了遍历。这里根结点为单个结点可以直接访问，如果**左右子树 L 和 R 也能分别遍历出来**(即能各自单独地做到不重复、不遗漏地访问其中的每个结点)，那么就完成了整棵树的遍历。接下来还要解决这 3 个部分的遍历和访问次序问题。首先对左右子树 L 和 R 的遍历次序，可以规定"先左后右"，即先遍历左子树 L，后遍历右子树 R；也可以是"先右后左"，即先遍历右子树，再遍历左子树。其次，对根结点 D 的访问次序，可以在遍历 L 和 R 之前首先访问；也可以在遍历 L 和 R 中一棵子树之后的中间访问；还可以在遍历 L 和 R 完成之后，最后访问。根据上面的情况总共可有 6 种次序组合，如表 5-1 所示。表中：D 表示访问根结点，L 表示遍历左子树，R 表示遍历右子树。

表 5-1 二叉树访问次序组合

	先左后右	先右后左
先序	DLR	DRL
中序	LDR	RDL
后序	LRD	RLD

在表 5-1 中,以根结点的访问为基点,第二行先访问根结点,再遍历两棵子树,叫做"**先根序遍历**",简称"**先序遍历**";第三行先遍历一棵子树,再访问根结点,叫做"**中根序遍历**",简称"**中序遍历**";第四行先遍历两棵子树,再访问根结点,叫做"**后根序遍历**",简称"**后序遍历**"。

一般约定左右子树的遍历次序采用"先左后右"次序,那么用到的遍历次序组合后就剩下 3 种:**DLR、LDR 和 LRD**,即表 5-1 中第二列的内容。

现在,需要讨论的另一个问题是:如何实现左右子树的遍历?

事实上图 5-19 给出的二叉树的一般形式是递归的,即图中的左右子树 L 和 R 也是二叉树,所以可以递归地使用同样的遍历策略来遍历这两棵子树。即对左右子树,可采用整棵二叉树相同的方式进行遍历。

比如,先序遍历中(DLR),对 L 和 R 也同样采用先序方式遍历。L 和 R 也可以抽象为根结点、更小的左右子树 3 个部分组成,这种抽象和分解可以一直持续下去,直到左右子树为单个结点。对这些更小的子树一样递归地使用先序策略进行遍历,直到左右子树为单结点时,就可以直接访问了,递归结束。中序遍历和后续遍历情况类似。

在本章后面的内容中,你将看到:以上的讨论过程不仅适用于二叉树的遍历,而且适用于二叉树各种运算的实现。

基于以上讨论,可以给出二叉树 3 种遍历算法的自然语言描述:

【先序遍历——DLR】

若二叉树 T 非空,则:

① 访问 T 的根结点。

② 先序遍历 T 的左子树。

③ 先序遍历 T 的右子树。

【中序遍历——LDR】

若二叉树 T 非空,则:

① 中序遍历 T 的左子树。

② 访问 T 的根结点。

③ 中序遍历 T 的右子树。

【后序遍历——LRD】

若二叉树 T 非空,则:

① 后序遍历 T 的左子树。

② 后序遍历 T 的右子树。

③ 访问 T 的根结点。

2. 有关遍历方法的例题

为正确理解遍历算法的求解过程,下面给出几个实例。

【例 5.2】 假设访问二叉树 T 的结点的操作是打印结点的值,请分别写出图 5-20 所示的二叉树的先序、中序和后序序列。

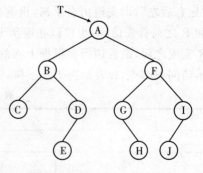

图 5-20 【例 5.2】的二叉树

【解】为了写出各遍历序列,采用"分步填空"的方式:对整棵二叉树来说,先分别写出其遍历序列的三部分,即根结点和左右子树遍历序列。由于其中的左右子树的遍历序列暂时还不知道,因此先用空格来占位置,待下一步继续分解。例如,在求先序序列时,先写出如下的序列:

① A　　A_L　　　A_R
　　　(A 的左子树)　(A 的右子树)

然后对 A 的左右子树 A_L 和 A_R 分别用同样的方法,即按三部分划分、填空的方式进行。因此,对每个结点来说,都是先写出以此为根的子树的遍历序列的三部分,而将其中未知部分先用空格来占位,然后对其进行分解,直到全部填完空为止。基于这一方法的余下的求解序列如下:

② A　B　B_L　B_R　F　F_L　F_R
　　　　　　A_L　　　　　　A_R

③ A　B　C　DE　F　GH　IJ
　　　　B_L　B_R　　F_L　F_R
　　　　　A_L　　　　　A_R

④ 由此可知先序遍历序列为 ABCDEFGHIJ。

以同样的方式可得其他遍历序列分别如下,在此不再细述,请自己练习。

中序:CBEDAGHFJI

后序:CEDBHGJIFA

【例 5.3】 已知二叉树的先序和中序序列如下,试构造出相应的二叉树。

先序:ABCDEFGHIJ

中序:CDBFEAIHGJ

【解题分析】 这是前一类问题的逆问题,同样需要运用二叉树遍历思想求解。由二叉树的结构可知,如果能由这两个序列确定出根结点,并分别构造出其左右子树,即完成了问题的求解。因此,下面分别讨论这两个问题的求解。

① 根结点的确定:由先序遍历的描述可知,先序序列中的第一个结点为根结点。因此,本题中的根为 A。

② 左右子树的确定:在中序序列中,根结点处于中序序列中间某位置,将树上结点分割成两部分,A 左边部分是左子树结点,A 右边部分是右子树结点。因此本题中由根结点 A 的位置,可划分出左子树的中序序列为(CDBFE),右子树的中序序列为(IHGJ)。现在,如果能知道左右子树的先序序列,即可由此而采用相同的方式分别构造出左右子树,从而完成本题的求解。由先序遍历方法的描述可知,左、右子树的先序序列在先序序列中也是各自连在一起的,根据已经取得的子树中序序列,可到先序序列中取得左右子树的先序序列,本题中分别为 BCDEF 和 GHIJ。因此,左子树的构造需要由其先序序列 BCDEF 和中序序列 CDBFE 来求解,右子树的构造需要由其先序序列 GHIJ 和中序序列 IHGJ 来求解,而这又和原题形式相同,因此可采用同样的方式,即由先序序列确定根,中序序列分左右,求解过程如图 5-21 所示。

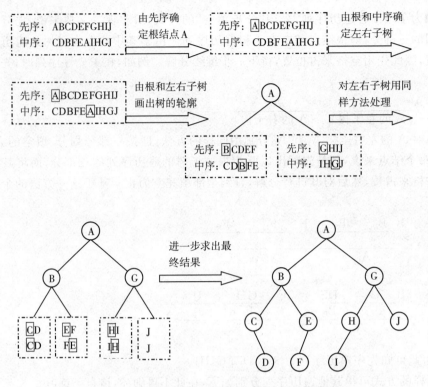

图 5-21 由先序和中序序列重构二叉树过程示意图

【思考问题】从本例可以知道,由二叉树的先序序列和中序序列可以重构二叉树,那么由中序序列和后序序列是否可以重构呢?先序序列和后序序列是否可以重构呢?

由解题过程可以看出这是一个递归的求解过程,每一次处理都需要能划分出根结点、左子树和右子树。中序和后序序列组合的话,可由后序序列确定根结点,在后序序列的最后。有了根结点就可以在中序序列中划分出左右子树,所以中序序列和后序序列组合也能重构二叉树。先序序列和后序序列组合呢?这种组合可以找到根结点,但却没法划分左右子树,所以不能重构二叉树。所以先序和中序序列组合,中序和后序序列组合可以重构二叉树,但是先序和后序序列组合不能重构二叉树。

3. 二叉树遍历算法

前面已经给出了 3 种遍历算法的自然语言描述,现在给出遍历的代码描述。从以上对遍历方法的讨论可知,对二叉树的遍历是在对各子树分别遍历的基础之上进行的。由于各子树的遍历和整个二叉树的遍历方式相同,因此,可借助于对整个二叉树的遍历算法来实现对左右子树的遍历。也就是说,要采用递归调用方式来实现对左右子树的遍历。假定二叉树采用二叉链表存储结构,根结点指针为 T,则左右孩子结点的指针就是 T->lchild 和 T->rchild,用函数 visit(T) 表示访问根结点。

(1) 先序遍历算法

【先序遍历递归算法描述】

```
void PreOrderTraverse(BiNode *T)
{
    if(T)
```

```
    {
        visit(T);                              //访问根结点
        PreOrderTraverse(T->lChild);           //递归调用先序遍历左子树
        PreOrderTraverse(T->rChild);           //递归调用先序遍历右子树
    }
}
```

其中访问根结点的操作 visit(T)在不同的场合下可以有不同的要求,其中最常用的操作是输出结点的值,比如,cout<<T->data,实现时可根据需要自行设计 visit(T)函数,下同。

第3章中已经介绍过使用栈可以把递归函数转换为非递归函数,下面给出先序遍历的非递归实现。

【先序遍历非递归算法描述】

```
void PreTraverseNR(BiNode *T)
{
    BiNode *p;
    seqStack S;
    initStack(S);                              //初始化栈
    p=T;
    while(p || !stackEmpty(S))
    {
        if(p)
        {
            cout<<p->data<<", ";               //访问根结点,即 visit(T)功能
            pushStack(S, p);                   //p 指针入栈
            p=p->lChild;                       //遍历左子树
        }
        else
        {
            popStack(S, p);                    //p 为空时,将上一层的根结点指针弹出
            p=p->rChild;                       //遍历右子树
        }
    }
}
```

这里给出非递归算法不是为了掌握它,只是为了与递归算法进行对比。比较一下两个算法就可以发现递归算法的"优美和魅力",看上去挺复杂的遍历算法,用递归算法实现只不过短短的3行代码,简单明了,很容易阅读和理解。非递归算法就不可同日而语了,首先代码量大大增加,其次,代码阅读起来晦涩难懂,实现时还容易出错。再来讨论一下两种算法的时空性能,两种算法都使用栈,只不过递归调用使用了系统自动提供的函数调用栈,非递归中使用的是自定义的软件栈。非递归是对递归的模拟,两者对栈的使用过程是相同的,即调用时相关数据入栈,返回时相关数据出栈。所以两个算法的空间需求基本相同。时间性能上非递归算法一般比递归算法差,因为系统提供的函数调用栈操作是经过充分优化的,而

用户定义的软件栈由编译器编译自动生成栈的操作代码,性能不会优于系统栈。综上所述,解决同一个问题对比递归和非递归实现,递归实现时算法设计简单,代码简短,代码容易阅读理解,运行稳定性好,如果都使用栈递归算法的时空性能不逊于非递归算法,所以一般会首选递归实现方法。唯一的例外是递归调用太深,导致函数调用栈空间不够用,出现"栈溢出错",这时就可能需要将其转换为非递归算法,定义足够大的软件栈以满足需求。

许多材料上笼统地说同一问题的非递归算法会优于递归算法这是不准确的。如果非递归算法不需使用栈,只需要使用循环(迭代)方法,的确非递归算法的时空性能会优于递归算法。如果非递归算法中也使用栈,那么这个非递归算法性能上一般会比递归算法差。

同样,以对比的方式给出中序遍历和后序遍历的递归和非递归算法描述。

(2) 中序遍历算法

【中序遍历递归算法描述】

```
void InOrderTraverse(BiNode * T)
{
    if(T)
    {
        InTraverse(T->lChild);        //递归调用中序遍历左子树
        visit(T);                     //访问根结点
        InTraverse(T->rChild);        //递归调用中序遍历右子树
    }
}
```

【中序遍历非递归算法描述】

```
void InTraverseNR(BiNode * T)
{
    BiNode * p;
    seqStack S;
    initStack(S);                     //初始化栈
    p=T;
    while(p || !stackEmpty(S))
    {
        if(p)
        {                             //根结点先入栈,以便左子树遍历结束,返回访问根结点
            pushStack(S,p);
            p=p->lChild;              //遍历左子树
        }
        else                          //p为空时,访问根结点、遍历右子树
        {
            popStack(S, p);           //某子树的根结点出栈
            cout<<p->data<<", ";      //访问某子树根结点,即 visit(T)
            p=p->rChild;              //遍历 p 的右子树
        }
    }
}
```

}

（3）后序遍历算法

【后序遍历递归算法描述】

```
void PostOrderTraverse(BiNode *T)
{
    if(T)
    {
        PostTraverse(T->lChild);      //递归调用中序遍历左子树
        PostTraverse(T->rChild);      //递归调用中序遍历右子树
        visit(T);                     //访问当前根结点
    }
}
```

【后序遍历非递归算法描述】

```
void PostTraverseNR(BiNode *T)
{
    BiNode *p;
    seqStack S;
    int tag[MaxLen];                  //标记左子树、右子树
    int n;
    initStack(S);                     //初始化栈
    p=T;
    while(p || !stackEmpty(S))
    {
        if(p)
        {
            pushStack(S,p);
            tag[S.top]=0;             //标记遍历左子树
            p=p->lChild;              //循环遍历左子树
        }
        else                          //p==NULL,但是栈不空
        {
            stackTop(S,p);            //取栈顶,但不退栈,以便遍历 p 的右子树
            if(tag[S.top]==0)         //说明 p 的左子树已经遍历结束,右子树尚未遍历
            {
                tag[S.top]=1;         //设置当前结点遍历右子树标记
                p=p->rChild;          //遍历右子树
            }
            else  //tag[S.top]==1,说明 p 的左右子树皆已经遍历
            {
                popStack(S,p);        //退栈
                cout<<p->data<<",";  //访问某子树根结点,即 visit(T)
                //上面出栈的 p 已经没用,置空,回去循环取栈顶的下一个元素
```

```
        p=NULL;
      }
    }
  }
}
```

4. 遍历算法的执行过程

二叉树的遍历算法以递归方式给出,对大多数初学者来说可能仍不太容易理解,下面用第 3 章介绍的模拟递归调用执行过程方法来模拟遍历算法的执行过程,以加深理解。

【**例 5.4**】 对图 5-22 所示二叉树的中序遍历算法模拟递归调用的执行过程。

【**解**】按前面所讨论的方法及中序遍历算法可知,执行 InOrderTraverse(T) 等价于依次执行下面 3 个操作,即 InOrderTraverse(T->lchild)、visit(T)、InOrderTraverse(T->rchild)。为简化描述引用下面一些符号:用较短的符号 InOrder(T) 代替 InOrderTraverse(T) 表示中序遍历;用结点的名称表示结点的指针,比如 InOrder(T) 表示为 InOrder(A),InOrder(T->lchild) 表示为 InOrder(B),InOrder(T->rchild) 表示为 InOrder(G) 等,空指针用"^";访问根结点 visit(T) 相应为 visit(A)、visit(B) 等用结点名称加方框表示为:A、B 等。有了上面这些符号,3 个操作就可以表示为:InOrder(B)、A、InOrder(G)。由此可得算法执行的过程如图 5-23 所示。

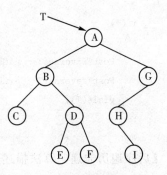

图 5-22 【例 5.4】的二叉树

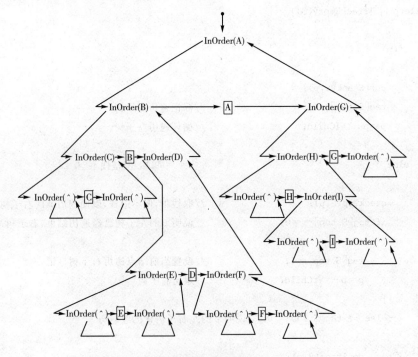

图 5-23 中序遍历递归算法执行过程示意图

由图 5-23 所示的执行流程可知,其输出序列是:CBEDFAHIG。

5.3.2 二叉树的创建与销毁

读者如果想实际上机体验二叉树的遍历算法以及后续的二叉树其他算法,第一步就要会创建二叉树,创建二叉树是其他算法实现的基础。事实上学习任何数据结构,要实现其各种算法,第一步就要学会创建这种数据结构,在实践环节中这是非常重要的。前面学习的线性表、栈、队列等结构创建起来相对简单,所以没有专门介绍它们的创建方法。

二叉树的顺序存储结构只要用一个数组就可以了,需要注意的是要把普通二叉树补齐为完全二叉树然后存放在数组中,且数组的 0 单元最好不存放树的结点,二叉树的这种顺序存储结构创建非常简单,这里不作专门介绍。

因为二叉树常用二叉链表存储结构,接下来介绍基于二叉链表结构的二叉树的创建和销毁。

1. 控制台交互输入创建二叉树

即由键盘交互输入二叉树的结点数据来创建二叉树。接下来介绍一种基于二叉树先序遍历次序创建二叉树的方法,即键盘输入时按二叉树的先序遍历次序输入结点数据,没有子树时用特殊符号表示,下面的代码中以特殊符号"/"表示没有子树。二叉树的创建由 2 个函数合作完成,程序如下:

【创建子树函数】

```
void createSubTree(BiNode *q, int k)
{   //q 为当前根结点
    //k=1 时为左子树;k=2 时为右子树
    BiNode *u;
    elementType x;
    cin>>x;                  //键盘读入结点数据
    if(x!='/')               //x=='/'表示没有子树
    {
        u=new BiNode;
        u->data=x;
        u->lChild=NULL;
        u->rChild=NULL;
        if(k==1)
            q->lChild=u;     //新结点 u 为当前根结点 q 的左子树
        if(k==2)
            q->rChild=u;     //新结点 u 为当前根结点 q 的右子树
        createSubTree(u,1);  //递归创建 u 的左子树
        createSubTree(u,2);  //递归创建 u 的右子树
    }
}
```

【创建二叉树函数】

```
void createBiTree(BiNode *& BT)
{
    BiNode *p;
```

```
        char x;
        cout<<"请按先序序列输入二叉树,('/'无子树):"<<endl;
        cin>>x;
        if(x=='/')
            return;                         //空树,退出
        BT=new BiNode;                      //创建根节点,指针为 BT
        BT->data=x;
        BT->lChild=NULL;
        BT->rChild=NULL;
        p=BT;                               //当前节点指针
        createSubTree(p,1);                 //创建根节点左子树
        createSubTree(p,2);                 //创建根节点右子树
    }
```

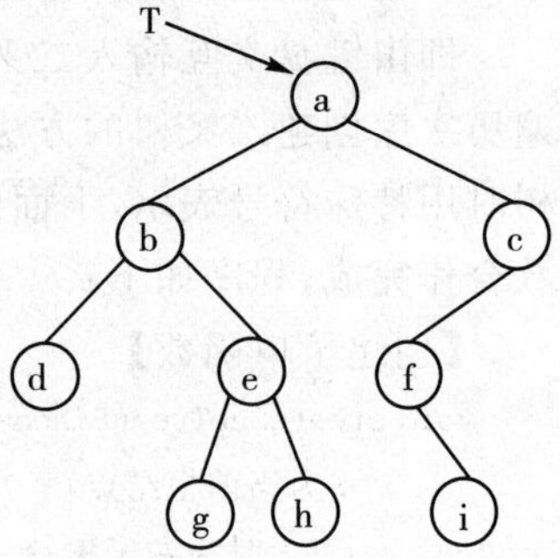

例如,对图 5-24 中二叉树,先序遍历次序为:abdeghcfi,以"/"表示无子树,则相应的键盘输入为:abd//eg//h//cf/i///。其中 d 后面的 2 个"//"表示结点 d 无左子树,也无右子树;结点 g 和 h 后面的 2 个"//"也表示这 2 个结点既无左子树,又无右子树;结点 f 后面的 1 个"/"表示结点 f 无左子树;结点 i 后面的 3 个"///",其中前 2 个表示结点 i 无左子树和右子树,最后 1 个表示结点 c 无右子树。

2. 数据文件输入创建二叉树

上面介绍的交互式输入创建二叉树一般只适用于树的结点数较少时,当树的结点数较多时,交互输入容易出错,浪费时间,且容易造成内存泄漏。下面介绍一种基于文本文件的二叉树创建方法,即将二叉树的结点信息保存在一个文本文件中,然后用程序自动读入来创建二叉树。我们先来定义文本文件的格式。

图 5-24 一棵二叉树

标识行:BinaryTree 用来标识这是一个二叉树的数据文件。

结点行:每个结点一行,结点严格按照先序遍历次序排列。每行 3 列。第 1 列为结点数据;第 2 列标识有无左子树,1 为有左子树,0 为无左子树;第 3 列标识有无右子树,1 为有右子树,0 为无右子树。

对图 5-24 所示二叉树,完整数据文件如下:

BinaryTree
a 1 1
b 1 1
d 0 0
e 1 1
g 0 0
h 0 0
c 1 0
f 0 1

i 0 0

数据文件的扩展名随意,只要按文本文件读写即可,例如,上述文件不妨命名为 BiTree9.bit。接下来介绍基于上述数据文件创建二叉树的函数。

【结点数据读入数组函数】

因为是按先序次序递归创建二叉树,在创建过程中又要记录读取数据的行数,直接从文件中读取数据创建时处理不方便,所以先把文件中的数据读取到一个二维数组中,再从数组中读取数据来创建二叉树。从文件读取数据到数组的函数代码如下:

```
bool ReadFileToArray(char fileName[], char strLine[100][3], int & nArrLen)
{    // fileName[]存放文件名
     // strLine[][3]存放结点的二维数组,数组的3列对应数据文件的3列
     // nArrLen 返回二叉树结点的个数
     FILE * pFile;                      //定义二叉树的文件指针
     char str[1000];                    //存放读出一行文本的字符串
     pFile=fopen("CBiTree.CBT","r");
     if(!pFile)
     {
         printf("二叉树数据文件打开失败!\n");
         return false;
     }
     //读取文件第1行,判断二叉树标识 BinaryTree 是否正确
     if(fgets(str,1000,pFile)! =NULL)
     {
         if(strcmp(str,"BinaryTree\n")! =0)
         {
             printf("打开的文件格式错误!\n");
             fclose(pFile);      //关闭文件
             return false;
         }
     }
     nArrLen=0;
     while(fscanf(pFile,"%c  %c  %c\n",
         &strLine[nArrLen][0],&strLine[nArrLen][1],&strLine[nArrLen][2])! =EOF)
     {    //循环读取结点行数据,存入数组,结点总数加1
         nArrLen++;
     }
     fclose(pFile);//关闭文件
     return true;
}
```

【从数组数据按先序次序创建二叉树】

```
bool CreateBiTreeFromFile(BiNode * & pBT, char strLine[100][3],int nLen, int & nRow)
{
     //strLine[100][3]为保存结点数据的二维数组
```

```
//nLen 为结点个数
//nRow 为数组当前行号
if((nRow>=nLen) || (nLen==0))
    return false;                    //数据已经处理完毕,或者没有数据,退出
//根据数组数据递归创建二叉树
pBT=new BiNode;                      //建立根结点
pBT->data=strLine[nRow][0];
pBT->lChild=NULL;
pBT->rChild=NULL;
int nRowNext=nRow;                   //保留本次递归的行号
if(strLine[nRowNext][1]=='1')
{   //当前结点有左子树,读下一行数据,递归调用创建左子树
    nRow++;                          //行号加 1
    CreateBiTreeFromFile(pBT->lChild, strLine,nLen,nRow);
}
if(strLine[nRowNext][2]=='1')
{   //当前结点有右子树,读下一行数据,递归调用创建右子树
    nRow++;                          //行号加 1
    CreateBiTreeFromFile(pBT->rChild, strLine,nLen,nRow);
}
return true;
}
```

3. 二叉树的销毁

创建了二叉链表存储结构的二叉树,使用完毕后应当释放此二叉树占用的内存,因为在创建二叉树时使用 malloc()函数或 new 操作符动态申请了内存,当这个二叉树不再需要时,必须手工释放动态申请的内存,否则造成内存泄漏。下面给出销毁二叉链表存储结构二叉树的程序。

```
void DestroyBiTree(BiNode *pBT)
{
    if(pBT)
    {
        DestroyBiTree(pBT->lChild);   //递归销毁左子树
        DestroyBiTree(pBT->rChild);   //递归销毁右子树
        delete pBT;                   //释放当前根结点
    }
}
```

5.3.3 二叉树遍历算法的应用

前面曾指出二叉树的遍历算法是二叉树算法的基础,下面结合实例对此展开讨论。根据所运用的基本思想来分,可划分为两个层次,其一是简单、直接的应用,其二是具有一定深度的方法的应用。

1. 二叉树遍历算法的简单应用

二叉树的 3 种遍历算法都能对二叉树 T 中的每个结点执行一次且仅执行一次访问操作。即每个结点都会执行仅一次的 visit() 访问。二叉树有些问题的求解,只要通过定义不同的 visit() 函数即可实现,这样的应用就是直接基于遍历算法实现的。下面给出几个典型问题的求解。这些问题都只需修改 visit() 函数,直接基于遍历算法进行求解。

【例 5.5】 设计算法按中序次序输出二叉树 T 中度为 2 的结点的值。

【解】 本题可直接基于中序遍历算法,只需要简单修改 visit() 函数,在访问结点时判断其度数是否为 2,如果为 2 就打印结点的值,否则不打印。度数为 2 的结点的判定条件是它的 lchild 和 rchild 指针都不为空。为简单起见,把访问代码直接放到遍历算法中,取消 visit() 函数。为适应打印不同类型的结点值,这里采用 C++ 中的输出语句来输出表达式的值。

【算法描述】
```
void InTraverse(BiNode *T)
{
    if(T)
    {
        InTraverse(T->lChild);              //递归调用中序遍历左子树
        if(T->lchild!=NULL && T->rchild!=NULL)
        cout<<T->data;                      //打印度数为 2 的结点值
        InTraverse(T->rChild);              //递归调用中序遍历右子树
    }
}
```

【思考问题】怎样按先序和后序次序输出度数为 2 的结点?

【例 5.6】 设计算法求二叉树 T 的结点数。

【解】 本算法不是要输出每个结点的值,所要求的仅是求出其中的结点数。只要将遍历算法中的 visit() 函数改造为计数操作即可,即使用一个计数变量(初值为 0),每当要访问一个结点时,计数加 1,遍历结束便求出了总结点数。最直观的方式是设置一个全局变量 num,初始化时 num=0,用其计数结点。仍然采用中序遍历算法来求解。

【算法描述】
```
void GetNodeNumber(BiNode *pBT)
{
    if(pBT!=NULL)
    {
        GetNodeNumber(pBT->lChild);         //递归遍历左子树
        num++;                              //计数结点,num 为全局变量
        GetNodeNumber(pBT->rChild);         //递归遍历右子树
    }
}
```

【思考问题】
① 本算法用中序遍历计数结点个数,用先序遍历和后序遍历算法是否可以完成呢?如何完成?

② 本算法用一个全局变量计数结点个数，用引用和指针变量是否可以完成计数呢？

【引用变量计数代码】
```
void GetNodeNumber(BiNode *pBT, int & nNodeNum)
{
    if(pBT!=NULL)
    {
        GetNodeNumber(pBT->lChild, nNodeNum);
        nNodeNum++;
        GetNodeNumber(pBT->rChild, nNodeNum);
    }
}
```

2. 二叉树遍历算法思想的应用(*)

还有一些问题仅按照前述方法不能方便地实现求解，即使可以求解，算法形式也较繁杂。另外，许多初学者在编写、阅读及证明递归算法时，过于陷入细节问题，因而对所编写的算法难以放心。为此，本小节讨论这两方面的问题。

一般来说，当用前面所讨论的方法不能有效地求解某些问题时，可尝试采用下面所讨论的方法来实现求解。这种方法在讨论遍历算法时已经用到了，在此作进一步归纳，描述如下：首先，要明确所要编写的算法的功能描述（包括所涉及的各参数或变量的含义）——这在递归算法中尤其要注意。在此基础上按如下步骤讨论算法的实现：

① 如果 T 为空，则按预定功能实现对空树的操作，以满足功能要求（包括对相应参数、变量的操作）。

② 否则，假设算法对 T 的左右子树都能分别实现预定功能，在此基础上，通过按预定要求适当调用对左右子树的算法的功能，及对当前结点的操作实现对整个二叉树的功能（包括对各变量、参数的操作）。

这一方法中的难点是第二点，即假设算法对左右子树均能正确求解这一点上。

【例 5.7】 设计算法求解给定二叉树的高度。

【解】 由于求二叉树的高度难以采用由遍历算法简单变化的方式来实现，因此，需要采用本小节所讨论的方法来求解。分析如下：

① 若 T 为空时，则其高度为 0，求解结束。

② 否则，若 T 不为空，其高度应是其左右子树高度的最大值再加 1。假设其左右子树的高度能求解出来，则算法求解容易实现。而其左右子树的高度的求解又可通过递归调用本算法来完成。据此讨论可写出几种形式的算法，下面给出有值函数形式的算法。

设函数 int Height(BiNode *T) 表示"返回二叉树 T 的高度"，因此 m= Height(T->lchild)、n=Height(T->rchild) 分别代表 T 的左右子树的高度，则树的高度为 m、n 中较大者再加 1，由前面的讨论可得算法如下：

【算法描述】
```
int BiTreeDepth(BiNode *T)
{
    int m,n;
    if(T==NULL)
```

```
            return 0;                           //空树,高度为 0
    else
    {
            m=BiTreeDepth(T->lChild);          //求左子树高度(递归)
            n=BiTreeDepth(T->rChild);          //求右子树高度(递归)
            if(m>n)
                return m+1;
            else
                return n+1;                    //简略写法,也可写成 return (m>n? m:n)+1;
    }
}
```

5.4 线索二叉树

在二叉树中可能会要求求解某结点在某种次序下的前驱或后继结点,并且各结点在每种次序下的前驱、后继的差异较大。例如,图 5-25 中的二叉树的结点 D 在先序次序下的前驱、后继分别是 C、E;在中序次序中的前驱、后继分别是 E、F;在后序次序的前驱后继分别是 F、B。这种差异使得求解较为麻烦。如何有效地实现这一运算?对此,有几种考虑:

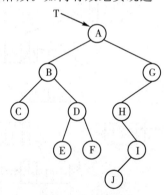

图 5-25 一棵二叉树

① 遍历方法:通过指定次序的遍历运算发现指定结点的前驱或后继。显然,这类方法太费时间,因此不宜采用。

② 增设前驱和后继指针:在每个结点中增设两个指针,分别指示该结点在指定次序下的前驱或后继。这样,就可使前驱和后继的求解较为方便,但这是以空间开销为代价的。

是否存在既能少花费时间,又不用花费多余的空间的方法呢?下面要介绍的第三种方法就是一种尝试。

5.4.1 线索二叉树结构

利用二叉链表中值为空的指针域:将二叉链表中值为空的 $n+1$ 个指针域改为指向其前驱和后继。具体地说,就是将二叉树各结点中的空的左孩子指针域改为指向其前驱,空的右孩子指针域改为指向其后继,称这种新的指针为(前驱或后继)**"线索"**(Thread),所得到的二叉树被称为**"线索二叉树"**,将二叉树转变成线索二叉树的过程被称为**"线索化"**。线索二叉树根据所选择的次序可分为先序、中序和后序线索二叉树。

例如,图5-25中二叉树的先序线索二叉树的二叉链表结构如图5-26(a)所示,其中线索用虚线表示。

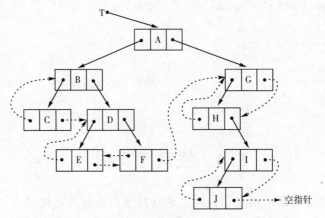

(a) 未加区分标志的先序线索二叉树的二叉链表示例

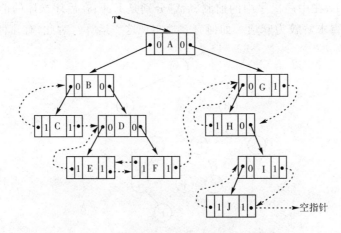

(b) 先序线索二叉树链表结构示例

图 5-26　线索二叉树的二叉链表形式示例

然而,仅仅按照这种方式简单地修改指针的值还不行,因为这将导致难以区分二叉链表中各结点的孩子指针和线索(虽然由图中可以"直观地"区分出来,但在算法中却不行)。例如,图5-25中结点C的lchild指针域所指向的结点是其左孩子还是其前驱？为此,在每个结点中需再引入两个区分标志ltag和rtag,并且约定如下:

ltag=0：lchild指示该结点的左孩子。

ltag=1：lchild指示该结点的前驱。

rtag=0：rchild指示该结点的右孩子。

rtag=1：rchild指示该结点的后继。

这样一来,图5-26(a)中的二叉链表事实上变成了图5-26(b)所示的形式。这是线索二叉树的内部存储结构形式。

为简便起见，通常将线索二叉树画成如图 5-27 所示的形式。

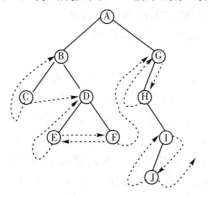

(a) 先序线索二叉树

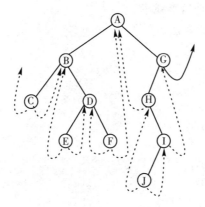

(b) 中序线索二叉树

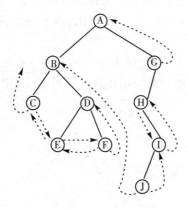

(c) 后序线索二叉树

图 5-27 线索二叉树示例

5.4.2 线索二叉树中前驱后继的求解

回到前面所描述的问题，即求解给定结点在指定次序下的前驱和后继。显然，共有 3 组 6 个问题：

① 先序线索二叉树中求解先序前驱和先序后继。

② 中序线索二叉树中求解中序前驱和中序后继。
③ 后序线索二叉树中求解后序前驱和后序后继。
下面仅侧重讨论先序后继、中序后继的求解。

1. 先序后继的求解

【例 5.8】在先序线索二叉树中,求解指针 P 所指结点的后继结点(的指针)。

【解题分析】此处所谓"P 所指结点的先序后继"即是在先序序列中紧跟在 *P 后面的结点。按先序遍历的定义,以 P 为根指针的子树的遍历次序是 P、P_L、R_R。其中 P 代表 P 所指结点,P_L 和 P_R 分别代表先序遍历 P 所指结点的左、右子树。由这一顺序可知:

① 若 *P 有左孩子(即左子树不空),则其左子树 P_L 中的第一个元素就是 *P 的后继,而 P_L 中的先序序列的第一个结点就是其根结点,即 P 的左孩子(指针为 P->lchild)。
② 否则,若 *P 有右孩子,则其右孩子就是其后继,其指针为 P->rchild。
③ 否则,P->rchild 即是后继线索。

由此可得求解先序后继的算法。

【算法描述】

```
BiNode *preSuc(BiNode *P)
{
    if(P->ltag==0)
        return(P->lchild);
    else
        return(P->rchild);
}
```

2. 中序后继的求解

【例 5.9】在中序线索二叉树中,求解 P 所指结点的中序后继。

【解题分析】设 *P 的左右子树分别为 P_L 和 P_R,由于中序遍历的次序为 P_L、P、P_R,因此,其求解讨论如下:

① 设 P_R 不空,则 P_R 中(中序序列)的第一个结点为 *P 的后继。P_R 中的第一个结点有什么规律?如何求解?下面先做分析。不妨设二叉树形式如图 5-28 所示。

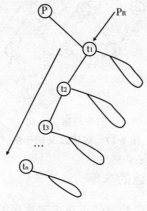

图 5-28 二叉树

若 t1 的左子树为空,则 t1 为 P_R 的第一个结点,否则,P_R 中的第一个中序结点应在子树

t2 中。类似地,若 t2 的左子树为空,则 t2 为 P_R 的第一个结点,否则,P_R 的第一个中序结点应在子树 t3 中。以此类推可知,其求解过程就是沿着箭头方向找到左下方的第一个没有左孩子的结点。也就是说,P_R 中的第一个结点就是在以 P_R 为根指针的子树中的最左下的第一个没有左孩子的结点。

② 若 P_R 为空(即 *P 无右孩子),则 *P 的右孩子指针为后继线索,即 P->rchild 为其中序后继的指针。

综合上述分析可得求解中序后继的算法。

【算法描述】

```
BiNode * inSuc(BiNode * p)
{   Bnode * q=p->rchild;
    if (p->rtag==1)  return(q);
    else { while (q->ltag==0)
        q=q->lchild;    //沿左下方向搜索
        return(q);
    }
}
```

同理可知,中序前驱的求解与中序后继的求解相似,后序前驱的求解与先序后继的求解相似。另外,通过分析可知,在先序线索二叉树中求解结点的先序前驱是难以实现的。同样,在后序线索二叉树中求解结点的后序后继也是难以实现的。

通过引用上述求解后继的算法,可写出遍历线索二叉树的非递归算法。

先序遍历先序线索二叉树 T 的非递归算法如下:

```
void preOrder(BiNode * T)
{   BiNode * P=T;           //先指向第一个结点
    while (P!=NULL)
    {   visite(P);          //访问当前结点
        P=preSuc(P);        //求解其后继结点
    }
}
```

在线索二叉树中可能会涉及插入、删除结点或子树的操作。在线索二叉树中插入一个结点时,不仅要按要求将结点作为指定结点的左孩子或右孩子插入进去,还要修改相应结点的线索及标志,以使插入结点后的二叉树仍满足相应的线索二叉树的特性。这一运算有一定的难度,故不再详细讨论。

在实际上机求解有关线索二叉树的问题时,还需要将二叉树转换成线索二叉树,即二叉树的线索化。考虑到这一内容的难度较大,故不在此处讨论,有兴趣的读者可参考相关书籍。

5.5 树和森林

下面讨论树和森林的有关内容,包括树和森林的存储形式、树(森林)与二叉树之间的相互转换、树(森林)的遍历等。为描述方便起见,在不作特别说明的情况下,树包括森林。

5.5.1 树的存储结构

树有多种存储结构,其中最常见的是双亲表示法、孩子链表表示法和孩子—兄弟链表表示法。不同的结构对有关运算的实现有较大的差异。

1. 双亲表示法

双亲表示法通过给出树中每个结点的双亲来表示树。由于每个结点最多有一个双亲结点,因此结点的存储信息包括两部分:结点本身的值 data 和双亲结点在该表中的地址。例如,图 5-29(a)中的树的双亲表示如图 5-29(b)所示。其中根结点 A 的双亲地址不存在,不妨设为 -1。

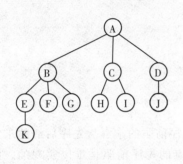

	data	parent
0	A	-1
1	B	0
2	C	0
3	D	0
4	E	1
5	F	1
6	G	1
7	H	2
8	I	2
9	J	3
10	K	4

(a)树　　　　　　　　　　(b)双亲表示法

图 5-29　树的双亲表示法示例

有关其存储结构的说明包括两部分:结点的说明和存储数组的说明。

```
struct  tnode                  //结点说明
{   datatype  data;
    int   parent;
}
struct tnode treelist[maxnum];  //整个树的存储数组说明
```

其中 parent 指示父结点的下标,data 存放结点的值。

这种方法便于搜索相应结点的父结点及祖先结点,但若要搜索结点的孩子结点及其后代结点,则需搜索整个表,因此较费时间。若要求更有效地搜索其后代结点,则需要重新选择存储结构。

2. 孩子链表表示法

孩子链表表示法就是分别将每个结点的孩子结点连成一个链表,然后将各表头指针放在一个表中构成一个整体结构,如图 5-29(a)所示的树用孩子链表表示法如图 5-30 所示。

孩子链表表示法的描述中需要分别说明结点和总体结构两部分,其类型描述如下:

```
typedef struct                 //结点类型描述
{   int data;
    listnode * next;
} listnode;
typedef struct                 //数组元素类型描述
{   datatype info;
```

```
        listnode  *firstchild;
} arrelemnt;
arrelemnt tree[maxnum];        //整体结构类型描述
```

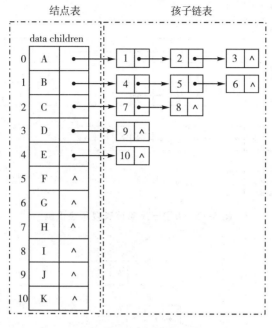

图 5-30 孩子链表表示法

与双亲表示法相反,这种结构便于搜索任意结点的孩子结点及后代结点,但不便于搜索各结点的双亲结点和祖先结点。在下一章学习图的表示法中会见到类似的方法——图的邻接链表表示法。

3. 孩子—兄弟链表表示法

所谓"孩子—兄弟链表表示法"是指以这样的链表来存储树:对树中每个结点用一个链表结点来存储,每个链表结点中除了存放结点的值外,还有两个指针,一个用于指示该结点的第一个孩子,另一个用于指示该结点的下一个兄弟结点,故有此名。孩子—兄弟链表表示法结点结构如图 5-31 所示。这样,图 5-29(a)中的树的孩子兄弟链表结构如图 5-32 所示。

图 5-31 孩子—兄弟链表结点结构

若将该链表按顺时针方向旋转 45°,如图 5-33 所示,可以看出该链表事实上就是前面所介绍的二叉树的存储结构之一,即二叉链表结构。由于每个二叉链表对应唯一一棵二叉树,由此可知,每棵树对应唯一一棵二叉树。也正因为如此,将这种表示法称为"二叉链表表示法"或"二叉树表示法"。在稍后的内容中将会看到任何一棵树都可以按特定的方法转换为唯一的一棵二叉树,这里的孩子—兄弟表示其实就是树转换为二叉树后的二叉链表表示。

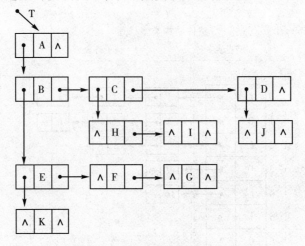

图 5-32　孩子—兄弟链表表示法示例

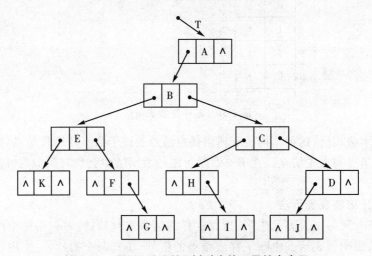

图 5-33　图 5-29(a)所示树对应的二叉链表表示

如果要存储森林的话,可以这样实现:将每棵树的根结点看作兄弟结点。在这种约定下即可方便地实现森林的存储。

二叉链表存储结构的描述与二叉树存储结构的描述相同,主要说明结点的结构。

每个结点(不妨用 tnode 表示其类型)由三部分组成:即结点的值(不妨用 data 表示),指向第一个孩子结点的指针(不妨记为 firstson)和指向下一个兄弟结点的指针(不妨记为 nextbrother)。描述如下:

```
typedef struct
{   datatype data;
    struct tnode * firstson, * nextbrother;
} tnode;
```

由于树和森林可以转换为二叉链表存储形式,因此可借助于二叉树问题的求解方法实现对树和森林的运算。由此可进一步体会到二叉树运算的基础性。

5.5.2 树(森林)与二叉树的转换

树(森林)按一定方法转换为二叉树,转换是唯一的;二叉树还原为树(森林),转换也是唯一的。这样,任何对树或森林的操作都可以转换为二叉树以后实现,然后再还原为树(森林)。由前面的介绍可知树和二叉树都可以用二叉链表表示,即物理存储结构可以相同,只是解释不同而已。这样,借助于树或森林的孩子—兄弟链表表示法,可以将森林转化成唯一的一个二叉链表结构或二叉链表;反之由二叉链表也可唯一地对应到一个森林。因此,可将森林转换为二叉树的形式,并借助于二叉树的有关算法实现对森林的运算。这样就需要研究树(森林)与二叉树的相互转换。下面先给出直观的转换方法,然后再讨论树(森林)的一般方法。

1. 树到二叉树的转换

树到二叉树的转换方法如下:

① 加线:同一双亲结点的所有孩子之间加一条连线。

② 抹线:任何结点,除了其最左的孩子外,抹掉此结点与其他孩子之间的连线(边)——转换为二叉树。

③ 调整:调整结点位置,使之层次分明。

例如,如图 5-34 所示,(a)为一棵普通的树;(b)给相同双亲结点的兄弟结点之间添加连线;(c)对每个结点,保留到最左孩子的连线,抹去此结点到其他孩子的连线,至此已经将普通的树转换为一棵二叉树;(d)调整树中结点和连线,使层次分明,即为最终二叉树。

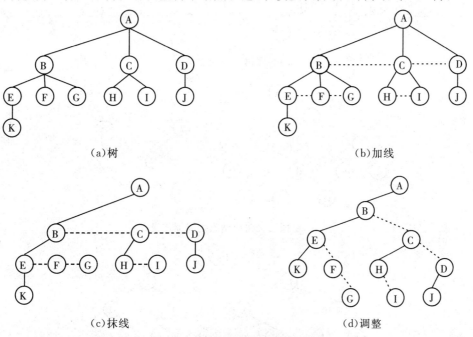

图 5-34 将树转化为二叉树的过程

普通树转换为二叉树具有这样的特点:

① 转换后的二叉树,根结点下只有左子树,而没有右子树。

② 转换后的二叉树,各结点的左孩子是其原来最左的孩子,右孩子则为其原先的下一个兄弟。这种方法产生的二叉树是唯一的。

2. 森林到二叉树的转换

森林到二叉树的转换方法如下：

① 转换：将森林中的每棵树转换为二叉树。

② 连线：将每棵二叉树的根结点视为兄弟结点，加连线。

③ 调整：以最左边二叉树的根结点，作为最后的根结点，调整结点位置，使之层次分明，即为最终二叉树。

例如，如图 5-35 所示，为 3 棵树的森林转换为二叉树的过程。

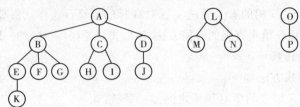

（a）三棵树构成的森林

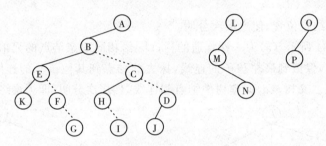

（b）每棵树转换为二叉树

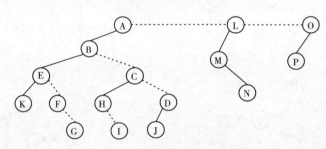

（c）每棵二叉树根结点之间加连线

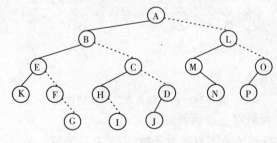

（d）调整后的二叉树

图 5-35　将森林转化为二叉树的过程

3. 森林(树)到二叉树转换的一般过程

由前面的存储结构可知,若要将森林转换为二叉树,需将森林中的每个结点进行这样的转换:左边指针指向其第一个孩子(作为左孩子形式),右边指针指向其下一个兄弟(作为右孩子形式)。森林中各棵树的根当作兄弟来转换。如果森林用有序表 $T=(T_1, T_2, \cdots, T_m)$ 来表示,则将森林(树)T 转换为对应的二叉树 BT 的形式化描述如下:

如果 m=0,则 BT 为空;否则依次作如下操作:

① 将 T_1 的根作为 BT 的根。

② 将 T_1 的子树森林转换为 BT 的左子树。

③ 将 $(T_2, T_3, \cdots, T_m)$ 转换为 BT 的右子树。

由描述可知,转换过程可分根、子树及兄弟森林三部分,而第二、第三部分的求解与原题求解类似,是一个递归的求解过程。

例如,对图 5-35(a)中 3 棵树构成的森林的转换的层次如图 5-36 所示,其中各层次中的一个整体用一个框框住,并用编号标注。其中"1"标记为根结点;"2"标记为左子树;"3"标记为右子树。限于篇幅,并没有将所有层次都标注出来。转换后的二叉树如图 5-35(d)所示。

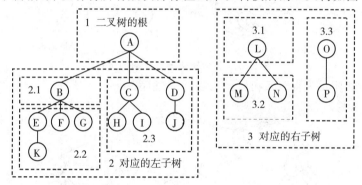

图 5-36 森林(树)转化为二叉树的层次标注过程

4. 二叉树到树的转换

二叉树转换为树的先决条件是此二叉树根结点下只有左子树,没有右子树。转换步骤如下:

① 加线:如果结点 p 是某结点的左孩子,则将 p 结点的右孩子、右孩子的右孩子……沿着右分支的所有右孩子,都分别与 p 的双亲结点用线连结。

② 抹线:抹掉二叉树中所有结点与其右孩子的连线——转为树。

③ 调整:调整结点位置,使之层次分明。

例如,图 5-37 所示,为将二叉树转换为树的过程。

5. 二叉树到森林的转换

二叉树到森林的转换步骤如下:

① 抹线:抹掉根结点与其右子树的连线;对分离出来的右子树,重复上面操作,直到分离出所有只有左子树的二叉树。

② 转换:将每棵二叉树分别还原为树。

③ 调整:调整每棵树的结点位置,使之层次分明。

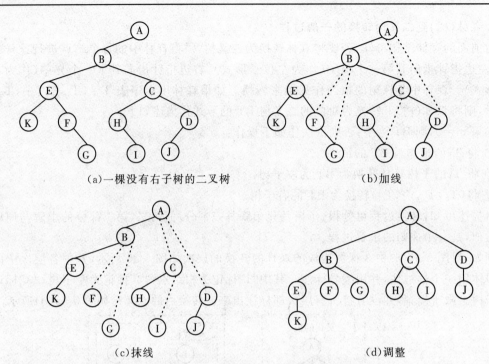

图 5-37 将树转化为二叉树的过程

例如,图 5-38 所示为将二叉树转换为森林的过程。

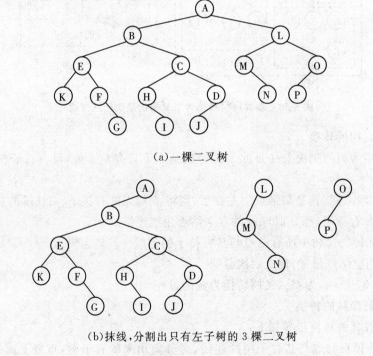

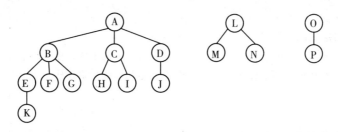

(c) 每棵二叉树转换为树,调整位置后得到 3 棵树

图 5-38　将二叉树转换为森林的过程

6. 二叉树到森林(树)转换的一般过程

将二叉树 BT 转换为森林 $T=(T_1,T_2,\cdots,T_m)$ 的形式化描述如下:

若 BT 不空,则依次执行如下操作:

① 将 BT 的根转换为 T_1 的根。

② 将 BT 的左子树转换为 T_1 的子树森林。

③ 将 BT 的右子树转换为 $(T_2,\cdots,T_m)$。

5.5.3　树(森林)的遍历

和二叉树等结构类似的是,遍历算法也是树(森林)的基本算法。根据访问根结点和子树中结点之间的次序关系,树的遍历可分为先序遍历和后序遍历。所谓先序遍历,就是每个结点在其所有子树之前访问;所谓"后序遍历",就是每个结点在其所有子树之后访问。

1. 森林的先序遍历

森林 $T=(T_1,T_2,\cdots,T_m)$,若 T 不空,则先序遍历依次执行如下操作:

① 访问 T_1 的根。

② 先序遍历 T_1 的子树森林。

③ 先序遍历森林$(T_2,T_3,\cdots,T_m)$。

由此描述可知,森林的先序遍历过程也可采用前面所介绍的二叉树遍历的填空方法来描述,请有兴趣的读者自己练习。图 5-39 所示森林的先序遍历所产生的先序序列为:

ABEKFGCHIDJLMNOP

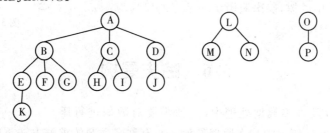

图 5-39　3 棵树构成的森林

若将此结果和对应的二叉树的先序序列相比,发现两者完全相同。分析森林与二叉树间转换的描述可知,这是由其内在的对应关系所决定的,由归纳法也可证明这一点。

如果采用前面的类型描述,则先序遍历森林的算法如下:

```
void preorder(Tnode * t)              //先序遍历森林
```

```
{   if(t!=NULL)
    {   visite(t);                      //访问结点
        preorder(t->firstson);          //先序遍历t的子树森林
        preorder(t->nextbrother);       //先序遍历t的兄弟森林
    }
}
```

2. 森林的后序遍历

森林 $T=(T_1,T_2,\cdots,T_m)$,如果 T 不空,则后序遍历依次执行如下操作:

① 后序遍历 T_1 的子树森林。

② 访问 T_1 的根。

③ 后序遍历森林$(T_2,T_3,\cdots,T_m)$。

图 5-39 中的森林的后序遍历序列为:

KEFGBHICJDAMNLPO

将这一序列与所对应的二叉树的中序序列相比,发现两者也相同!事实上,可以证明,对任意一个森林,其后序遍历序列与所对应的二叉树的中序序列相同。由后序遍历的描述及转换过程也可证明这一关系。也正因为如此,有些教科书中将这一遍历方法称为"中序遍历",但笔者认为不太合适,因为这是针对树和森林而不是针对二叉树进行的遍历。

假设用二叉链表表示,则后序遍历算法如下:

```
void postorder(Tnode * t)
{   if(t!=NULL)
    {   postorder(t->firstson);         //后序遍历树t的子树森林
        visite(t);                      //访问树t的根结点
        postorder(t->nextbrother);      //后序遍历t的后续兄弟森林
    }
}
```

3. 树的层次遍历

首先访问第 1 层的根结点,然后依次访问每一层的结点,同一层按从左到右的顺序依次访问结点。

例如,图 5-40 中的树,层次遍历访问结点的序列为:

ABCDEFGHIJK

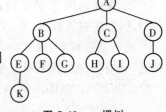

图 5-40　一棵树

5.6　哈夫曼树

在软件设计以及许多数据处理中,经常需要对数据进行压缩,以节省存储空间。压缩的基本原理是什么?有许多问题的求解方法不唯一,且各方法的求解效率有较大的差异,如何选择高效的求解方法?本节要介绍的哈夫曼树为此提供了一种基本的方法。下面先通过一个简单的例子来引入有关内容。

【**例 5.10**】 设计一个将百分成绩转换为等级制的算法,具体要求如下:

A:90~100

B:80~89

C:70～79
D:60～69
E:0～59

【解题分析】对学过程序设计课程的读者来说，这一问题较为简单，有多种求解方法。例如，图 5-41 中的几个判断的流程都能正确地求解。

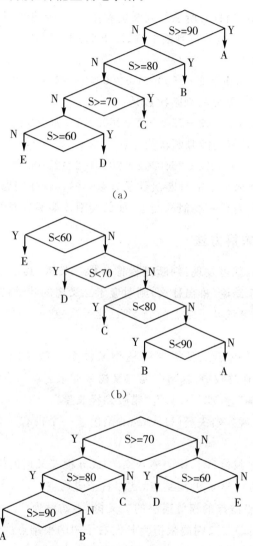

图 5-41　几种不同的判断流程

然而，不同的方法在时间性能上有很大的差异。可能有的读者对此感到不解，看不出这些算法在转换一个成绩表的时间性能上的差异。事实上，此处所谓的时间性能指的是统计意义上的，即对大批量数据处理时的时间性能。

例如，假设算法要转换 10000 个成绩，且各区间的分布如下：

90～100——5%
80～89——20%
70～79——30%
60～69——25%
0～59——20%

由这一分布可知,图 5-41(a)所示的判断流程中,每个处于 A 级的成绩只需判断一次即可;B 级的则需判断 2 次;C 级的需判断 3 次;D、E 级的需判断 4 次。因此,对 10000 个成绩来说,共需要的判断次数是:

500×1+2000×2+3000×3+2500×4+2000×4=31500 次

用图 5-41(b)来判断,需要的判断次数是:

500×4+2000×4+3000×3+2500×2+2000×1=26000 次

用图 5-41(c)来判断,需要的判断次数是:

500×3+2000×3+3000×2+2500×2+2000×2=22500 次

由此可知,不同的判断方法的判断次数是有差异的。现在问题是,如何判断才能保证时间最少? 更进一步来说,对任一类似的问题,如何判断才能最省时间?

5.6.1 问题描述及求解方法

如果注意观察一下,就可发现:判断流程像一棵二叉树,其中分支(判断)结点对应于二叉树的分支结点;而每个结论(推出什么)则对应于二叉树的叶子结点;得到一个结论所作的比较次数则是从根结点到该叶子结点的分支数(比层次数少 1);每个结论成立的次数作为叶子结点的权值。

因此,上述问题可借助于二叉树这一模型来做更一般性的描述:给定一组数值$\{w_1, w_2, \cdots, w_n\}$作为叶子结点的权值,构造一棵二叉树。如果$\sum w_i L_i$最小,则称此二叉树为**"最优二叉树"**,也称**"哈夫曼树"**,并称$\sum w_i L_i$为**"带权路径长度"**。

如何构造哈夫曼树呢? 哈夫曼(Huffman)给出了一个带有一般规律的算法,俗称**"哈夫曼算法"**。描述如下:

① 根据给定的 n 个权值$\{w_1, w_2, \cdots, w_n\}$,构成 n 棵二叉树的集合 $T=\{T_1, T_2, \cdots, T_n\}$,其中每个 T_i 只有一个带权为 w_i 的根结点,其左右子树均空。

② 从 T 中选两棵根结点的权值最小的二叉树,不妨设为 T_1、T_2 作为左右子树构成一棵新的二叉树 T_1',并且置新二叉树的根值为其左右子树的根结点的权值之和。

③ 将新二叉树 T_1' 并入到 T 中,同时从 T 中删除 T_1、T_2。

④ 重复②、③,直到 T 中只有一棵树为止。这棵树便是哈夫曼树。

【例 5.11】 以集合$\{3,4,5,6,8,10,12,18\}$为叶子结点的权值构造哈夫曼树,并计算其带权路径长度。

【解】 按构造算法,首先将这些数变成单结点的二叉树集合

T={③, ④, ⑤, ⑥, ⑧, ⑩, 12, ⑱}

然后从 T 中选出两个根值最小的二叉树{③,④}作为左右子树构造出一棵新的二叉树,根为 T,同时从 T 中去掉这两棵子树,得到结果如下:

T={⑦, ⑤, ⑥, ⑧, ⑩, ⑫, ⑱}
　③ ④

然后再重复这一操作过程,即选择最小的两个子树构造一棵新的二叉树,直到 T 中仅有一棵二叉树为止。操作过程如下:

从 T 中选择根值为 5 和 6 的两棵树构成一棵树,结果如下:

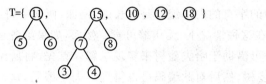

从 T 中选择根值为 7 和 8 的两棵树构成一棵树,结果如下:

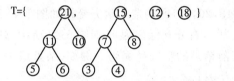

从 T 中选择根值为 10 和 11 的两棵树构成一棵树,结果如下:

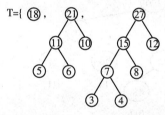

从 T 中选择根值为 12 和 15 的两棵树构成一棵树,结果如下:

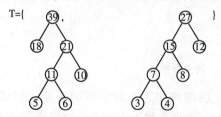

从 T 中选择根值为 18 和 21 的两棵树构成一棵树,结果如下:

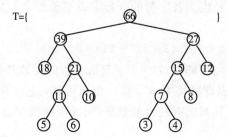

合并这两棵树构成一棵树即得到哈夫曼树,结果如下:

T={　　　　　㊽　　　　　}
　　　　　㊴　　㉗
　　　⑱　㉑　　⑮　⑫
　　　　⑪⑩　　⑦⑧
　　　　⑤⑥　　③④

带权路径长度 WPL=(3+4+5+6)×4+(8+10)×3+(12+18)×2=186

现在,对这一哈夫曼树作一个计算,将所有分支结点的值加起来,即:
$$66+39+27+21+15+11+7=186$$
这一值正好等于带权路径长度。可以证明,任意一棵哈夫曼树的带权路径长度均具有这一性质,即等于所有分支结点权值之和。根据这一性质求解 WPL 要快捷得多。

5.6.2 应用实例

下面通过一个实例来说明哈夫曼树的应用。

【例 5.12】 已知一个文件中仅有 8 个不同的字符,各字符出现的个数分别是 3、4、8、10、16、18、20、21。试重新为各字符编码,以节省存储空间。

【解】 常规情况下,一个系统中的字符的内部编码是等长的,例如,西文字符的长度是 8 位(bit),汉字的编码长度是 16 位。在这种情况下,无压缩可言。然而,如果给各字符的编码不等长,则可实现压缩。压缩的方法可借助于哈夫曼树来实现求解。首先,将所给出的各字符的个数作为权值来构造一棵哈夫曼树,然后对此编码可以得到哈夫曼编码,这些编码就可以作为各字符的新编码。具体求解如下:

① 以所给出的数据集{3,4,8,10,16,18,20,21}所构造的哈夫曼树如图 5-42 所示。

② 编码:约定每个结点的左分支标记为 0,右分支标记为 1,如图 5-42 所示,则从根结点到当前结点路径上经过的 0、1 序列即为当前结点的哈夫曼编码。例如,结点值为 10 的结点的编码为 001,结点值为 18 的结点的编码为 011。

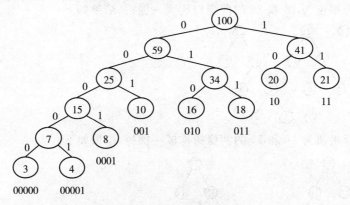

图 5-42 哈夫曼树

③ 新文件的长度:将各叶子结点所对应的编码作为对应字符的新编码可节省存储空间。其中出现个数为 3 的字符的编码为 00000,出现个数为 4 的字符的编码为 00001 等。依照这一方法来编码,可知重新编码的文件的长度为各字符的个数乘以其长度之积的和,也即为哈夫曼树的带权路径长度的值:

$$(3+4)\times5+8\times4+(10+16+18)\times3+(20+21)\times2=281$$

也就是说,在对文件中的字符按新的编码存储时,100 个字符所占用的位数共有 281 位。如果采用等长方式,则每个字符需要 3 位,因此共需要 300 位。由此可知,这一不等长编码能节省存储空间。如果字符数目较多,并且其频度有较大的差异,则其压缩程度会更明显。

小结

树结构是实际工作中常见的结构,是软件设计中常用的非线性结构,其中每个结点最多有一个前驱结点,但可能有多个后继结点。树和森林的有关概念和术语借助于现实生活中有关概念,因而便于理解。树和森林的存储有多种常用的方法,其中较为实用的方法是二叉链表(或二叉树)存储法,因而与二叉树之间存在一一对应关系。对树和森林的遍历是树结构运算的基础,根据访问结点的次序可分为先序和后序两种方法,分别对应于所对应的二叉树的先序和中序遍历,因而可借助于二叉树的遍历运算来实现。

二叉树是本章以及本书中最重要的内容之一,二叉树的 5 个性质揭示了二叉树的主要特性,满二叉树和完全二叉树是两种特殊的二叉树。二叉树可采用顺序存储和二叉链表两种存储形式,其中前者只适用于规模较小或接近于完全二叉树的二叉树。二叉树的遍历有先序、中序和后序 3 种次序,是二叉树运算的基础。

为了方便地求解前驱和后继结点,在二叉链表结点中增设了前驱和后继指针,从而得到线索二叉树。在线索二叉树中,6 个求解问题中的 4 个能方便地实现,但先序前驱和后序后继这两个问题不能求解。在线索二叉树中插入结点或子树是基本运算之一。二叉树线索化是将二叉树转换成线索二叉树的过程,线索化算法有一定的难度。

哈夫曼树是二叉树的应用之一,可用于数据压缩等问题的描述。

习题 5

5.1 画出由 4 个结点所构成的所有形态的树(假设是无序树)。

5.2 已知一棵树的度为 4,其中度为 4 的结点的数目为 3,度为 3 的结点的数目为 4,度为 2 的结点的数目为 5,度为 1 的结点的数目为 2,请求出该树中的叶子结点的数目。

5.3 如果已知一棵二叉树有 20 个叶子结点,有 10 个结点仅有左孩子,15 个结点仅有右孩子,求出该二叉树的结点数目。

5.4 已知某完全二叉树有 100 个结点,试用 3 种不同的方法求出该二叉树的叶子结点数。

5.5 如果已知完全二叉树的第 6 层有 5 个叶子,试画出所有满足这一条件的完全二叉树,并指出结点数目最多的那棵完全二叉树的叶子结点数目。

5.6 在编号的完全二叉树中,判断编号为 i 和 j 的两个结点在同一层的条件是什么?

5.7 设计算法以求解编号为 i 和 j 的两个结点的最近的公共祖先结点的编号。

5.8 分别描述满足下面条件的二叉树特征:
(1) 先序序列和中序序列相同。
(2) 先序序列和后序序列相反。

5.9 证明:由二叉树的先序序列和中序序列能唯一确定一棵二叉树,并分别由下面的两个序列构造出相应的二叉树:

① 先序:ABCDEFGHI   ② 先序:ABCDEFGHIJ
  中序:ADECFBGIH   中序:BDECAGIJHF

5.10 分别求出下图中二叉树的 3 种遍历序列。

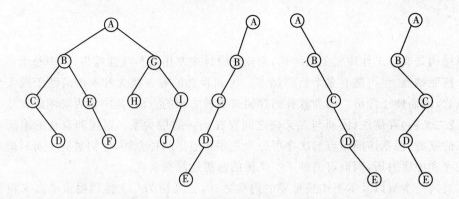

5.11 证明:由二叉树的后序序列和中序序列能唯一确定一棵二叉树,并分别由下面的两个序列构造出相应的二叉树:

① 后序:DCFEBIHGA　　② 后序:DECBGIHFA
　 中序:DCBFEAGHI　　　 中序:DCEBAFHGI

5.12 已知一棵二叉树的先序、中序和后序序列如下,其中各有一部分未给出其值,请构造出该二叉树。

先序:A_CDEF_H_J
中序:C_EDA_GFI_
后序:C_ _BHGJI_ _

5.12 证明:任意一棵非空的二叉树的先序序列的最后一个结点一定是叶子结点。

5.13 用反例证明:由二叉树的先序序列和后序序列不能唯一确定一棵二叉树。

5.14 设计算法以输出二叉树中先序序列的前 $k(k>0)$ 个结点的值。

5.15 设计算法按中序次序依次输出各结点的值及其对应的序号。例如,下图中的二叉树的输出结果是(C,1)(B,2)(E,3)(D,4)(F,5)(A,6)(H,7)(J,8)(I,9)(G,10)。

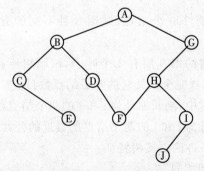

5.16 设计算法以输出每个结点到根结点之间的路径上的所有结点的值。

5.17 设计算法将一棵以二叉链表形式存储的二叉树转换为顺序存储形式存储到数组 A[n]中,并将其中没有存放结点值的数组元素设置为 NULL。

5.18 设计算法将一棵以顺序存储方式存储在数组 A 中的二叉树转换为二叉链表形式。

5.19 分别设计出先序、中序和后序遍历二叉树的非递归算法。

5.20 设计算法将值为 x 的结点作为右子树的(后序序列的)第一个结点的左孩子插入到后序线索二叉树中。

5.21 分别设计出先序、中序和后序线索化算法。

5.22 分别画出下图所示的森林的双亲表示形式、孩子链表表示形式和二叉链表表示形式。

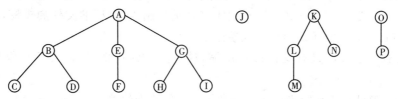

5.23 将下图中的森林转换为对应的二叉树。

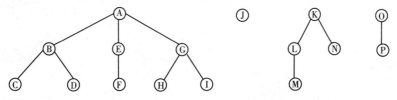

5.24 设计算法将以二叉链表形式存储的树(森林)转换为对应的双亲表示形式。

5.25 已知树(森林)的高度为 4,所对应的二叉树的先序序列为 ABCDE,请构造出所有满足这一条件的树或森林。

5.26* 设计算法将一个以孩子链表形式表示的森林转换为二叉链表形式。

5.27 将下图中的二叉树转换为对应的森林。

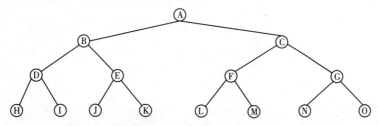

5.28 设计算法按先序次序输出森林中每个结点的值及其对应的层次数。

5.29 设计算法以求解森林的高度。

5.30 设计算法以输出森林中的所有叶子结点的值。

5.31 设计算法逐层输出森林中的所有结点的值。

5.32* 设计算法将森林中的结点以广义表的形式输出。例如,下图中的森林的输出结果为:

(A,((B,((E,(K)),F,G)),(C,(H,I)),(D,(J)))) , (L,(M,N)), (O,(P))

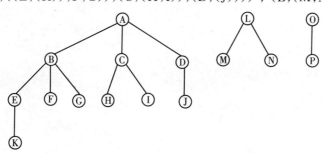

5.33 以数据集合{4,6,8,10,12,15,18,20,22}中的元素为叶子结点的权值构造一棵哈夫曼树,并计算其带权路径长度。

5.34 已知一个文件中仅有 10 个不同的字符,各字符出现的个数分别为 100、150、180、200、260、300、350、390、400、500。试对这些符号重新编码,以压缩文件的规模,并求出其压缩后的规模以及压缩比(压缩前后的规模比)。

5.35 设计一个程序以对文件进行压缩,计算其压缩比例,然后对所压缩的文件进行还原。

5.36 设计算法以产生哈夫曼树中各叶子结点的哈夫曼编码。

第6章 图

本章要讨论的"图"不是指图形、图像和数码照片,它是一种直观、简洁、优美的数学工具。它仅有两个构成要件:顶点(vertex)和边(edge),但却能描述和表达自然界和人类社会生活中许多复杂的事物和关系。例如,人类一个群体中的"同学关系"和"认识关系"、城市交通网络、电力供应网络、城市自来水管网、神经网络等,凡此种种都可以用图的形式来进行抽象表示。数据结构中用它来描述和表示多对多的复杂数据结构。目前,图已经被广泛应用到语言学、逻辑学、物理、化学、通信、计算机科学、人工智能等众多学科和领域。

图结构相比前面介绍的其他数据结构更为复杂,在线性结构中,结点之间是线性关系,一个结点最多只有一个直接前驱和一个直接后继;树型结构呈现明显的层次关系,每个结点最多只有一个双亲结点,但可以有多个孩子结点;而在图结构中,任意两个顶点之间都可能发生邻接关系,每个顶点都可能有多个直接前驱和多个直接后继。

本章首先介绍图的定义和基本概念,然后讨论图结构在计算机中的两种最常用的存储形式。遍历算法是图结构最基本的运算,遍历图的运算有深度优先搜索遍历和广度优先搜索遍历两种,有关图结构上的许多运算都可借助于这两个运算的变化来实现。不仅如此,这也是软件设计中常用的经典的运算,许多其他结构上的运算也可借助这两个运算的思想来实现。

在其后所介绍的内容是图结构的应用,也就是将图应用于某一具体问题的描述及其求解实现,通过对这些问题的背景、模型抽象、求解方法的实现等的理解,可进一步掌握图结构运用于实际问题的实现,从而为应用于实际问题奠定基础。

6.1 图的定义和基本概念

考虑到部分非计算机专业学生没有先修图论课程,本节将多用一点笔墨来讨论图的基本概念,更多的内容请阅读专门的图论书籍。

如前所述,许多问题可描述为一组对象及其相互间的关系。此处所提及的关系为二元关系,即每一组关系中涉及两个元素,例如,"A 和 B 是同学","A 认识 B"等。为便于描述,通常将这类具体领域的问题按如下方式抽象地描述为图结构。

6.1.1 图的定义

图(Graph) G 由两部分构成:顶点集合 V 和边(弧)的集合 E,记作:
G = (V, E)。

顶点(vertex) 用来表示和描述各种对象。数据结构中用顶点表示数据元素,相当于前面各章中所介绍的元素、结点等,在图中都表示为一个顶点。

例如,一个图的顶点集合 $V = \{v_1, v_2, v_3, v_4\}$。

边(edge) 是顶点集 V 中的顶点对(偶对),表示两个顶点之间的关系。边可以加方向区分,这样边就可分为无向边和有向边(弧)。

无向边,简称边,由两个顶点的无序偶构成,用"(顶点1,顶点2)"形式表示,两个顶点位置可以互换。例如,边 $e_1=(v_1,v_2)$,表示由顶点 v_1 和 v_2 构成一条边 e_1,交换顶点 v_1 和 v_2 的位置,即变为 (v_2,v_1),仍表示同一条边 e_1。

弧(arc),或有向边,由两个顶点的有序偶构成,用"<顶点1,顶点2>"形式表示,顶点位置不能互换,交换后将表示另一条弧。例如,弧 $e_2=<v_1,v_3>$,表示由顶点 v_1 和 v_3 构成一条弧 e_2。如果交互顶点 v_1 和 v_3 的位置,即变为 $<v_3,v_1>$,则表示另外一条弧。有些教材规定无向边叫边,有向边叫弧,请读者阅读时注意。其中弧表示单向关系,而边表示相互关系,用离散数学中的术语来说,则分别表示为非对称关系和对称关系。如"A 和 B 是同学"是相互关系,而"A 认识 B"则是单向关系,因为 B 不一定认识 A。

上面定义的图是一种数学工具,而不是指图像或图形,这个工具只有顶点和边两种要素,但它却有着强大的形式化表达能力,在科学和工程上有许多的实际应用,是一种"简单、直观、优美、强大"的数学工具。图的图形化表示是指用图形方式来表示图的顶点和边。就是用图形上画的一个点,再加上顶点的名称表示图中的一个顶点;用图形上画出的连接两个顶点的连线表示图中的一条边;如果是弧(有向边)就在连接顶点的线条上加箭头表示。

【例 6.1】 已知图 $G_1=(V_1,E_1)$,其中:$V_1=\{v_1,v_2,v_3,v_4,v_5\}$,$E_1=\{(v_1,v_2),(v_1,v_4),(v_2,v_3),(v_3,v_4),(v_4,v_5)\}$,画出 G_1 的图形表示。

【解】 从给出的条件可知图 G_1 有 5 个顶点,5 条边。首先画出 5 个顶点,再根据边集,在每条边关联的两个顶点之间画线条连接即可得到对应图形表示,如图 6-1 所示。

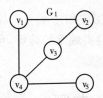 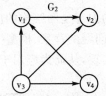

图 6-1 图 G_1 的图形化表示　　图 6-2 图 G_2 的图形化表示

【例 6.2】 已知图 $G_2=(V_2,E_2)$,其中:$V_2=\{v_1,v_2,v_3,v_4\}$,$E_2=\{<v_1,v_2>,<v_2,v_3>,<v_3,v_1>,<v_3,v_4>,<v_4,v_1>\}$,画出图 G_2 的图形表示。

【解】 由给出的条件可知 G_2 有 4 个顶点,5 条边,且每条边都是弧(有向边)。与上题一样先画出 4 个顶点,再根据边集,在每条边关联的两个顶点之间画线条连接,且给线条加上箭头表示边的方向,如图 6-2 所示。

在后面的介绍中经常会直接给出图的图形表示,以此表示一个图,而不再给出顶点集合和边的集合。

6.1.2 图的基本概念

1. 无向图和有向图

无向图:每条边都是无向边。

有向图:每条边都是弧(有向边)。

混合图:既有有向边,又有无向边。(一般不讨论)

例如,图 6-1 所示的 G_1 是一个无向图;图 6-2 所示的 G_2 是一个有向图。

2. 网络(带权图)

网(network)指边或弧上带有权值的图,也叫带权图。网可以是无向的,也可以是有向的。权值可以表示两个顶点之间的“距离”。计算机网络、通信网络、交通网络、供水网络等都可以抽象成这种网来表示。例如,图 6-3 所示的 G_3 是一个网的实例。

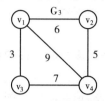

图 6-3 无向网示例

3. 子图

已知图 $G=(V,E)$,若另一个图 $G_1=(V_1,E_1)$是从图 G 中选取部分顶点和部分边(或弧)构成,即 $V_1\subseteq V$,$E_1\subseteq E$,则称 G_1 是 G 的子图。例如,图 6-4 中,G_{11}、G_{12} 和 G_{13} 是 G_1 的子图;G_{21}、G_{22} 和 G_{23} 是图 G_2 的子图。

(a) 图 G_1　(b) 图 G_{11}　(c) 图 G_{12}　(d) 图 G_{13}

(e) 图 G_2　(f) 图 G_{21}　(g) 图 G_{22}　(h) 图 G_{23}

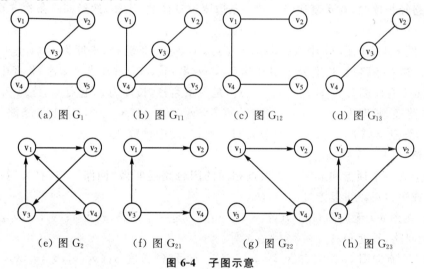

图 6-4 子图示意

4. 邻接

若两个顶点之间有边相连,则称这两个顶点邻接(相邻的)。

无向图 $G=(V,E)$,若顶点 u、w 之间有一条边 $(u, w)\in E$,则称顶点 u、w 互为邻接点。

有向图 $G=(V,E)$,若顶点 u、w 之间有一条弧 $<u, w>\in E$,则称 u 邻接 w,w 邻接自(于)u。

例如,图 6-1 无向图 G_1 中,v_1 和 v_2、v_3 和 v_2、v_5 和 v_4 等互为邻接顶点。

图 6-2 有向图 G_2 中,v_1 邻接 v_2、v_3 邻接 v_1、v_2 邻接 v_3 等。

5. 顶点的度

度是指一个顶点关联的边的数量。对有向图还可以区分入度和出度:**入度**指射入顶点的弧的数量;**出度**指从顶点射出的弧的数量。

那么,对有向图,**顶点的度=入度+出度**。

例如,图 6-1 无向图 G_1,顶点 v_1、v_2 和 v_3 度为 2,v_4 度为 3,v_5 度为 1。

在图 6-2 有向图 G_2 中,顶点 v_1 度为 3,入度 2,出度 1;v_2 度为 2,入度 1,出度 1;v_3 度为 3,入度 1,出度 2;v_4 度为 2,入度 1,出度 1。

由上面的讨论可知,度和边是相关的,由此可以推出以下结论:

无向图中:图的边数＝图的顶点度数之和／2。

有向图中:入度之和＝出度之和;

　　　　图的边数＝入度之和＝出度之和＝图的顶点度数之和／2。

6. 路径和路径长度

通俗地说就是从图中一个顶点出发,途经图中一些边和顶点能到达另外一个顶点,把途经的顶点依次排列成一个序列叫做**"路径"**(数学定义有点繁杂,不再给出)。对无向图,路径是双向可达的;对有向图,由于边的方向性,路径往往是单向可达的,可以区分出路径的**起点和终点**。

路径对图中的某些顶点或边可以多次重复走过。

一条路径上经过的边数(或弧数)称为**"路径长度"**。

计算路径长度时,对重复途经的同一条边要重复计数,比如,途经同一条边 3 次,长度就要加 3。

例如,图 6-1 无向图 G_1 中,$(v_1, v_2, v_3, v_4, v_5)$ 是一条路径,长度为 4;$(v_3, v_2, v_1, v_4, v_1, v_2, v_1)$ 是一条路径,长度为 6,其中边 (v_1, v_2) 和 (v_2, v_3) 重复走过 2 次,长度中计数 4。

在图 6-2 有向图 G_2 中,(v_1, v_2, v_3, v_4) 是一条路径,长度为 3,起点 v_1,终点 v_4;(v_3, v_4, v_1) 是一条路径,长度为 2,起点 v_3,终点 v_1;$(v_3, v_1, v_2, v_3, v_4, v_1, v_2)$ 是一条路径,长度为 6,起点 v_3,终点 v_2,边 $<v_1,v_2>$ 重复走过 2 次,长度中计数 2。

7. 回路

路径上第一个顶点和最后一个顶点相同的闭合路径叫做"回路",或叫"环"(loop)。回路中顶点或边也可以重复走过。

例如,在图 6-1 无向图 G_1 中,(v_1,v_2,v_3,v_4,v_1) 是一个回路,长度 4;$(v_1,v_2,v_3,v_4,v_5,v_4,v_1)$ 是一个回路,长度 6。

在图 6-2 有向图 G_2 中,(v_1,v_2,v_3,v_1) 是一个回路,长度 3;(v_2,v_3,v_4,v_1,v_2) 是一个回路,长度 4。

8. 简单路径

路径中途径的顶点不重复叫**"简单路径"**。

例如,在图 6-1 无向图 G_1 中,$(v_1, v_2, v_3, v_4, v_5)$、$(v_1, v_4, v_3, v_2)$ 等都是简单路径。

在图 6-2 有向图 G_2 中,(v_1, v_2, v_3, v_4)、(v_3, v_4, v_1, v_2) 等都是简单路径。

9. 简单回路

除了第一个顶点和最后一个顶点外,中间途经顶点不重复的闭合路径叫**"简单回路"**,或叫**"简单环"**。

例如,在图 6-1 无向图 G_1 中,$(v_1, v_2, v_3, v_4, v_1)$ 是一条简单回路。

在图 6-2 有向图 G_2 中,(v_1, v_2, v_3, v_1)、$(v_1, v_2, v_3, v_4, v_1)$ 等都是简单回路。

10. 连通图

在图 G 中,如果从顶点 u 到顶点 w 有路径,则称"u 和 w 是连通的"。在无向图 G 中,如果任意两个顶点之间都有路径,或是连通的,则称"图 G 是连通图"。

例如,图 6-1 所示图 G_1 是一个连通图。

11. 连通分量

连通分量(connected component):无向图中分割出来的极大连通子图。非连通图可视为由若干连通分量(连通子图)组成。

例如,图 6-5 图 G 是一个非连通图,由 3 个连通分量(连通子图)构成,每个连通分量都是一个连通图。

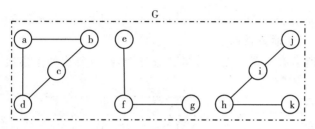

图 6-5 非连通图示例

【例 6.3】 求图 6-6(a)所示图 G 的连通子图。

【解】 这个图的顶点虽然画在一起,但细看就会发现它是一个非连通图,首先从中分割出一个极大连通分量 G_1,再在剩下部分中分割出第二个极大连通分量 G_2,最后剩下的单个顶点为一个连通分量 G_3。所以非连通图 G 由 3 个连通分量 G_1、G_2 和 G_3 组成,如图 6-6(b)、6-6(c)、6-6(d)所示。

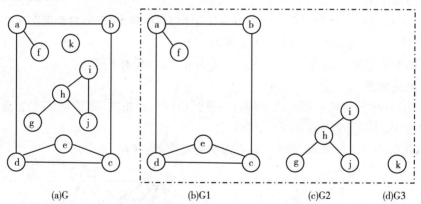

图 6-6 非连通图分割连通分量示例

12. 强连通图

强连通图(enhance-connected graph):在有向图 G 中,若任意两个顶点之间都有路径,或连通的,则称 G 为强连通图。或者说,若有向图中任意两个顶点间可以互相到达,则称为强连通图。

例如,图 6-7 中图 G_1 和 G_2 都是强连通图。

n 个顶点的强连通图,至少要有 n 条弧。

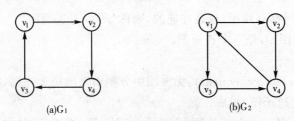

图 6-7 强连通图实例

13. 强连通分量

强连通分量(enhance-connected component):有向图中分割出来的极大连通子图。非强连通有向图由若干强连通分量构成。

例如,图 6-8(a)所示有向图 G 是一个非强连通图,可分割出两个连通分量,如图 6-8(b)和图 6-8(c)。

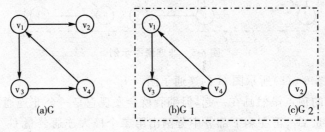

图 6-8 非强连通图分割连通分量实例

14. 无向完全图

若无向图 G 中任意两个顶点之间都有一条边相连,称其为"**无向完全图**"。

n 个顶点的无向完全图有 $n(n-1)/2$ 条边。

例如,图 6-9(a)所示图 G_1 为 4 个顶点的无向完全图,共有 6 条边。

15. 有向完全图

若有向图 G 中任意两个顶点之间都有一条弧(有向边)相连,称其为"**有向完全图**"。

n 个顶点的有向完全图有 $n(n-1)$ 条弧。

例如,图 6-9(b)所示图 G_2 为 4 个顶点的有向完全图,共有 12 条弧。

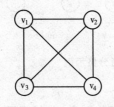
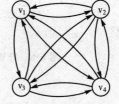

(a)4 个顶点的无向完全图　　(b)4 个顶点的有向完全图

图 6-9 完全图实例

16. (无向)树

若无向图连通并且无回路,则称为"(无向)树"。树还有如下几种等价的描述:

① 连通的无环图。

② 有 $n-1$ 条边的连通图。

③ 有最少边的连通图。

例如，图 6-10(a)为一棵(无向)树。

17. 有向树

有向树指仅有一个顶点入度为 0，其余顶点入度均为 1 的有向图。其中入度为 0 的顶点称为其(有向)根。

例如，图 6-10(b)为一棵有向树。

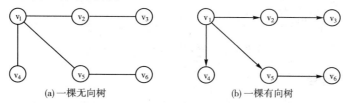

(a) 一棵无向树　　　　　　　(b) 一棵有向树

图 6-10　无向树和有向树实例

有的读者可能会想，在第 5 章中已经介绍了树，这里怎么又出现了树呢？这里是从图论的角度给树下定义，这个定义和第 5 章树的定义表述方式不同。从图的角度看树只是一种特殊的图，因为树的特殊性且在计算机领域有诸多重要应用，所以我们专门用很大篇幅专门讨论了树结构。

18. 连通图的生成树

生成树（spanning tree）：一个有 n 个顶点的连通图(或强连通图)，其生成树是它的一个极小的连通子图，它含有图中的全部顶点，但只有足以构成一棵树的 $n-1$ 条边。

如果在一棵生成树上添加一条边，必定构成一个环，因为这条添加的边使得它依附的那两个顶点之间有了 2 条路径。

一棵有 n 个顶点的生成树，有且仅有 $n-1$ 条边。如果一个图有 n 个顶点和小于 $n-1$ 条边，则它一定是非连通图。如果它多于 $n-1$ 条边，则一定有环。但是，有 $n-1$ 条边的图，不一定是生成树。

生成树是图论中一个重要的概念，在后续图的遍历算法和最小生成树等内容中都会涉及生成树的问题。

例如，图 6-11(b)是图 6-11(a)的一棵生成树。一个连通图往往可以产生多棵不同形态的生成树。

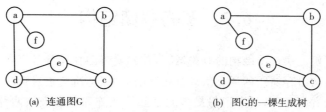

(a) 连通图G　　　　　　　(b) 图G的一棵生成树

图 6-11　连通图的生成树示例

19. 非连通的生成森林

生成森林（spanning forest）：一个非连通图的生成森林由若干棵互不相交的树组成，含有图中的全部顶点，但是只有足以构成若干棵不相交的树的边(弧)。

例如，图 6-12(b)是图 6-12(a)的生成森林，有 2 棵树构成。通常生成森林时可有多种生成方法，生成森林的形态也会不同。

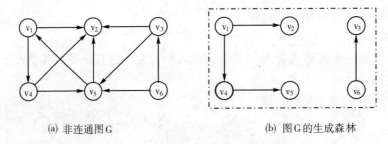

(a) 非连通图 G　　　　　　　(b) 图 G 的生成森林

图 6-12　非连通图的生成森林实例

6.1.3　图的顶点编号

图的各种算法在引用图的顶点时一般都用顶点的编号(序号)来代表顶点,而不是直接用顶点的元素值来区分。所谓**"顶点编号"**就是对图中顶点从 1 开始进行顺序编号,每个顶点对应一个序号。如图 6-13 所示,顶点 a 的编号为 3,b 为 1,另一个 b 为 4,c 为 2 等。6 个顶点,编号从 1 到 6。因为图中所有顶点地位是平等的,如无特殊要求可以按任意次序编号。这样做的原因可能有以下几点:首先,顶点元素值在不同问题中数据类型会不同,用编号代表顶点容易实现算法的通用性。其次,顶点的元素值可能会重复,比如图 6-13 中元素 b 就是重复的,使用编号可以解决重复问题。

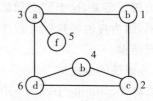

图 6-13　图的顶点编号示意图

再次,图的很多算法中都会用到数组来保存顶点的相关信息,使用编号可以直接对应到数组的下标,一是可以随机访问,二是某些情况下还可以用来降低数组的维数,因为数组下标就可以代表顶点。假设有一个边数组 E[ ],用邻接点来描述,存储图 6-13 中边,如果直接存储顶点值,比如边(a,b),则数组元素就要 2 个分量。然而,用编号来存储用整型的一维数组就可以了,比如,边(a,b)可表示为 E[2]=1,边(b,c)可表示为 E[0]=2,类似地,(c,b)为 E[1]=4,(b,d)为 E[3]=6,(d,a)为 E[5]=3 等。

有了编号后顶点元素可按编号顺序存储到一维数组中,需要用到元素值时,用编号获取即可。

6.2　图的存储结构

为了能在计算机上实现图结构的有关运算,首先要将图存储到计算机中。为此,要选择一种合适的存储结构以存储图的顶点信息及相互的关系(即所有边或弧)。

图的存储结构有好几种,其中用得最多的是邻接矩阵和邻接表这两种形式。下面讨论这两种结构。

6.2.1　邻接矩阵表示

邻接矩阵是表示图中顶点之间邻接关系的矩阵,即表示各顶点之间是否有边(弧)关系的矩阵。对有 n 个顶点的图来说,用 $n \times n$ 阶的邻接矩阵 A 表示,其中矩阵元素 A_{ij} 表示顶点 v_i 到 v_j 之间是否有边或弧。

第 6 章 图

1. 图的邻接矩阵表示

这里的图指无向图或有向图,不含网(带权图)。在矩阵 A 中,若顶点 v_i 到 v_j 之间有边或弧连接,则 $A_{ij}=1$;否则 $A_{ij}=0$。即:

$$A_{ij} = \begin{cases} 1 & (v_i, v_j) \in E \text{ 或 } <v_i, v_j> \in E \\ 0 & \text{其他} \end{cases}$$

图 6-1 G_1 的邻接矩阵如图 6-14(a)所示,图 6-2 G_2 的邻接矩阵如图 6-14(b)所示。

$$\begin{array}{c} v_1\,v_2\,v_3\,v_4\,v_5 \\ \begin{array}{c}v_1\\v_2\\v_3\\v_4\\v_5\end{array}\begin{bmatrix} 0&1&0&1&0 \\ 1&0&1&0&0 \\ 0&1&0&1&0 \\ 1&0&1&0&1 \\ 0&0&0&1&0 \end{bmatrix} \end{array} \qquad \begin{array}{c} v_1\,v_2\,v_3\,v_4 \\ \begin{array}{c}v_1\\v_2\\v_3\\v_4\end{array}\begin{bmatrix} 0&1&0&0 \\ 0&0&1&0 \\ 1&0&0&1 \\ 1&0&0&0 \end{bmatrix} \end{array}$$

(a) 图 G_1 的邻接矩阵　　　　　(b) 图 G_2 的邻接矩阵

图 6-14　图的邻接矩阵实例

从邻接矩阵可以得出如下一些结论:

① 无向图的邻接矩阵是对称的;第 i 行或 i 列"1"的个数就是顶点 v_i 的度;图的边数=矩阵中"1"的个数/2。

② 有向图因为边的方向性,邻接矩阵不一定对称;第 i 行"1"的个数是顶点 v_i 的出度,第 i 列"1"的个数是顶点 v_i 的入度;图的边数="1"的个数。

2. 网的邻接矩阵表示

网中每个边上都带有权值,邻接矩阵简单地用"1"和"0"来表示就不能描述权值。所以要对图的邻接矩阵进行改造。因为网的每个边都有权值,就用这个权值作为邻接矩阵的元素;如果两个顶点之间没有边或弧,用无穷大来代替(也可以用 0 来代替,视具体使用情况而定)。设顶点 v_i 和 v_j 之间有边(弧),权值为 w_{ij},则邻接矩阵元素 A_{ij} 为:

$$A_{ij} = \begin{cases} w_{ij} & (v_i, v_j) \in E \text{ 或 } <v_i, v_j> \in E \\ \infty & \text{其他} \end{cases}$$

图 6-3 所示网 G3 的邻接矩阵如图 6-15 所示。

网的邻接矩阵与图的邻接矩阵有类似的特性。无向网的邻接矩阵是对称的;从中数出有效元素个数(非 ∞),再除 2 即网的边数。有向网的邻接矩阵不一定对称;输出有效元素个数(非 ∞)即网的边数。

$$\begin{array}{c} v_1\,v_2\,v_3\,v_4 \\ \begin{array}{c}v_1\\v_2\\v_3\\v_4\end{array}\begin{bmatrix} \infty&6&3&9 \\ 6&\infty&\infty&5 \\ 3&\infty&\infty&7 \\ 9&5&7&\infty \end{bmatrix} \end{array}$$

在实际实现时"∞"可以用计算机能接受的一个很大数　**图 6-15　网的邻接矩阵实例图**
来表示,只要能区分出有效的权值即可。

3. 邻接矩阵存储结构描述

【邻接矩阵存储结构描述】

```
#define INF 65535        //定义无穷大,也可以是其他很大的数字
#define MaxVerNum 1000   //定义最大顶点个数,可根据需要定义最大顶点数
typedef char elementType; //定义图中顶点的数据类型,这里不妨设为 char 类型
typedef int cellType;     //定义邻接矩阵中元素的数据类型,这里不妨设为 int 型
                          //对无权图,1—相邻(有边),0—不相邻(无边)
                          //对有权图,为边的权值,无边为无穷大
```

```
typedef enum{UDG, UDN, DG, DN} GraphKind;
                              //枚举图的类型:无向图,无向网,有向图,有向网
//************************//
//*   定义邻接矩阵表示的图结构,5个分量组成:    *//
//*   data[]数组存储图中顶点数据元素           *//
//*   AdjMatrix[][]邻接矩阵                   *//
//*   VerNum 图中顶点个数                     *//
//*   ArcNum 图中边(弧)条数                   *//
//*   gKind 枚举图的类型                      *//
//*   考虑到名称的统一性,图类型名称定义为 Graph *//
//************************//
typedef struct GraphAdjMatrix
{
    elementType Data[MaxVerNum];           //顶点数组,存放顶点元素的值
    cellType AdjMatrix[MaxVerNum][MaxVerNum];  //邻接矩阵,元素类型为 cellType
    int VerNum;                            //顶点数
    int ArcNum;                            //弧(边)数
    GraphKind gKind;     //图的类型:0—无向图;1—无向网;2—有向图;3—有向网
                         //此项用以区分图的类型,为可选分量,可以取消
                         //此项也可以直接定义为整型,而不用枚举定义
} Graph;                 //图的类型名
```

图的邻接矩阵表示的优点:非常直观,并且容易实现,编写算法也较简便,因而应用较广;根据矩阵元素 $A_{ij}=1$ 或 0,便于判定两个顶点之间是否有边(弧)相连;计算顶点的度数,或有向图的入度、出度方便;计算图的边数算法简单等。

图的邻接矩阵表示的缺点:邻接矩阵事实上是一种顺序存储结构,具有顺序结构共有的缺点,例如,只能按最大空间需求申请内存空间、插入和删除顶点复杂等;空间复杂度高,n 个顶点的图,存储邻接矩阵需要 n^2 个单元,如果一个图的顶点数较多,但边(弧)数较少的话,邻接矩阵一样需要 n^2 个存储单元,浪费存储空间;统计图的边数算法虽然简单,用双重循环统计"1"的个数即可,但其时间复杂度为 $O(n^2)$。

因此,需要讨论另外的存储形式,下面的邻接表就是一种解决方法。

6.2.2 邻接表表示

邻接表是图的一种链式存储结构,其基本思想是这样的:给图中每个顶点 v_i,建立一个链表,链表中的结点保存 v_i 的邻接点,假设 v_i 到 v_j 有一条边(弧),那么就把 v_j 作为结点加入到链表中,这个链表描述了顶点 v_i 关联的边的信息,称为"边链表";除了要描述每个顶点关联边的信息,还要描述整个图的顶点信息,可以用另一个表来存储图中所有顶点,但光存储顶点信息还不够,还需要把这个顶点与对应的边链表关联起来,不妨把这个表叫做"顶点表"。下面详细讨论边链表和顶点表的构成。

1. 边链表

边链表存储顶点表中某个顶点关联边的信息,链表中结点可有 3 个域或 2 个域构成,为了通用性用 3 个域的结点结构表示,如图 6-16 所示。

图 6-16 边链表结点结构

结点结构由两个数据域和一个指针域组成：

adjVer 域：存放邻接点信息，既可以直接存放邻接顶点的元素，也可以存放邻接点在顶点表中的编号。本书后面的邻接表存储结构描述，存储的就是邻接点在顶点表中的编号。

eInfo 域：这个域为可选项，对无向图和有向图这个域可以不要。但对网就必须要这个域，可以用来保存边的权值。

next 域：指向链表中下一个结点，对图来说即指向下一个邻接点，或下一条边。一个顶点关联边的次序没有规定，所以一条边链表中结点的位置是可以交换的。

2. 顶点表

顶点表存储图中所有顶点信息，既可以用顺序表（数组）存储，也可以用链表存储，为了方便找到当前顶点对应的边链表，在每个顶点上附件一个指针，指向对应的边链表，即对应边链表的头指针。这样由顶点元素和边链表头指针构成顶点表的结点结构，构成如图 6-17 所示。

图 6-17 顶点表结点结构

本书后面的描述中，顶点表采用数组（顺序表）实现。

下面举几个例子来说明邻接表的构成，以加深理解。

图 6-18(b)是图 6-18(a)所示无向图 G_1 的邻接表表示。在构建邻接表时，一般先安排好顶点的次序；然后依次给顶点编号，如图 6-18(a)所示，顶点编号用加圆圈的数字表示，下同；然后按编号次序将顶点存储到顶点表，如图 6-18(b)所示；本题边链表结点没有 eInfo 域，只有一个邻接点信息域，存放的是顶点的编号。

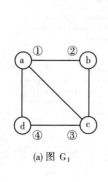

(a) 图 G_1

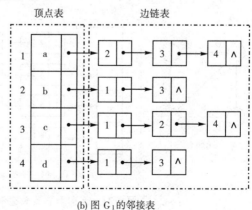

(b) 图 G_1 的邻接表

图 6-18 无向图邻接表实例

图 6-19 是一个有向图邻接链表的实例,边链表描述顶点关联的射出边信息。图 G_2 与图 6-18 中的图 G_1 顶点数相同,边数也相同,但有向图边链表的结点数只有无向图的一半。

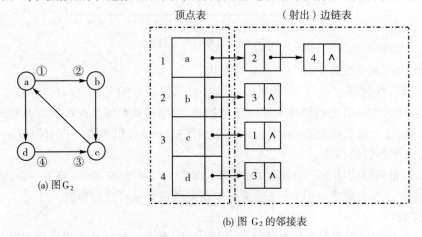

图 6-19　有向图邻接表实例

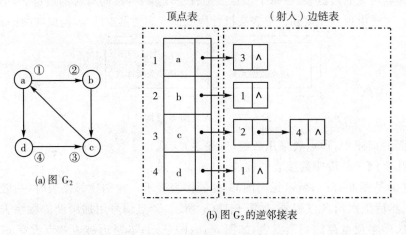

图 6-20　有向图逆邻接表实例

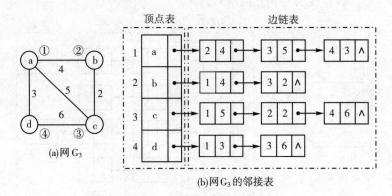

图 6-21　无向网邻接表实例

在有向图的邻接表中,边链表描述的是一个顶点的射出边信息,如果把边链表改造为描述每个顶点射入边信息,那么这样的邻接表就叫做"逆邻接表"。

图 6-20 中图 G2 的逆邻接表如图 6-20(b)所示。

有向图的邻接表和逆邻接表对算法求解的实现方面有差异。例如,如果要求一个顶点的出度,则在邻接表中和逆邻接表中的求解就有明显的不同:在邻接表中求出该顶点的邻接表的长度(结点个数)即可,而在逆邻接表中,需要搜索整个图的邻接表的各结点,因而其时间花费显然要多。反之,逆邻接表求顶点入度很方便,但求顶点的出度就比较麻烦。

图 6-21 所示为无向网 G3 的邻接表表示,这个实例中边链表结点就有 3 个域组成,其中 eInfo 域处于结点中间位置,存储边的权值。

接下来讨论邻接表的存储描述。这个结构相对复杂,但只要充分理解了上面几个实例,也不难想象出这个结构描述的核心内容。首先,需要一个结构体来描述边链表的结点结构,这个结构体应由 3 个分量构成,对应前面讨论的结点的 3 个域:adjVer、eInfo 和 next。且 eInfo 域对图可以省略,在网中才是必需的。其次,需要一个结构体来描述顶点表中结点的结构,这个结构应由 2 个分量构成,对应前面讨论的结点的两个域:data 和 firstEdge。最后需要一个结构体来描述图或网的整体结构。另外加上一些辅助内容就可以给出邻接表结构描述了,描述如下:

【邻接表结构描述】

```
#define INF 65535                //定义无穷大
#define MaxVerNum  1000          //定义最大顶点个数

typedef char elementType;        //定义图中顶点的数据类型
typedef int eInfoType;           //定义 eInfo 的数据类型,即权值的数据类型
typedef enum{UDG, UDN, DG, DN} GraphKind;  //枚举图的类型:无向图,无向网,有向图,有向网
//————————————————————以上为辅助信息
typedef struct eNode             //定义边链表的结点结构
{
    int adjVer;                  //邻接顶点信息,此处为顶点编号,从 1 开始
    eInfoType eInfo;             //边链表中表示边的相关信息,比如表的权值
    struct eNode * next;         //指向边链表中的下一个结点
}EdgeNode;                       //边链表结点类型

typedef struct vNode             //定义顶点表的结点结构
{
    elementType data;            //存放图中顶点的数据值
    EdgeNode * firstEdge;        //指向此顶点关联的第一条边的指针,即边链表的头指针
                                 //注意:fristEdge 指针与边链表结点中的 next 指针类型相同
} VerNode;                       //顶点表结点类型

typedef struct GraphAdjLinkList  //定义图的整体结构
{
    VerNode VerList[MaxVerNum];  //顶点表,此为数组(顺序表),存放顶点信息
                                 //数组的元素为 VerNode 结构类型
    int VerNum;                  //顶点数
```

```
    int ArcNum;                    //弧(边)数
    GraphKind gKind;               //图的类型:0—无向图;1—无向网;2—有向图;3—有向网
                                   //此项用以区分图的类型,为可选分量,可以取消
                                   //此项也可以直接定义为整型,而不用枚举定义
} Graph;    //图的类型名
```

从邻接表可以得出如下一些结论:通过邻接表可以求出图的边数,对无向图和网计数所有边链表的结点数之和,除以2即是边数;对有向图和网通过邻接表或逆邻接表计数边链表结点之和即是边数。通过有向图的邻接表很容易求一个顶点的出度,计数对应边链表的结点个数即可;但求入度相对复杂;利用逆邻接表很容易求一个顶点的入度,但求出度相对复杂。

邻接表的优点:如果顶点表也采用链式结构存储,那么邻接表就可以动态申请内存,插入和删除顶点方便;便于求图的边数;对于顶点很多、边很少的稀疏图空间效率较高,一个 n 个顶点,e 条边的图(网),如果是无向图(网),需要 n 个顶点表结点和 $2e$ 个边链表结点,如果为有向图(网),需要 n 个顶点表结点和 e 个边链表结点。

邻接表的缺点:判断两个顶点之间是否有边(弧)相对复杂,比如,判断 v_i 和 v_j 之间是否有边,需要先在顶点表中找到 v_i 结点,根据其 firstEdge 指针找到对应的边链表,然后搜索 v_j 是否在此边链表上,在则有边(弧),不在则没有边(弧);对有向图(网),邻接表求入度方便,但求出度麻烦,逆邻接表求入度方便,求出度麻烦。

6.2.3 图的创建和销毁

后面的内容中将介绍图的遍历等一系列算法和应用,如果要实现并体验这些算法,第一步就必须要学会创建图,如果不会创建图,其他算法的学习都只能停留在理论上。

图通常有较多顶点,如果是网的话还涉及边的权值。如果用键盘交互式创建图,键盘输入繁琐,且极容易出错,浪费大量宝贵时间。如果图采用链式存储结构,创建图中途出错退出,还会造成内存泄漏。

这里介绍一种从文本文件读入图的数据创建图的方法,这样可以按照指定的格式,先准备好数据,然后由程序自动读入数据来创建图。

1. 数据文件格式设计

这里数据用文本文件保存,文件扩展名可自行指定,比如 g8.grp,只要数据按文本文件格式读写即可。下面给出一种数据文件格式,其实读者可以自行设计图的数据文件格式。

① 标识行 1:Graph。标识这是一个图的数据文件,这一行也可以不要。

② 标识行 2:UDG、UDN、DG 或 DN。这一行用来标识此图是无向图(UDG)、无向网(UDN)、有向图(DG)、还是有向网(DN)。

③ 顶点行。这一行将图中所有顶点列出,顶点之间用空格进行分割。这些顶点数据读出后存放到图的顶点数组中。

例如,图 6-21(a)所示的图的顶点行数据为:a b c d。

图的各种算法都是用顶点的编号来引用顶点的,所以这一行顶点的排列顺序是很重要的,顶点的排列顺序决定了顶点的编号。比如,上例中顶点 a、b、c、d 对应的编号就为 1、2、3、4。

④ 边数据行。一条边一行,边的 2 个顶点之间用空格分割。如果是网,每一行再加边的权值,也以空格分割。如果是无向图和无向网,每条边会重复一次。

例如,图 6-18(a)无向图的边的数据为:
a b
a c
a d
b a
b c
c a
c b
c d
d a
d c

图 6-21(a)无向网边的数据为:
a b 4
a c 5
a d 3
b a 4
b c 2
c a 5
c b 2
c d 6
d a 3
d c 6

⑤ 其他行。如果程序强大一点,还可以在文件中加注释行,允许出现空行等,当然这不是必须的。

举一个完整的图的数据文件的例子,对图 6-18(a)的无向图,完整的数据文件如下:
//文件可以加注释行,注释以"//"开始
//Graph 为图标志,否则判定格式不对
//标志行后,第一行为图的类型。UDG—无向图;UDN—无向网;DG—有向图;DN—有向网
//标志行后,第二行为顶点元素
//顶点行以下图的边或弧,用顶点表示,第一列为起始顶点;第二列为邻接点;在网中再增加一列表示权值
//本图具有 4 个顶点 5 条边

//下一行为图的标识行
Graph
//图的类型标识,此为无向图
UDG
//顶点元素数据
a b c d
//以下为边的数据,共 10 行数据,表示 5 条边
a b

```
a c
a d
b a
b c
c a
c b
c d
d a
d c
```

文件名不妨叫做 Gudg4.grp。

再举一个有向网的例子,对图 6-22 所示的有向网,完整的数据文件如下:

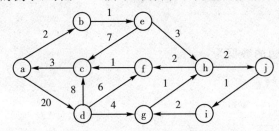

图 6-22 一个有向网实例

```
//标识为图数据
Graph
//标识有向网
DN
//顶点数据
a b c d e f g h i j
//以下为边数据,共 15 条边
a b 2
a d 20
b e 1
c a 3
d c 8
d f 6
d g 4
e c 7
e h 3
f c 1
g h 1
h f 2
h j 2
i g 2
j i 1
```

不妨设文件名为 Gdn10.grp。

2. 从数据文件创建邻接矩阵表示的图

指定图的数据文件名,然后逐行读出数据并处理,自动创建邻接矩阵表示的图。本程序可以自动处理注释行和空行,程序实现如下:

```
//************文件创建图****************//
//* 函数功能:从文本文件创建邻接矩阵表示的图        *//
//* 入口参数   char fileName[],文件名              *//
//* 出口参数:Graph &G,即创建的图                   *//
//* 返 回 值:bool,true 创建成功;false 创建失败     *//
//* 函 数 名:CreateGraphFromFile(char fileName[], Graph &G)  *//
//****************************************//
int CreateGraphFromFile(char fileName[], Graph &G)
{
    FILE *pFile;                    //定义文件指针
    char str[1000];                 //存放读出一行文本的字符串
    char strTemp[10];               //判断是否注释行
    cellType eWeight;               //边的信息,常为边的权值
    GraphKind graphType;            //图类型枚举变量
    pFile=fopen(fileName,"r");
    if(!pFile)
    {
        printf("错误:文件 %s 打开失败。\n",fileName);
        return false;
    }
    while(fgets(str,1000,pFile)!=NULL)
    {
        strLTrim(str);              //删除字符串左边空格,这是一个自定义的函数
        if (str[0]=='\n')           //空行,继续读取下一行
            continue;
        strncpy(strTemp,str,2);
        if(strcmp (strTemp,"//")!=NULL) //跳过注释行
            continue;
        else                        //非注释行、非空行,跳出循环
            break;
    }
    //循环结束,str 中应该已经是图的标识 Graph,判断标识是否正确
    if(strcmp(str,"Graph")==NULL)
    {
        printf("错误:打开的文件格式错误!\n");
        fclose(pFile);              //关闭文件
        return false;
    }
    //读取图的类型,跳过空行
```

```
while(fgets(str,1000,pFile)!=NULL)
{
    strLTrim(str);                    //删除字符串左边空格,这是一个自定义函数
    if (str[0]=='\n')                 //空行,继续读取下一行
        continue;
    strncpy(strTemp,str,2);
    if(strcmp (strTemp,"//")!=NULL)   //注释行,跳过,继续读取下一行
        continue;
    else                              //非空行,也非注释行,即图的类型标识
        break;
}
//设置图的类型
if(strcmp (str,"UDG"))
    graphType=UDG;                    //无向图
else if(strcmp (str,"UDN"))
    graphType=UDN;                    //无向网
else if(strcmp (str,"DG"))
    graphType=DG;                     //有向图
else if(strcmp (str,"DN"))
    graphType=DN;                     //有向网
else
{
    printf("错误:读取图的类型标记失败!\n");
    fclose(pFile);                    //关闭文件
    return false;
}
//读取顶点行数据到 str,跳过空行
while(fgets(str,1000,pFile)!=NULL)
{
    strLTrim(str);                    //删除字符串左边空格,这是一个自定义函数
    if (str[0]=='\n')                 //空行,继续读取下一行
        continue;
    strncpy(strTemp,str,2);
    if(strcmp (strTemp,"//")!=NULL)   //注释行,跳过,继续读取下一行
        continue;
    else                              //非空行,也非注释行,即图的顶点元素行
        break;
}

//顶点数据放入图的顶点数组
char * token=strtok(str," ");
int nNum=0;
while(token!=NULL)
```

```
{
    G.Data[nNum]= * token;
    token = strtok( NULL," ");
    nNum++;
}
//图的邻接矩阵初始化
int nRow=0;                              //矩阵行下标
int nCol=0;                              //矩阵列下标
if(graphType==UDG || graphType==DG)
{
    for(nRow=0;nRow<nNum;nRow++)
        for(nCol=0;nCol<nNum;nCol++)
            G.AdjMatrix[nRow][nCol]=0;
}
else
{
    for(nRow=0;nRow<nNum;nRow++)
        for(nCol=0;nCol<nNum;nCol++)
            G.AdjMatrix[nRow][nCol]=INF;     //INF 表示无穷大
}
//循环读取边的数据到邻接矩阵
int edgeNum=0;                           //边的数量
elementType Nf, Ns;                      //边或弧的2个相邻顶点
while(fgets(str,1000,pFile)!=NULL)
{
    strLTrim(str);                       //删除字符串左边空格,这是一个自定义函数
    if (str[0]=='\n')                    //空行,继续读取下一行
        continue;
    strncpy(strTemp,str,2);
    if(strcmp (strTemp,"//")!=NULL)      //注释行,跳过,继续读取下一行
        continue;
    char * token=strtok(str," ");        //以空格为分隔符,分割一行数据,写入邻接矩阵
    if(token==NULL)                      //分割为空串,失败退出
    {
        printf("错误:读取图的边数据失败!\n");
        fclose(pFile);                   //关闭文件
        return false;
    }
    Nf= * token;                         //获取边的第一个顶点
    token = strtok( NULL," ");           //读取下一个子串,即第二个顶点
    if(token==NULL)                      //分割为空串,失败退出
    {
        printf("错误:读取图的边数据失败!\n");
```

```
        fclose(pFile);                          //关闭文件
        return false;
    }
    Ns=*token;                                  //获取边的第二个顶点
    //从第一个顶点获取行号
    for(nRow=0;nRow<nNum;nRow++)
    {
        if(G.Data[nRow]==Nf)                    //从顶点列表找到第一个顶点的编号
            break;
    }
    //从第二个顶点获取列号
    for(nCol=0;nCol<nNum;nCol++)
    {
        if(G.Data[nCol]==Ns)                    //从顶点列表找到第二个顶点的编号
            break;
    }
    //如果为网,读取权值
    if(graphType==UDN || graphType==DN)
    {   //读取下一个子串,即边的附加信息,常为边的权重
        token = strtok( NULL," ");
        if(token==NULL)                         //分割为空串,失败退出
        {
            printf("错误:读取图的边数据失败!\n");
            fclose(pFile);                      //关闭文件
            return false;
        }
        eWeight=atoi(token);                    //取得边的附加信息
    }

    if(graphType==UDN || graphType==DN)  //如果为网,邻接矩阵中对应的边设置权值,否则置为1
        G.AdjMatrix[nRow][nCol]=eWeight;
    else
        G.AdjMatrix[nRow][nCol]=1;
    edgeNum++;                                  //边数加1
}
G.VerNum=nNum;                                  //图的顶点数
if(graphType==UDG || graphType==UDN)
    G.ArcNum=edgeNum / 2;                       //无向图或网的边数等于统计的数字除2
else
    G.ArcNum=edgeNum;
G.gKind=graphType;                              //图的类型
fclose(pFile);                                  //关闭文件
return true;
}
```

3. 从数据文件创建邻接表表示的图

程序实现如下：

```
//***********文件创建图*****************//
//* 函数功能:从文本文件创建邻接表表示的图              *//
//* 入口参数  char fileName[],文件名                *//
//* 出口参数:Graph &G,即创建的图                    *//
//* 返 回 值:bool,true 创建成功;false 创建失败       *//
//* 函 数 名:CreateGraphFromFile(char fileName[], Graph &G)  *//
//* 备注:本函数使用的数据文件格式以边(顶点对)为基本数据     *//
//*************************************//
int CreateGraphFromFile(char fileName[], Graph &G)
{
    FILE *pFile;                          //定义文件指针
    char str[1000];                       //存放读出一行文本的字符串
    char strTemp[10];                     //判断是否注释行
    char *ss;
    int i=0, j=0;
    int edgeNum=0;                        //边的数量
    eInfoType eWeight;                    //边的信息,常为边的权值
    GraphKind graphType;                  //图类型枚举变量
    pFile=fopen(fileName,"r");
    if(! pFile)
    {
        printf("错误:文件%s 打开失败。\n",fileName);
        return false;
    }
    while(fgets(str,1000,pFile)! =NULL)    //跳过空行和注释行
    {
        strLTrim(str);                     //删除字符串左边空格,这是一个自定义函数
        if (str[0]=='\n')                  //空行,继续读取下一行
            continue;
        strncpy(strTemp,str,2);
        if(strcmp (strTemp,"//")!=NULL)    //跳过注释行
            continue;
        else                               //非注释行、非空行,跳出循环
            break;
    }
    //循环结束,str 中应该已经是图的标识 Graph,判断标识是否正确
    if(strcmp (str,"Graph")==NULL)
    {
        printf("错误:打开的文件格式错误!\n");
        fclose(pFile);                     //关闭文件
        return false;
```

```c
}
//读取图的类型,跳过空行及注释行
while(fgets(str,1000,pFile)!=NULL)
{
    strLTrim(str);                          //删除字符串左边空格,这是一个自定义函数
    if (str[0]=='\n')                       //空行,继续读取下一行
        continue;
    strncpy(strTemp,str,2);
    if(strcmp (strTemp,"//")!=NULL)         //注释行,跳过,继续读取下一行
        continue;
    else                                    //非空行,也非注释行,即图的类型标识
        break;
}
//设置图的类型
if(strcmp (str,"UDG"))
    graphType=UDG;                          //无向图
else if(strcmp (str,"UDN"))
    graphType=UDN;                          //无向网
else if(strcmp (str,"DG"))
    graphType=DG;                           //有向图
else if(strcmp (str,"DN"))
    graphType=DN;                           //有向网
else
{
    printf("错误:读取图的类型标记失败!\n");
    fclose(pFile);                          //关闭文件
    return false;
}
//读取顶点数据到 str,跳过空行
while(fgets(str,1000,pFile)!=NULL)
{
    strLTrim(str);                          //删除字符串左边空格,这是一个自定义函数
    if (str[0]=='\n')                       //空行,继续读取下一行
        continue;
    strncpy(strTemp,str,2);
    if(strcmp (strTemp,"//")!=NULL)         //注释行,跳过,继续读取下一行
        continue;
    else                                    //非空行,也非注释行,即图的顶点元素行
        break;
}
//顶点数据放入图的顶点数组
char * token=strtok(str," ");
int nNum=0;
```

```c
    while(token!=NULL)
    {
        G.VerList[nNum].data= * token;
        G.VerList[nNum].firstEdge=NULL;
        token = strtok( NULL, " ");
        nNum++;
    }
    //循环读取边(顶点对)数据
    int nRow=0;                              //矩阵行下标
    int nCol=0;                              //矩阵列下标
    EdgeNode * eR;                           //边链表尾指针
    EdgeNode * p;
    elementType Nf, Ns;                      //边或弧的2个相邻顶点
    while(fgets(str,1000,pFile)!=NULL)
    {
        strLTrim(str);                       //删除字符串左边空格,这是一个自定义函数
        if (str[0]=='\n')                    //空行,继续读取下一行
            continue;
        strncpy(strTemp,str,2);
        if(strcmp (strTemp,"//")!=NULL)      //注释行,跳过,继续读取下一行
            continue;
        char * token=strtok(str," ");        //以空格为分隔符,分割一行数据
        if(token==NULL)                      //分割为空串,失败退出
        {
            printf("错误:读取图的边数据失败!\n");
            fclose(pFile);                   //关闭文件
            return false;
        }
        Nf= * token;                         //获取边的第一个顶点
        token = strtok( NULL, " ");          //读取下一个子串,即第二个顶点
        if(token==NULL)                      //分割为空串,失败退出
        {
            printf("错误:读取图的边数据失败!\n");
            fclose(pFile);
            return false;                    //关闭文件
        }
        Ns= * token;                         //获取边的第二个顶点
        //从第一个顶点获取行号
        for(nRow=0;nRow<nNum;nRow++)
        {
            if(G.VerList[nRow].data==Nf)     //从顶点列表找到第一个顶点的编号
                break;
        }
```

```
//从第二个顶点获取列号
for(nCol=0;nCol<nNum;nCol++)
{
    if(G.VerList[nCol].data==Ns)        //从顶点列表找到第二个顶点的编号
        break;
}
//如果为网,读取权值
if(graphType==UDN || graphType==DN)
{   //读取下一个子串,即边的附加信息,常为边的权重
    token = strtok( NULL, " ");
    if(token==NULL)                     //分割为空串,失败退出
    {
        printf("错误:读取图的边数据失败! \n");
        fclose(pFile);                  //关闭文件
        return false;
    }
    eWeight=atoi(token);                //取得边的附加信息,即权值
}
eR=G.VerList[nRow].firstEdge;
while(eR!=NULL && eR->next!=NULL)
{
    eR=eR->next;                        //后移边链表指针,直至尾节点
}
p=new EdgeNode;                         //申请一个边链表结点
p->adjVer=nCol+1;                       //顶点的编号,从1开始
//边的附加信息(权值),对有权图保存权值,无权图为1
if(graphType==UDN || graphType==DN)
    p->eInfo=eWeight;
else
    p->eInfo=1;
p->next=NULL;
if(G.VerList[nRow].firstEdge==NULL)
{
    G.VerList[nRow].firstEdge=p;
    eR=p;
}
else
{
    eR->next=p;
    eR=p;                               //新的尾指针
}
edgeNum++;                              //边数加1
}
```

```
        G.VerNum=nNum;                        //图的顶点数
        if(graphType==UDG || graphType==UDN)
            G.ArcNum=edgeNum / 2;             //无向图或网的边数等于统计的数字除 2
        else
            G.ArcNum=edgeNum;
        G.gKind=graphType;                    //图的类型
        fclose(pFile);                        //关闭文件
        return true;
    }
```

4. 图的销毁

以邻接矩阵为存储结构的图,因为使用矩阵存储图的数据,不存在销毁(释放内存)问题。但是以邻接表为存储结构的图,由于在创建图的过程中使用 malloc()函数或 new 操作符动态申请了内存,当这个图不再需要时,必须手工释放动态申请的内存,否则会造成内存泄漏。下面给出一个销毁邻接表表示的图的程序。

```
void DestroyGraph(Graph &G)
{
    EdgeNode * p, * u;                        //边链表结点指针
    int vID;
    for(vID=1; vID<=G.VerNum; vID++)          //循环删除每个顶点的边链表
    {
        p=G.VerList[vID-1].firstEdge;
        G.VerList[vID-1].firstEdge=NULL;
        while(p)                              //循环删除当前顶点所有的关联边
        {
            u=p->next;                        //u 指向下一个边结点
            delete(p);                        //删除当前边结点
            p=u;
        }
    }
    p=NULL;
    u=NULL;
    G.VerNum=-1;                              //标识图已经销毁
}
```

6.3 图的遍历算法及其应用

与树的遍历类似,所谓"图的遍历"就是按照某种次序访问图中每个结点一次且仅一次。显然图的遍历要比树的遍历复杂,首先图中没有标志性的根结点,图中所有顶点地位平等,可以选择任一顶点开始遍历;其次,图中可能存在回路,访问过的顶点可能被重复访问,不加处理的话,遍历可能会在这个回路上反复"绕圈子",导致算法死循环,所以要设法标记已经访问过的顶点,以免多次重复访问。

对图的遍历有两种基本的方法,即深度优先搜索遍历(简称"深度遍历")和广度优先搜索遍历(简称"广度遍历"),这是许多图算法的基础。这两种算法也是经典算法,许多问题的求解可以转化为这两种算法及其变形形式。因此,理解这两种算法有助于后续课程的学习。但是,这两个算法有一定的难度。为此,下面分层次介绍有关内容。

6.3.1 深度优先搜索遍历算法及其应用

深度优先搜索遍历(Depth_First Search traverse,DFS)有点类似树的先序遍历,可看成是树的先序遍历的推广。

1. 基本深度遍历算法描述

假定图 G 是连通的,选定从顶点 v_0 出发深度优先搜索遍历算法 DFS(v_0)描述如下:

① 访问 v_0。

② 依次从 v_0 的各个未被访问的邻接点出发执行深度遍历(DFS)。

虽然只有短短的两句话,但却将遍历过程描述得清清楚楚,这个算法的描述是递归的。所谓"基本"是指这个算法只能遍历连通图或一般图的一个连通分量。

下面以图 6-23 所示的图 G_9 的遍历过程来说明其遍历的执行过程。设从顶点 v_0 出发深度优先搜索记为 DFS(v_0)。假定图中顶点已经编号,直接用编号代表顶点,并假定顶点 v_0 的编号为 1,则 DFS(v_0) 即 DFS(1)。下面讨论 DFS(1)的执行过程,为描述清晰起见,用实箭头表示其搜索过程,用虚箭头表示其返回(回溯)过程。

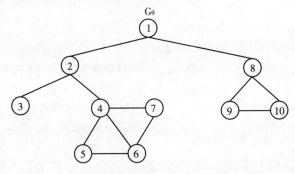

图 6-23 图 G_9

按算法描述,首先执行 DFS(1)包含如下两部分操作:

① 访问顶点 1。

② 依次从顶点 1 的未被访问的邻接点(2 和 8)出发执行深度遍历,即要依次执行 DFS(2)和 DFS(8)。首先执行 DFS(2)(假设顶点 2 作为顶点 1 的第一个邻接点)。

为清晰起见,在执行 DFS(v)时,在图上的顶点 v 附近标出 DFS(v),再从顶点 v 转向其邻接点 w 执行 DFS(w)时,则在其边(弧)旁标记一个实箭头以示其执行线路,例如,图中顶点 1 到顶点 2 之间的边旁便有一条实箭头如图 6-24 所示。

在执行 DFS(2)时,也同样包括两部分执行:

① 访问顶点 2。

② 依次从顶点 2 的未被访问的邻接点(有 3 和 4 这两个顶点,另一个邻接点 1 已经被访问)出发深度遍历,即要依次执行 DFS(3)和 DFS(4),首先执行的是 DFS(3)。

在执行 DFS(3)时,也同样包括两部分执行:
① 访问顶点 3。
② 依次从顶点 3 的未被访问的邻接点出发进行深度遍历。但由于现在已经不存在这样的顶点了,故 DFS(3)的执行到此结束。因此,应返回到调用层,即返回到 DFS(2)(用从 3 到 2 的虚箭头表示这一返回过程),以执行其中未完成的操作,即执行 DFS(4)(同样用从 2 到 4 的实箭头表示其调用过程)。

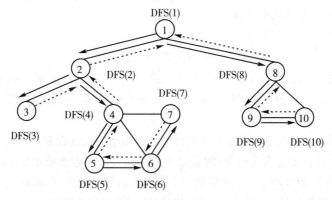

图 6-24　对图 G9 的 DFS(1)的执行过程示意图

以下操作类似,下面简要叙述:执行 DFS(4),包括访问顶点 4 和从其邻接点 5(不妨设顶点 5 作为其第一个邻接点)出发深度遍历,即执行 DFS(5);执行 DFS(5),包括访问顶点 5 和执行 DFS(6);执行 DFS(6),包括访问顶点 6 和执行 DFS(7);执行 DFS(7)时,由于其邻接点全部都已被访问,因而其操作仅有访问顶点 7 这一项。然后返回到调用层,即返回到 DFS(6)中,DFS(6)由于也没有其他邻接点可访问,故也返回到 DFS(5),类似地由 DFS(5)返回到 DFS(4),从 DFS(4)返回到 DFS(2),再返回到 DFS(1)中。此时,对 DFS(1)来说,由于还有顶点 1 的另一个邻接点 8 未被访问,故要执行 DFS(8)。因此,余下操作依次如下:访问顶点 8;执行 DFS(9)。执行 DFS(9),包括访问顶点 9 和执行 DFS(10);执行 DFS(10),仅有访问顶点 10 这一个操作。然后返回到 DFS(9)中,再返回到 DFS(8)中,最后返回到 DFS(1)中。到此时,DFS(1)的执行过程结束。整个执行过程如图 6-24 所示。所得到的顶点访问序列为 1,2,3,4,5,6,7,8,9,10。

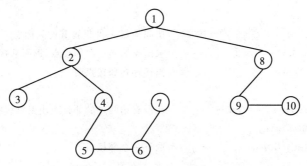

图 6-25　G9 的 DFS(1)生成树

对连通图或强连通图,如果将 DFS 算法访问过程中搜索顶点的箭头所对应的边(弧)连起来,则可构成一棵树,称这棵树为**"深度遍历生成树"**(简称"DFS 生成树")。如果图是非连通,则会得到一个生成森林,每个连通分量对应一棵生成树。

由图 6-24 所描述的 DFS(1)生成树如图 6-25 所示。图的深度遍历得到的顶点访问序列对应 DFS 生成树的先序遍历序列,本例中皆为:1,2,3,4,5,6,7,8,9,10,即生成树的先序遍历反映了对原图的深度优先搜索遍历过程。

2. 深度优先搜索遍历算法

下面先讨论前述基本 DFS 算法的实现,再基于 DFS 算法讨论一般图的深度遍历算法,即对连通和非连通图都适用的算法。

(1) DFS 算法

由 DFS(v)的描述可知,算法需要分别实现以下内容:

① 访问顶点的实现:大多场合是输出顶点的值,也可根据具体问题的需要来设计。

② DFS(v)的第二句描述为"依次从顶点 v 的未被访问的邻接点出发进行深度遍历"。这涉及以下内容:

• 顶点是否被访问的标识:为每个顶点设置一个访问标志(设置为布尔型),未访问时,其值为 FALSE,被访问后设置为 TRUE,将各顶点的标志合在一起形成数组 visited[n+1]。

• 顶点 v 的各邻接点的求解:很显然,一个顶点的邻接点的求解取决于图的存储结构。例如,在用邻接矩阵存储图时,顶点 v_i 的各邻接点在邻接矩阵的第 i 行中,因此可通过在该行中依次搜索非 0 元素(或非 ∞ 元素)来搜索所有邻接点;在用邻接表存储时,该顶点的邻接点全部在邻接表的第 i 个链表中,因此可通过依次取该链表中结点来实现所有邻接点的求解。为使算法不受图的具体存储结构的影响,同时也为算法更清晰,下面的讨论更倾向于用如下两个不依赖于特定存储结构的邻接点函数来实现这一求解:firstAdj(G, v):返回图 G 中顶点 v 的第一个邻接点,若不存在邻接点(编号),则返回 0;nextAdj(G, v, w):返回图 G 中顶点 v 的邻接点中处于 w 之后的那个邻接点,若不存在这样的邻接点(编号),则返回 0。通过运用这两个函数,可依次求出一个顶点的所有邻接点。

• 从邻接点出发深度遍历的实现:可通过调用 DFS 算法来实现,也就是说,DFS 算法是一个递归算法。

【DFS 算法描述】

```
void   DFS(graph G,int v)         //从编号为 v 的顶点出发对图 G 进行深度优先搜索遍历
{
    int w;
    visit(G,v);   visited[v-1]=TRUE; //访问顶点 v,并设置其访问标志
    w=firstAdj(G,v);               //求出 v 的第一个邻接点,返回邻接点编号给 w
    while (w!=0)                   //当还存在邻接点时
    {
        if (visited[w]==FALSE)    //从没有访问过的邻接点出发继续深度遍历
            DFS(G, w);
        w=nextAdj(G,v,w);         //取下一个邻接点
    }
}
```

(2) 一般图的(通用)深度优先搜索遍历算法

前面已经说过 DFS(G, v)只能从指定顶点 v 出发遍历连通图或一个连通分量。如果图

G 是非连通的,只能遍历顶点 v 所在的连通分量,那么图 G 中就会剩下一些顶点未被访问。解决办法是 DFS(G,v)执行结束后,在未被访问的顶点中选一个再次执行 DFS,反复执行这个过程,直到所有顶点都被访问。上述过程每执行一次,就遍历一个连通分量。现在的问题是:需要选择多少次起点?显然,这取决于具体的图,有多少个连通分量就会选择多少次,因而只能在算法中通过条件加以判断来实现。显然,在启动遍历算法之前应初始化各顶点的访问标志为 FALSE。综上讨论,可得遍历图的完整算法如下:

【通用深度遍历算法描述】

```
void   DFSTraverse (graph G )
{
    int  i;
    for (i=1; i<=n; i++)
        visited[i]=FALSE;          //初始化各顶点的访问标志为 FALSE
    for (i=1; i<=n; i++)
        if (visited[i]==FALSE)     //循环选择未被访问的顶点 i,调用 DFS
            DFS(G,i);              //每次循环遍历一个连通分量
}
```

这个算法对连通图(网)、非连通图(网)都是适用的,如果 G 是连通图,在第一次调用 DFS(G,1)时就访问了全部顶点,不会有第二次调用,所以可成为通用深度遍历算法。

3. 深度遍历算法的参考实现代码

上面给出的 DFS(G,v)算法中,firstAdj()和 nextAdj()两个函数没有给出具体实现,读者上机实验时需要自己完成这个工作。下面分别针对图的邻接矩阵表示和邻接表表示给出 DFS 算法的两种参考实现代码,供上机时参考,在这两个实现代码中把 fristAdj()和 nextAdj()函数的功能直接在 DFS 算法中实现,取消了这两个函数,请读者阅读时注意。

(1) 基于邻接矩阵的 DFS 实现

【基于邻接矩阵的 DFS 的一种实现代码】

```
//***********连通图或一个连通分量的 DFS***********//
//* 函数功能:深度优先遍历连通图或一个连通分量            *//
//* 入口参数:Graph G,待访问的图;int verID 起始顶点编号   *//
//* 出口参数:无                                       *//
//* 返 回 值:无                                       *//
//* 函 数 名:DFS(Graph &G, int verID)                *//
//*************************************************//
void DFS(Graph &G, int verID)
{
    cout<<G.Data[verID-1]<<"\t";   //访问编号为 verID 的顶点,相当于 visit(G, verID);
    visited[verID-1]=TRUE;         //标记编号为 verID 的顶点已经访问
    for(int w=0;w<G.VerNum;w++)
    {
        //下面 if 语句前 2 个条件是为了确保顶点 w+1 与 verID 在一个连通分量上
        //写成">=1"和"<INF"是为了通用性,适用于无向图(网)和有向图(网)
        //还有要注意顶点编号从 1 开始,数组下标从 0 开始,两者差 1
```

```
            if( (G.AdjMatrix[verID-1][w]>=1) && (G.AdjMatrix[verID-1][w]<INF) && (!visited[w]) )
            {
                DFS(G,w+1);
            }
        }
    }
}
```

(2) 基于邻接表的 DFS 实现

【基于邻接表的 DFS 的一种实现】

```
//*********连通图或一个连通分量的 DFS *********//
//* 函数功能:深度优先遍历连通图,或一个连通分量      *//
//* 入口参数:Graph G,待访问的图;int verID 起始顶点编号 *//
//* 出口参数:无                                *//
//* 返 回 值:无                                *//
//* 函 数 名:DFS(Graph &G, int verID)          *//
//*********************************************//
void DFS(Graph &G, int verID)
{
    cout<<G.Data[verID-1]<<"\t";    //访问编号为 verID 的顶点,相当于 visit(G, verID);
    visited[verID-1]=TRUE;           //标记编号为 verID 的顶点已经访问
    EdgeNode *p;
    p=G.VerList[verID-1].firstEdge;  //p 初始化为顶点 verID 的边链表的头指针
    while(p)
    {
        if(!visited[(p->adjVer)-1])
            DFS(G,p->adjVer);        //递归访问顶点 verID 的邻接点
        p=p->next;
    }
}
```

(3) 通用遍历算法的一种实现

这个算法对邻接矩阵表示和邻接表表示都适用,算法中用函数返回值返回图 G 的连通分量数,且与上面描述不同的是这个算法也可以从指定顶点开始遍历。

【DFSTraverse 的一种实现代码】

```
//***********任意图的 DFS ***************//
//* 函数功能:连通或非连通的 DFS 遍历             *//
//* 入口参数:Graph G,待访问的图;int verID 起始顶点编号 *//
//* 出口参数:无                                *//
//* 返 回 值:连通分量数                         *//
//* 函 数 名:DFSTraverse(Graph &G, int verID)  *//
//*********************************************//
int DFSTraverse(Graph &G, int verID)
{
    int vID;                         //顶点编号
```

```
    int conNum=0;                            //记录连通分量数
    for(vID=0;vID<G.VerNum;vID++)            //访问标记数组初始化
        visited[vID]=false;
    DFS(G,verID);                            //从指定的顶点,遍历指定的第一个连通分量
    conNum++;                                //已经遍历一个连通分量,连通分量数加1
    for(vID=1;vID<=G.VerNum;vID++)           //再依次遍历图中其他的连通分量
    {
        if(!visited[vID-1])
        {
            DFS(G,vID);
            conNum++;                        //连通分量数加1
        }
    }
    return conNum;
}
```

4. 深度遍历算法的应用

下面讨论深度遍历算法的应用,通过例题的讨论,可加深对深度遍历算法的理解。

【**例 6.4**】 设计算法以求解无向图 G 的连通分量的个数。

【**解题分析**】由前面分析可知,对图 G 来说,选择某一顶点 v 执行 DFS(G,v),即可访问到 v 所在连通分量中的所有顶点,故为遍历整个图而选择起点的次数即是图 G 的连通分量数,而这可通过修改遍历整个图的算法 DFSTraverse 来实现:每调用一次 DFS 算法计数一次。上面给出的 DFSTraverse()实现代码就可以统计连通分量数。下面另外设计一个函数,不指定遍历的起始顶点,用函数值返回结果具体算法如下:

【**算法描述**】
```
int numOfCC(Graph G)
{   int i;  int k=0;
    for (i=1; i<=n; i++)
        visited[i]=FALSE;
    for (i=1; i<=n; i++)
        if (visited[i]==FALSE)
        {  k++;  DFS(G,i); }      //累计连通分量数
            return  k ;
}
```

这个函数中涉及的 DFS 算法可直接照搬上面给出的 DFS 函数,故此处略。

类似的问题还有判断一个无向图是否为连通图,有向图是否为强联通图等。

【**例 6.5**】 设计算法求出无向图 G 的边数,要求利用 DFS 算法。

【**解题分析**】如果明确给出了图 G 的存储结构是邻接矩阵或邻接表,则该问题的求解应该是容易的:可分别写出针对具体存储结构的算法。但能否在前面所讨论的遍历算法的基础上作适当修改,以得到不依赖于具体存储形式的算法?分析如下:

首先,在执行 DFS(v)时,搜索下一个访问顶点是从当前访问顶点 v 的邻接表中搜索的,因此,每搜索到一个邻接点即意味着一条以 v 为一个端点的边或弧,故应在 DFS 算法中将

其数目计算进去。

其次,由于遍历算法保证每个顶点都要被访问一次,也就是都要作为起点调用 DFS 算法一次,因此,与每个顶点相关联的边都会被计算在内。由此而导致无向图中的每条边都要被计算两次,故最后计算的边数的结果应该除以 2 才是实际的边数。综上所述得算法如下:

【算法描述】

```
void   DFS (Graph G, int v )        //改造原始的 DFS 算法,增加边计数功能
{    int  i;
    visited[v]=TRUE;                //直接设置访问标志,输出操作可省去
    w=firstAdj(G,v);
    while (w!=0)
    {
        E++;                        //对边数计数,累计到全局变量 E 中
        if (visited[w]==FALSE)
            DFS(G,w);
        w=nextAdj(G,v,w);
    }
}
int   Enum (Graph G )               //考虑到非连通图,需要对每个连通分量中边计数
{    int  i;  static E=0;
    for (i=1;  i<=n;  i++)
        visited[i]=FALSE;           //初始化顶点的访问标志
    for (i=1;  i<=n;  i++)
        if(visited[i]==FALSE)
            DFS(G,i);
    return  E/2;                    //返回边数
}
```

与上一例不同的是,本例对 DFS 算法做了修改,增加了边的计数功能。

6.3.2 广度优先搜索遍历算法及其应用

广度优先搜索遍历(Breadth_First Search traverse －－ BFS)算法是另一种典型的算法,是一种由近而远的层次遍历方法。

1. 基本广度优先搜索遍历算法描述

假定图 G 是连通的,选定从顶点 v_0 出发广度优先搜索遍历算法 BFS(v_0)描述如下:

① 访问 v_0(可作为访问的第一层)。

② 依次访问 v_0 的各邻接点 v_{11},v_{12},…,v_{1k1}(可作为访问的第二层)。

③ 假设最近一层的访问顶点依次为 v_{i1},v_{i2},…,v_{ik},则依次访问 v_{i1},v_{i2},…,v_{ik} 的未被访问的邻接点。

④ 重复③,直到找不到未被访问的邻接点为止。

这一描述较为直观,应该容易理解的,故对其求解过程的实例只做简要叙述。另外,其中的操作②可作为操作③的特例,只不过为使初学者不至感到太突然而添加的,可省略。这个算法的描述也是递归的。所谓"基本"是指这个算法只能遍历连通图或一般图的一个连通

分量。

对图 G_9 从顶点 1 出发的广度遍历过程同样可用图形方式表示,如图 6-26(a)所示。其中,仍用箭头表示搜索顶点的路线,同样可得到 BFS(1)生成树(如图 6-26(b))。所不同的是访问次序是依层次方式进行的,其顶点访问序列为 1,2,8,3,4,9,10,5,6,7。

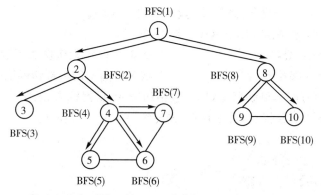

(a) 对图 G_9 的 BFS(1) 的执行过程示意图

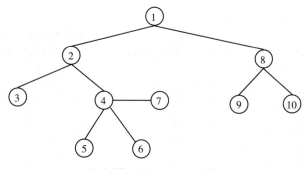

(b) 图 G_9 的 BFS(1) 生成树

图 6-26 对图 G9 的 BFS(1)的执行过程示意图

2. 广度遍历算法

广度优先搜索遍历算法也要分两个算法来讨论,下面先讨论基本 BFS 算法的实现,再基于 DFS 算法讨论一般图的广度遍历算法,即对连通和非连通图都适用的算法。

(1) BFS 算法

为实现基本广度遍历算法 BFS,做如下讨论:

① 与 DFS 类似,同样要设访问标志数组 visited。

② 为了能依次访问上一层次的访问序列中的各顶点的邻接点,需要设置一个结构来保存上一层次的顶点,即刚刚被访问过且其后继邻接点还未被访问的顶点,并且这一结构还要满足这样的条件:这一层中最先被访问的顶点,其后继也应被最先检测到。由此可知,这一结构应是队列。

③ 既然涉及队列(不妨设为 Q),则需要在适当的情况下操作队列:

• 初始化:开始时要设置队列 Q 为空,不妨用 initialQueue(Q)。

• 入队:每访问一个顶点 v,除了访问操作、设置标志外,还要将其入队。在此不妨设为 EnQueue(Q,v)。

- 出队：从队列中删除一个顶点 v，不妨用 outQueue(Q)，意味着要依次访问 v 的所有未被访问过的邻接点。为了求解其各邻接点，仍采用 DFS 算法中的方式。

综上所述，将 BFS(v_0) 细化如下：
① initialQueue(Q)。
② 访问 v_0（包括 3 个操作：访问 v_0、设置标志、入队）。
③ 若队列 Q 为空，则结束 BFS(v_0)，否则，转④。
④ v=outQueue(Q)   //从队列 Q 中取出队头元素，并出队
⑤ w=v 的第一邻接点   //依次访问 v 的未被访问的邻接点
⑥ 若 w 未被访问过，则访问 w（同样包括访问 w、设置标志、入队这 3 个操作）
⑦ w=v 的下一个邻接点，若不存在，则转③。
⑧ 转⑥。

由此得 BFS 算法如下：
【BFS 算法描述】

```
void BFS(Graph G, int v)                    //从指定的编号为 v 的顶点出发广度遍历
{
    int w;  queue  Q;
    initialQueue(Q);                         //初始化队列
    visite(v);  visited[v-1]=TRUE;  EnQueue(Q,v);  //访问 v、标记 v 已访问、v 入队
    while (!queueEmpty(Q))
    {
        v=outQueue(Q);
        w=firstAdj(G,v);
        while (w!=0)
        {
            if (!visited[w])
            {
                visite(w);  visited[w-1]=TRUE;  EnQueue(Q,w);
            }
            w=nextAdj(G,v);
        }
    }
}
```

注意：这个算法是非递归的。算法中引用顶点都是使用顶点的编号，顶点编号从 1 开始。

(2) 一般图的(通用)广度优先搜索遍历算法

与 DFS 算法相似，BFS(G，v) 只能从指定顶点 v 出发遍历连通图或一个连通分量。使用深度遍历相同的处理方法，得到基于 BFS 的遍历整个图的算法如下：

【通用广度遍历算法描述】
```
void BFSTraverse(Graph G)
{
    int i;
```

第 6 章 图

```
    for (i=1; i<=n; i++)
        visited[i]=FALSE;
    for (i=1; i<=n; i++)
        if(!visited[i])
            bfs(G,i);
}
```

3. 广度遍历算法的参考实现代码

与 DFS 类似,上面给出的 BFS(G,v)算法中 firstAdj()和 nextAdj()两个函数没有给出具体实现,读者上机实验时需要自己完成这个工作。下面分别针对图的邻接矩阵表示和邻接表表示参考实现代码,供上机时参考,在这两个实现代码中也把 fristAdj()和 nextAdj()函数的功能直接在 BFS 算法中实现,取消了这两个函数,请读者阅读时注意。

(1) 基于邻接矩阵的 BFS 实现

【基于邻接矩阵的一种 BFS 实现代码】

```
//********* 连通图或一个连通分量的 BFS *********//
//* 函数功能:广度优先遍历连通图或一个连通分量         *//
//* 入口参数:Graph G,待访问的图;int verID 起始顶点编号 *//
//* 出口参数:无                                  *//
//* 返 回 值:无                                  *//
//* 函 数 名:BFS(Graph &G, int verID)            *//
//*********************************//
void BFS(Graph &G, int verID)
{
    int u;
    seqQueue Q;                              //定义一个循环顺序队列
    initQueue(&Q);                           //初始化队列
    cout<<G.Data[verID-1]<<"\t";             //访问编号为 verID 的顶点,相当于 visit(G, verID);
    visited[verID-1]=TRUE;                   //标记编号为 verID 的顶点已经访问
    enQueue(&Q, verID);                      //编号为 verID 的顶点入队
    while(!queueEmpty(Q))                    //队列不空循环处理顶点
    {
        queueFront(Q, u);                    //取队头元素到 u,即顶点编号为 u
        outQueue(&Q);                        //u 出队
        for(int w=0;w<G.VerNum;w++)
        {
            if((G.AdjMatrix[u-1][w]>=1) && (G.AdjMatrix[u-1][w]<INF) &&(!visited[w]))
            {
                //访问编号为 w+1 的顶点,相当于 visit(G, w+1);
                cout<<G.Data[w]<<"\t";
                visited[w]=TRUE;             //标记编号为 w+1 的顶点已经访问
                enQueue(&Q,w+1);             //编号 w+1 的邻接点入队
            }
        }
```

    }
}

(2) 基于邻接表的 BFS 实现

【基于邻接表的一种 BFS 实现代码】

```
// * * * * * * * 连通图或一个连通分量的 BFS * * * * * * * * * //
// * 函数功能:广度优先遍历连通图或一个连通分量              * //
// * 入口参数:Graph G,待访问的图;int verID 起始顶点编号     * //
// * 出口参数:无                                              * //
// * 返 回 值:无                                              * //
// * 函 数 名:BFS(Graph &G, int verID)                        * //
// * * * * * * * * * * * * * * * * * * * * * * * * * * * *   * //
void BFS(Graph &G, int verID)
{
    int u;                                  //顶点编号
    EdgeNode * p;                           //边链表结点指针
    seqQueue Q;
    initQueue(&Q);                          //初始化循环顺序队列
    cout<<G.VerList[verID-1].data<<"\t"; //访问编号为 verID 的顶点,相当于 visit(G, verID);
    visited[verID-1]=TRUE;                  //标记编号为 verID 的顶点已经访问
    enQueue(&Q, verID);                     //编号为 verID 的顶点入队
    while(!queueEmpty(Q))                   //队列不空循环处理顶点
    {
        queueFront(Q, u);                   //取队头元素到 u,即顶点编号为 u
        outQueue(&Q);                       //u 出队
        p=G.VerList[u-1].firstEdge;         //获取当前边链表的头指针
        while(p)
        {
            if(!visited[(p->adjVer)-1])
            {
                cout<<G.VerList[p->adjVer -1].data<<"\t";
                //访问编号为 p->adjVer 的顶点,相当于 visit(G, p->adjVer);
                visited[p->adjVer -1]=TRUE; //标记编号为 p->adjVer 的顶点已经访问
                enQueue(&Q,p->adjVer);      // 编号 p->adjVer 顶点入队
            }
            p=p->next;                      //移动到下一条边,取下一个邻接点
        }
    }
}
```

(3) BFSTraverse 算法的一种实现

这个算法对邻接矩阵表示和邻接表表示都适用,算法中用函数返回值返回图 G 的连通分量数,且与上面描述不同的是这个算法也可以从指定顶点开始遍历。

【BFSTraverse 的一种实现代码】

```
//************任意图的 BFS************//
//* 函数功能:连通或非连通的 BFS 遍历                    *//
//* 入口参数:Graph G,待访问的图;int verID 起始顶点编号  *//
//* 出口参数:无                                        *//
//* 返 回 值:连通分量数                                 *//
//* 函 数 名:BFSTraverse(Graph &G, int verID)          *//
//****************************************//
int BFSTraverse(Graph &G, int verID)
{
    int vID;
    int conNum=0;                     //记录连通分量数
    for(vID=0;vID<G.VerNum;vID++)     //访问标记数组初始化
        visited[vID]=false;
    BFS(G,verID);                     //从指定的顶点 verID 开始,遍历指定的第一个连通分量
    conNum++;                         //连通分量数加 1
    for(vID=1;vID<=G.VerNum;vID++)    //再依次遍历图中其他的连通分量
    {
        if(! visited[vID-1])
        {
            BFS(G,vID);               //遍历 vID 所在的连通分量
            conNum++;                 //连通分量数加 1
        }
    }
    return conNum;                    //返回连通分量数
}
```

4. 广度遍历算法应用实例

广度遍历算法是一个层次型的遍历,即由近而远地访问各个顶点,并且距起点 v_0 最短路径长度为 L 的顶点一定在 BFS(v_0)生成树的第 L+1 层上。因此,运用广度遍历算法的基本思想、方法和算法可实现许多问题的求解。下面通过实例讨论这一算法和应用。

【例 6.6】 已知一图的邻接表如图 6-27 所示,不用还原出原图,请执行 BFS(1),构造其 BFS(1)生成树及其遍历序列。

【解】 由 BFS 算法可知,执行 BFS(1)时,首先要访问顶点 1,然后依次访问其邻接点 2 和 3。由此可得到其局部生成树如图 6-28(a) 所示。

接着再依次访问这一访问层次中的顶点 2 的未被访问的邻接点 4 和 5(虽然顶点 3 也是其邻接点,但此前已经被访问过),以及顶点 3 的未被访问的邻接点(仅有顶点 4,但此时已经被访问过了,故实际上没有访问到),结果如图 6-28(b) 所示。

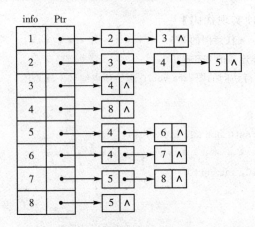

图 6-27 例 6-6 的邻接表图

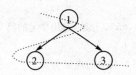

（a）访问顶点 1 的局部生成树

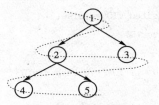

（b）访问顶点 2、3 的局部生成树

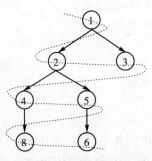

（c）访问顶点 4、5 的局部生成树

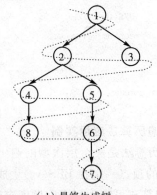

（d）最终生成树

图 6-28 【例 6.6】的求解过程

下面再依次访问顶点 4 的未被访问的邻接点（仅有顶点 8）及顶点 5 的未被访问的邻接点 6（另一个邻接点 4 此前已经被访问），得结果如图 6-28(c) 所示。

下面再依次访问顶点 8 的未被访问的邻接点（已没有了），及顶点 6 的未被访问的邻接点（仅剩顶点 7），得顶点如图 6-28(d) 所示。

由此可知，其访问顶点的序列为 1，2，3，4，5，8，6，7。

6.4 最小生成树

现实中的许多问题，表面上似乎有较大的差异，然而其实际的求解方法可能非常类似。因此，如果用合适的数学模型来表示这些问题，就可能会使这些问题变成几乎相同的问题，因而可借助一些成熟的方法来求解。本节及后面的几节讨论将图这种模型运用于实际问题的求解。

下面先从一个实例开始本节的内容:假设在某地有一个煤气供应站点及 $n-1$ 个生活小区,现在要给这些小区铺设煤气管道。请问应怎样铺设管道能使总造价最低(假设已知各小区之间是否可连接,以及相应的造价)。与此类似的问题还有许多。

可将这类问题转化为图的问题:将各小区分别表示为图的一个顶点,两点之间能连接就表示为一条边,连接的造价表示为边的权值。在这种表示下,原问题就变成了这样的问题:从图中选取若干条边,将所有顶点连接起来,并且所选取的这些边的权值之和最小。

显然,所选取的边不会构成回路(否则,可去掉回路中的一条边使权值之和更小),因而构成了一棵树,称这样的树为**"生成树"**。由于这一生成树的权值之和最小,故称为**"最小生成树"**。构造最小生成树是本节的内容。

关于最小生成树的求解,有两种较为典型的算法——Prim 算法和 Kruskal 算法。下面分别介绍这两种算法的求解思想。

6.4.1 Prim 算法

下面分几个层次来讨论 Prim 算法,首先介绍算法的基本思想,然后以实例来详细描述算法的求解过程,在此基础上讨论算法设计的相关问题,最后给出 Prim 算法描述。

1. 求解方法

Prim 算法通常要指定一个起点,其求解思想非常简单:首先将所指定的起点作为已选顶点,然后反复在满足如下条件的边中选择一条最小边,直到所有顶点成为已选顶点为止(选择 $n-1$ 条边):一端已选,另一端未选。

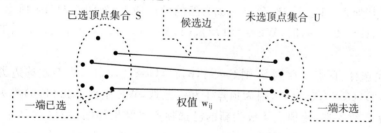

图 6-29 Prim 算法已选和未选顶点集示意图

为了更好地说明问题,不妨引入几个符号,假定 S 为已选顶点集合,U 为未选顶点集合,WE 为候(待)选边的集合,TE 为已选表的结合(存放选定的符合条件的边)。初始化时 S 为空,U=V,WE 为空,TE 为空。然后把起点,比如 v_0,从 U 移到 S 中,则 S 中的 v0 与 U 中某些顶点有边(弧)相连,形成候选边集合,放入 WE 中,这些边即"一端已选、一端未选",从 WE 中选择权值 w_{ij} 最小的一条边加入集合 TE 中,并将此边的另一端顶点移到 S 中。每次从 U 移动一个顶点到 S 后,要更新候选边集 WE。重复上述操作,直到所有顶点都从 U 移到 S,即 S=V,U 为空,TE 中保存的即是每次选择的边,如图 6-29 所示。如果一个连通网有 n 个顶点,则总共需要经过 $n-1$ 次选择,算法结束时,TE 中应该保存了 $n-1$ 条边,这些边即是最小生成树的边。

2. 求解实例

例如,对图 6-30 所示的连通网,用图形化方法模拟 Prim 算法的求解过程,设顶点 1 为起点。

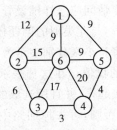

图 6-30 Prim 算法求解例图

Prim 算法求解的各步的中间结果如下:

初始化时 S={},U={1,2,3,4,5,6},WE={},TE={}。

① 第一轮选择:顶点 1 从 U 移到 S,则 S={1},U={2,3,4,5,6};更新候选边集,此时满足"一端已选、一端未选"的候选边有 3 条,即 WE={(1,2),(1,5),(1,6)},其中权值最小的边是(1,6)和(1,5)(权值均为 9),不妨选(1,6),将其从 WE 移到 TE。这样,顶点 6 就成为新的已选顶点。如图 6-31(a) 所示,原图上加虚线部分为候选边,已选顶点用黑色背景表示。此时有:

S={1},U={2,3,4,5,6},WE={(1,2),(1,5)},TE={(1,6)}

② 第二轮选择:顶点 6 移到 S,则 S={1,6},U={2,3,4,5};更新候选边集,WE={(1,2),(1,5),(6,2),(6,3),(6,4),(6,5)},此时边(1,5)和(6,5)权值最小为 9,故均可入选,不妨选(6,5),将其加入 TE。这样,顶点 5 成为新的已选顶点,如图 6-31(b) 所示。这时有:

S={1,6},U={2,3,4,5},WE={(1,2),(1,5),(6,2),(6,3),(6,4) },TE={(1,6),(6,5)}

③ 第三轮选择:顶点 5 移到 S,则 S={1,6,5},U={2,3,4};更新候选边集,WE={(1,2),(6,2),(6,3),(6,4),(5,4)},因为顶点 1 和 5 已选,WE 中候选边(1,5)删去;其中边(5,4)权值最小为 4,故入选,使顶点 4 成为新的已选顶点。结果如图 6-31(c) 所示。这时有:

S={1,6,5},U={2,3,4},WE={(1,2),(6,2),(6,3),(6,4)},TE={(1,6),(6,5),(5,4)}

④ 第四轮选择:顶点 4 移入 S,则 S={1,6,5,4},U={2,3};更新候选边集,WE={(1,2),(6,2),(6,3),(4,3)},因为顶点 6 和 4 已选,WE 中候选边(6,4)删去;其中边(4,3)权值最小为 3,故入选,顶点 3 成为最新的已选顶点。结果如图 6-31(d) 所示。这时有:

S={1,6,5,4},U={2,3},WE={(1,2),(6,2),(6,3)},TE={(1,6),(6,5),(5,4),(4,3)}

⑤ 第五轮选择:顶点 3 移入 S,则 S={1,6,5,4,3},U={2};更新候选边集,WE={(1,2),(6,2),(3,2)},因为顶点 6 和 3 已选,WE 中候选边(6,3)删去;其中边(3,2)权值最小为 6,故入选,顶点 2 成为最新的已选顶点。结果如图 6-31(e) 所示。这时有:

S={1,6,5,4,3},U={2},WE={(1,2),(6,2)},TE={(1,6),(6,5),(5,4),(4,3),(3,2)}

⑥ 第六轮选择:顶点 2 移到 S 中,则 S={1,6,5,4,3,2},U={};更新候选边集,WE={},因为顶点 1、2、6 均已选,候选边(1,2),(6,2)删去。算法结束,这时有:

S={1,6,5,4,3,2},U={},WE={},TE={(1,6),(6,5),(5,4),(4,3),(3,2)}

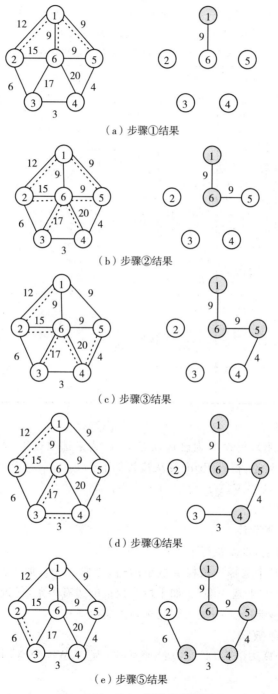

(a) 步骤①结果

(b) 步骤②结果

(c) 步骤③结果

(d) 步骤④结果

(e) 步骤⑤结果

图 6-31 Prim 算法求解例图

此时 TE 中保存的就是最小生成树的 5 条边($n-1$ 条),这是一种总造价最低的结果。

显然,这不是唯一的结果。

上述求解过程也可用表 6-1 所示的表格形式来描述。其中,表中每一行表示一次求解;每一列对应一个顶点的求解状态;每个未选顶点对应的当前行中,列出了与所有已选顶点之间的边(即候选边)及其权值;将本次入选的边加上一个框;当一个顶点已被选择后其状态不再变化,余下各行用阴影表示,表示这个顶点不需再参与求解。

表 6-1 Prim算法求解过程的表格化描述

已选顶点集 U	顶点 1 候选边	顶点 2 候选边	顶点 3 候选边	顶点 4 候选边	顶点 5 候选边	顶点 6 候选边
{1}		(1,2)/12	(1,3)/∞	(1,4)/∞	(1,5)/9	☐(1,6)/9
{1,6}		(1,2)/12 (6,2)/15	(6,3)/17	(6,4)/20	(1,5)/9 ☐(6,5)/9	
{1,6,5}		(1,2)/12 (6,2)/15	(6,3)/17	(6,4)/20 ☐(5,4)/4		
{1,6,5,4}		(1,2)/12 (6,2)/15	(6,3)/17 ☐(4,3)/3			
{1,6,5,4,3}		(1,2)/12 (6,2)/15 ☐(3,2)/6				
{1,6,5,4,3,2}						

3. Prim 算法思想

对连通网 N=(V,E),仍设 S 为已选顶点集,U 为未选顶点集,WE 为候选边集,TE 为已选边集,根据上面的讨论,得到 Prim 算法流程如下:

① 初始化:S 为空,U=V,WE 为空,TE 为空。

② 将起点从 U 移到 S。

③ 更新候选边集合 WE。

④ 如果集合 U 非空,重复执行下列操作:

- 从候选边集 WE 中选择一条权值最小的边,比如(v,u),加入到已选边集 TE 中。这里 v 为"已选一端",u 为"未选一端"。如果最小权值的边有多条,任选其中一条。
- 把所选边的另一端顶点 u,加入到已选顶点集 S 中。
- 更新候选边集合 WE。

循环结束后,整个算法结束,此时有:S=V,U 为空,WE 为空,TE 中为最小生成树的 $n-1$ 条边。

4. 算法实现及讨论(*)

下面先讨论算法实现要解决的相关问题,然后给出一种 Prim 算法的实现方案。这部分内容难度较大,可作为选学内容。

为实现 Prim 算法,首先需要考虑解决如下的问题:

(1) 已选顶点和未选顶点的标识问题

在前面的讨论和描述中使用了两个集合 S 和 U 来区分已选顶点和未选顶点,这只是为了叙述更清晰。实现时用一个 BOOL 类型(或 int 型)的一维数组 visited[n]就可以代替前面的 S 和 U 两个集合。数组的长度等于图的顶点数。数组的下标对应顶点(编号)。数组元素值为 TRUE 表示对应顶点已选;FALSE 表示顶点未选。

例如,对图 6-30 的例子,需要一个长度为 6 的 visited[]的数组来标识已选顶点和未选顶点。比如,对顶点 1,visited[0]=TRUE 表示顶点 1 已选,visited[0]=FALSE 标记未选;对顶点 4,visited[3]=TRUE 为顶点 4 已选,visited[3]=FALSE 为未选。这里就看到了本章 6.3.1 小节里提到的用顶点编号来处理的好处——数组下标代表顶点,后面我们还会体会到这一点。

(2) 候选边集的优化问题

从前面的实例可以看出,随着选择最小权值边的进行,候选边集不断更新,会出现这样的情况:未选顶点集 U 中的一个顶点与已选顶点集 S 中的多个顶点有边(弧)相连。比如,图 6-31(b),S={1,6},U={2,3,4,5},WE={(1,2),(1,5),(6,2),(6,3),(6,4),(6,5)},U 中的顶点 2 与 S 中 1 和 6 分别有边相连,即(1,2)和(6,2),分析一下就会知道,这两条边中只要留下权值最小的一条就可以了,即只要留下边(1,2),剔除边(6,2),因为每次从候选边集中都是选择权值最小的边,在选择邻接点为 2 的边时,不可能选中边(6,2)。同样,在图 6-31(c)中,S={1,6,5},U={2,3,4,},WE={(1,2),(6,2),(6,3),(6,4),(5,4)},U 中顶点 4 与 S 中的 6 和 5 有边相连,即(6,4)和(5,4),只要保留权值最小的(5,4),剔除边(6,4)即可。结论:对 U 中每个顶点最多只需保留一条权值最小的边与 S 中某顶点相连,作为候选边。由此可知候选边集 WE 中至多只会有 $n-1$ 条候选边,在后面实现时,为方便处理 WE 的大小设置为 n。

(3) 边的表示和标记

表示网的一条边需要 3 部分信息:2 个顶点和边的权值。这里仍用数组来保存边,顶点用编号代表。与前面讨论的 visited[]数组类似,这里把 2 个顶点中的一个顶点对应到数组下标,那么数组元素只要能表示出另一个顶点和边的权值即可,为此,需要定义一个辅助结构,由两个分量构成:另一个顶点编号和边的权重。结构描述如下:

```
typedef struct minEdgeType
{
    int v;                  //边中已选一端的顶点编号
    cellType eWeight;       //边的权值
} MinEdgeType;              //边数组的元素类型
```

这样,前面的候选边集 WE 和已选边集 TE 都可以定义为:

```
MinEdgeType WE[n];          //n 为顶点数
MinEdgeType TE[n];
```

WE 和 TE 的下标都代表顶点(编号),表示图 6-31(d)中的候选边{(1,2),(6,3),(4,3)}就变为:WE[1].v=1,WE[1].eWeight=12;WE[2].v=6,WE[2].eWeight=17;WE[2].v=4,WE[2].eWeight=3。已选边{(1,6),(6,5),(5,4)}就成为:TE[5].v=1,TE

[5].eWeight=9;TE[4].v=6,TE[4].eWeight=9;TE[3].v=5,TE[3].eWeight=4。注意这里顶点编号与数组下标差1。

用这种方式表示边，看上去怪怪的，比如，边(6,3)要表示为 WE[2]=6 或 TE[2]=6，但算法处理起来还是比较方便的，很多教材都是沿用这种表示方式，本书也是这样，希望读者认真体会和理解这种表示习惯，以免阅读程序和上机实现时感到一头雾水。

有了上述边的表示方法后，接下来还要解决已选边和候选边的标记问题。在前面的描述中一直使用候选边集合 WE 和已选边集合 TE。在使用上述表示法定义 WE[] 和 TE[] 时，它们的定义是完全相同的，那么能不能把这两个数组合并为一个数组呢？回答是肯定的！在后面的实现中就使用一个数组 TE[] 同时表示候选边集合和已选边集合。那么在一个数组 TE[] 中怎样来区分候选边和已选边呢？这需要借助前面介绍的 visited[] 数组，两个数组配合就可以区分出候选边和已选边。不管是候选边，还是已选边，至少有一个顶点已经选择，让 TE[i].v 固定表示已选顶点一端，数组下标对应边的另一端顶点 i+1,i+1 可能已选(已选边)，也可能未选(候选边)。另一顶点通过 visited[] 数组来判定是已选 TRUE，还是未选 FALSE。如果为 visited[i]==TRUE，则这条边(TE[i].v, i+1)的2个顶点都已选，对应边为已选边；如果为 visited[i]==FALSE，则一端已选(TE[i].v)，一端未选(i+1)，(TE[i].v, i+1)为候选边。

举一个例子，判定边(k, i+1)为已选边还是未选边，k 固定为已选顶点。用上面表示方法表示即 TE[i].v=k，这里 k 固定为已选端顶点，只要判断顶点 i+1 是否已经选择即可。如果 visited[i]==TRUE，说明顶点 i+1 已选，(k, i+1)为已选边；若 visited[i]==FALSE，则顶点 i+1 未选，(k, i+1)为候选边。

这里再次看到了本章 6.3.1 小节里提到的用顶点编号来处理的好处——数组下标代表顶点，处理方便，降低数组维数。

(4) 实现 Prim 算法需要的几个辅助函数

① BOOL HasEdge(Graph &G, int vBegin, int vEnd, eInfoType &eWeight)

函数功能：判断顶点 vBegin 和 vEnd 之间是否有边，函数值为 TRUE 表示两个顶点之间有边(弧)，FALSE 表示两个顶点之间没有边(弧)相连。同时利用这个函数的参数 eWeight 返回两个顶点之间边的权值，没有边则 eWeight=∞。对于图的邻接矩阵表示相对简单，直接判断即可，甚至不需要这个函数；但对邻接表表示，就需要搜索顶点 vBegin 的边链表来完成。

下面给出邻接表表示的实现：

```
BOOL HasEdge(Graph &G, int vBegin, int vEnd, eInfoType &eWeight)
{
    EdgeNode *p;                        //边链表结点指针
    int f=FALSE;                        //是否有边的标记
    eWeight=INF;                        //边的权值初始化为无穷大
    p=G.VerList[vBegin-1].firstEdge;    //取得 vBegin 的边链表的头指针
    while(p)
    {
        if( p->adjVer==vEnd )           //vEnd 是 vBegin 的连接点，有边
        {
```

```
            f=TRUE;                        //vBegin 与 vEnd 之间有边,退出循环,返回 TRUE
            eWeight=p->eInfo;              //获取权值,用参数返回主调函数
            break;
        }
        p=p->next;                         //搜索边链表中下一个结点
    }
    return f;
}
```

② void InitialTE(Graph &G, MinEdgeType TE[], int vID)

函数功能:初始化边数组 TE,根据上述讨论,候选表集和已选边集用同一个数组 TE[]来保存,TE 的长度等于图(网)的顶点数 n,TE[] 的类型为上面定义的辅助结构类型:MinEdgeType 类型。这个函数也可以直接放在 Prim 算法中,但为了 Prim 算法的简洁,单独使用此函数来实现初始化。函数参数 vID 是算法开始的起始顶点编号。同时在初始化函数中把 vID 设置为已选顶点,并以此来初始化 TE[] 中的候选边集。

这个函数对邻接矩阵和邻接表表示一致,代码如下:

```
void InitialTE( Graph &G, MinEdgeType TE[], int vID )
{
    int i;
    eInfoType eWeight;                     //定义变量保存变量权值
    for(i=1;i<=G.VerNum;i++)
    {
        //初始化边数组 TE[]
        if(HasEdge(G, vID, i, eWeight))    //如果顶点 vID 与 i 之间有边
        {   //保存边,vID 为一个顶点,数组下标 i 代表另一个顶点
            TE[i-1].v=vID;
            TE[i-1].eWeight=eWeight;       //保存边的权值
        }
        else                               // vID 与 i 之间没有边,权值置为无穷大
            TE[i-1].eWeight=INF;
    }
}
```

③ int GetMinEdge(Graph &G, MinEdgeType TE[])

函数功能:从边集数组 TE[]中获取权值最小的候选边,即算法描述中选择操作。函数返回值为候选边另一端的顶点编号(即在未选顶点集 U 的那个顶点)。

对图的两种表示代码相同,实现代码如下:

```
int GetMinEdge(Graph &G, MinEdgeType TE[] )
{
    eInfoType eMin=INF;                    //eMin 保存最小的权值,初始化为无穷大
    int i, j=0;
    for( i=1;i<=G.VerNum;i++ )
    {
        if( visited[i-1]==FALSE && TE[i-1].eWeight<eMin )
```

```
        {   //i顶点未选,且权值比eMin小,暂选i为候选顶点,对应的边(TE[i-1].v, i)为候选边
            j=i;
            eMin=TE[i-1].eWeight;
        }
    }
    return j;   //j为选中的权值最小的候选边的一个顶点,对应的边(TE[j-1].v, j)为选中的边
}
```

④ void UpdateTE(Graph &G, MinEdgeType TE[], int vID)

函数功能:当顶点 vID 被选中变为已选顶点后,更新候选边集合。

代码如下:

```
void UpdateTE(Graph &G, MinEdgeType TE[], int vID)
{
    //对新选出的编号为vID的顶点(新加入集合S中),更新候选边集合
    int i,j;
    eInfoType eWeight;
    for(i=1;i<=G.VerNum;i++)
    {
        if(visited[i-1]==FALSE)              //如果顶点i为未选顶点,即i在集合U中
        {
            //检查S中vID与U中i之间是否相邻(有边)
            //检查S中的vID与i之间的边权值是否更小,若更小则更新(vID,i)权值
            if(HasEdge(G,vID,i,eWeight) && eWeight<TE[i-1].eWeight)
            {
                TE[i-1].v=vID;               //(vID,i)作为未选顶点i对应的候选边
                TE[i-1].eWeight=eWeight;     //更新(vID,i)的权值
            }
        }
    }
}
```

有了上面这些辅助函数后,下面隆重推出 Prim 算法,代码如下:

```
void Prim( Graph &G, int vID )              //从起始顶点vID开始Prim算法
{   //定义边数组,因为图的顶点数是变化的,所以数组长度设为预定的最大值 MaxVerNum
    MinEdgeType TE[MaxVerNum];              //TE[i]的下标加1,即i+1为选定边的终点
    //TE[i].v为选定边的起点
    int i;
    int curID;                              //当前选择顶点编号
    InitialTE( G, TE, vID );                //初始化边数组(候选边集和已选边集)
    visited[vID-1]=TRUE;                    //标记vID为已选顶点,即进入已选集合S
    for(i=1;i<G.VerNum;i++)                 //循环选择n-1条边,产生最小生成树
    {   //从TE选择权值最小的候选边,返回未选一端的顶点编号到curID
        curID=GetMinEdge( G, TE );
        visited[curID-1]=TRUE;              //标记curID已选,即进入S中
```

```
            UpdateTEt(G, TE, curID);         //选择 curID 后,更新候选边集
        }
}
```

算法结束后,最小生成树的边保存在 TE[] 数组中。使用 TE[] 数组要注意,定义数组时使用的是最大长度 MaxverNum,而 TE[] 有效数据范围为 $0 \sim n-1$,n 为图的顶点数,即 $n=$ G.VerNum。TE[] 数组中有 n 个有效数据,但生成树只需要 $n-1$ 条边,其中 TE[vID$-$1] 这条数据无效,即不是生成树上的边,vID 为起始顶点。

Prim 算法的执行时间取决于 for 循环的时间,在这个 for 循环中调用了 2 个函数 GetMinEdge( ) 和 UpdateTE(),它们的时间复杂度为 $O(n)$,所以,Prim 算法的时间复杂度为 $O(n^2)$。执行时间与连通网 N 的边数无关,适合于求解边数相对较多(较稠密)的网的生成树。

6.4.2 Kruskal 算法

1. 求解方法

Kruskal 算法与 Prim 算法的求解思路不同。Kruskal 算法的基本思想是:反复在图中未选边中选出一条权值最小的边,前提是和已选边不构成回路,直到选出 $n-1$ 条边构成生成树。因为每次都是选择权值最小的边,所以得到的是最小生成树。

2. 求解实例

例如,对前面图 6-30 所示的连通网,用图形化方法模拟 Kruskal 算法的求解过程。

Kruskal 算法求解的各步的中间结果如图 6-32 所示。

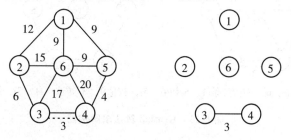

(a) 选择最小边(3, 4),权值3

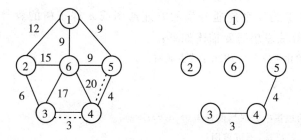

(b) 选择最小边(4, 5),权值4

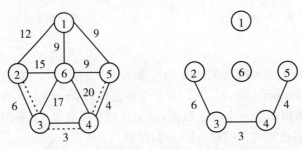

(c) 选择最小边(2,3),权值6

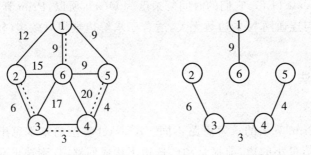

(d) 最小边有3条(1,6)、(1,5)和(6,5),权值9,不妨选(1,6)

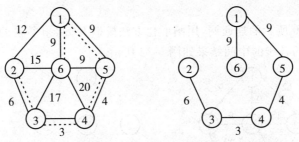

(e) 最小边有2条(1,5)和(6,5),权值9,不妨选,(1,5),结束

图 6-32　Kruskal 算法求解例图

3. 算法思想

对连通网 $N=(V,E)$,假定初始时构造一个图 T,T 的顶点集为 V,边集为空,即 $T=(V,\Phi)$,可见初始时 T 为 n 个连通分量的非连通图或 n 棵子树的森林,每个连通分量(子树)只有一个顶点。算法思想简要描述如下:

```
T=(V,Φ);   //初始化生成图 T,用此存放生成树
while( T 的边数 < n-1)
{
    从 N=(V,E)的边集中选取当前最短边(u,v);
    标记 E 中边(u,v)已选,不可再用;
    if(边(u,v)与 T 中已有边不构成回路)
        将边(u,v)加入到树 T 中;
}
```

算法结束时,T 成为一个顶点集为 V,$n-1$ 条边的连通图,即连通网 $N=(V,E)$ 的生成

树,且因为每次都是选择最小权值边,所以 T 为最小生成树。

4. 算法实现及讨论(*)

下面先讨论算法实现要解决的相关问题,然后给出一种 Kruskal 算法的实现方案。

(1) 边的存储和处理问题

① 边的存储。一般用数组来存储边,边的信息包括 3 个部分:2 个顶点和边的权值,为此需要定义一个具有 3 个分量的结构体来描述一条边。结构定义如下:

```
typedef struct edgetype
{
    int vBegin;              //边的起始顶点编号,从 1 开始
    int vEnd;                //边的另一顶点编号,从 1 开始
    eInfoType eWeight;       //边的权值
}EdgeType;                   //边数组的类型
```

有了这个结构体,就可以定义边数组:

```
EdgeType edges[MaxEdgeNum];
```

由于不能预测一个图的边数,定义时只能按预定的最大边数值来定义数组长度。

② 边的读取。有了边数组后,就可以从原连通网中读取边的信息,并保存在 edges[] 数组中。对图的不同表示,读取的边的代码不同,但流程类似,时间复杂度都是 $O(n^2)$。下面给出图的邻接表表示读取边的代码:

```
void GetEdges(Graph &G, EdgeType edges[])
{
    int i;
    int k=0;                 //作为边数组的下标
    EdgeNode *p;             //边链表的头指针
    for(i=1;i<=G.VerNum;i++)
    {
        p=G.VerList[i-1].firstEdge;   //读取当前顶点的边链表的头指针
        while(p)
        {   //由顶点数据获取顶点编号
            edges[k].vBegin=LocateVertex(G, G.VerList[i-1].data);
            edges[k].vEnd=p->adjVer;  //读取另一顶点编号到 vEnd
            edges[k].eWeight=p->eInfo;
            p=p->next;
            k++;
        }
    }
}
```

③ 最小边的获取。一种方法是对 edges[] 数组按边的权值进行递增排序,这要用到后面介绍的排序算法。还可以在上面②中读取边的同时进行递增插入,读取边结束得到的 edges[] 就是递增有序的。如 edges[] 递增有序,从最小权值逐次往后面读取边就可获得最小边。另一种方法是写一个函数,用循环方法每次从 edges[] 中获得最小边。这种方法需要借助一个标记数组,比如 edgeUsed[],为 BOOL 类型,对已经读取的最小边标记为 TRUE,

不可再读取,值为 FALSE 的边是可用的边。下面给出读取最小边的代码:

```
EdgeType GetMinEdge(Graph &G, EdgeType edges[], int edgeUsed[], int &n)
{   //函数值返回读取的最小边
    //n 为返回的最小边在 edges[]数组中的下标
    EdgeType minEdge;
    cellType wMin=INF;              //保存最小权值
    int i;
    int M;                          //控制循环次数
    if(G.gKind==UDG || G.gKind==UDN)
        M=G.ArcNum*2;   //无向网(图),因为对称性,邻接矩阵或邻接表中有效数据是边数的 2 倍
    else
        M=G.ArcNum;                 //有向网中,M 即为图的边数
    for(i=0; i<M ;i++)
    {
        if(edgeUsed[i]==FALSE && edges[i].eWeight<wMin)
        {   //对未使用,且权值较小的边,暂定为最小边,更新相关数组
            wMin=edges[i].eWeight;
            minEdge.eWeight=edges[i].eWeight;
            minEdge.vBegin=edges[i].vBegin;
            minEdge.vEnd=edges[i].vEnd;
            n=i;
        }
    }
    return minEdge;    //返回取得的最小边
}
```

④ 生成树的边的保存。一种方法是利用上面的边数组 edges[],把没有用的边删除,剩下的边即为最小生成树的边,但数组的删除操作是耗时的操作,时间性能不好。另一种方法是通过标记方法来标记 edges[]中哪些边是生成树的边。

本书使用一个类型与 edges[]相同的数组来存放生成树的边,即:

```
EdgeType treeEdges[MaxVerNum];      //存放生成树中的 n-1 条边信息
```

(2) 判定选择的边是否与已选边形成回路问题

这既是算法重点也是难点问题,需要用特殊而巧妙的方法来处理。从前面的分析和讨论知道,Kruskal 算法开始时要构建一个没有边的图 T=(V,Φ),然后逐步选择 $n-1$ 条边加入到 T 中形成最小生成树。所以算法开始时,T 有 n 个连通分量或 n 棵子树,以后每加入一条边都要连接 2 个连通分量(子树),使这 2 个连通分量(子树)合并为一个连通分量(子树),T 的连通分量(子树)减 1。加入 $n-1$ 条边后 T 成为只有一个连通分量的生成树(连通且没回路)。可见要加入 T 中的边的 2 个顶点应该处于 T 的 2 个不同连通分量(子树)上。如果边的 2 个顶点落到 T 的同一连通分量上,必然形成回路,而不能成为树。这样通过边的 2 个顶点是否处于同一连通分量,即可判定选择的边是否和已选边形成回路。那么怎么判定呢? 这可以通过给 T 中的连通分量编号来完成,具体做法如下:

① 初始时,T 有 n 个连通分量,需要 n 个编号,顶点的编号就作为每个连通分量的编号。

② 选择边时判断是否形成回路:如果边的 2 个顶点的连通分量编号相同,则会形成回路,说明这条边不可用,舍去。

③ 选择边的 2 个顶点的连通分量编号不同,说明这条边可用,加入 T 中。此边加入 T 后,将把 T 中 2 个连通分量(子树)连接为一个连通分量(子树),因此要把此分量(子树)上所有顶点的连通分量编号更新为同一编号,可选择原来 2 个编号中的一个作为新的编号。如果统一选择较小编号作为新编号,最终生成树的连通编号为 1;如果统一选择较大的编号作为新编号,最终生成树的连通编号将为 n,两种选择皆可以。

最后给出 Kruskal 算法的一种实现方案,代码描述如下:

【Kruskal 算法描述】

```
void Kruskal(Graph &G)
{
    int conVerID[MaxVerNum];                        //顶点的连通分量编号数组
    EdgeType edges[MaxVerNum * MaxVerNum];          //存放图的所有边信息
    EdgeType treeEdges[MaxVerNum];                  //存放生成树中的 n-1 条边信息
    int edgeUsed[MaxVerNum * MaxVerNum];
    //辅助数组,标记 edges[]中的边是否已经用过,1—已用过,0—未用过
    //也可以用排序算法对 edges[]进行排序来完成这个工作
    EdgeType minEdge;                               //保存最小边
    int i,j;
    int k=0;
    int conID;                                      //边的终止顶点 vEnd 的连通分量的编号
    int n;                                          //返回的最小边在 edges[]数组中的下标
    GetEdges( G, edges );                           //获取图所有边的信息,存入数组 edges[]
    //初始化可用边标记数组 edgeUsed[]—可用排序算法取代
    int M;                                          //循环次数
    if(G.gKind==UDG || G.gKind==UDN)
        M=G.ArcNum*2;        //因为无向图(网),有效数据是边数的 2 倍,所以乘 2
    else
        M=G.ArcNum;
    for(i=0; i<M; i++)
        edgeUsed[i]=FALSE;                          //标记所有边都可用
    for(i=1;i<=G.VerNum;i++)                        //初始化连通分量编号
    {
        conVerID[i-1]=i;     //连通分量编号=顶点编号,注意编号与数组下标差 1
    }
    for(i=1; i<G.VerNum; i++)                       //取出 n-1 条边,构成生成树
    {
        minEdge=GetMinEdge(G, edges, edgeUsed, n );  //获取一条最小边
        while(conVerID[minEdge.vBegin-1]==conVerID[minEdge.vEnd-1])
        {   //如果 minEdge 会形成回路
            edgeUsed[n]=1;                          //标记此最小边不可用
            minEdge=GetMinEdge( G, edges, edgeUsed, n );  //继续取下一条最小边
```

```
        }
        //至此取得了一条可用最小边,加入生成树中
        treeEdges[i-1]=minEdge;                    //可用最小边加入生成树的边数组
        conID=conVerID[minEdge.vEnd-1];            //取得最小边的终点编号
        //conID=conVerID[minEdge.vBegin-1];
        for(j=1;j<=G.VerNum;j++)                    //合并连通编号到最小编号
        {   //所有连通分量编号为conID的顶点,连通分量编号都改为最小边起始顶点的连通号
            if(conVerID[j-1]==conID)
            {
                conVerID[j-1]=conVerID[minEdge.vBegin-1];
            }
        }
        edgeUsed[n]=TRUE;                           //标记当前选择的边已经用过
    }
}
```

【算法分析】Kruskal 算法的时间复杂度分析比较困难。假设连通网 $N=(V,E)$ 的顶点数为 n,边数为 e。首先从图中读取边的信息,即执行 GetEdges() 函数的时间复杂度为 $O(n^2)$,对邻接表表示可能稍微好一点;其次,选择 $n-1$ 条最小边,按本书给出的算法的时间复杂度为 $O(n*e)$。如果通过对边数组 edges[] 排序方法求解,最好的排序时间性能为 $O(e\log_2 e)$,但排序中会涉及数组 edges[] 的多次读写操作,实际也是相当耗时的,还要加上对 $n-1$ 条边选择操作的时间。对比 Prim 算法,Kruskal 算法时间与给定连通网的边数 e 相关,Kruskal 算法更适用于边数相对较少(较稀疏)的连通网。

6.5 最短路径

求解两点之间的最短路径的问题也可转换为图的应用问题。这类问题包含两个典型的问题:一是从单个顶点到其余各顶点之间的最短路径;二是各顶点之间的最短路径。针对这两个问题,下面分别介绍 Dijkstra 算法和 Floyd 算法。

6.5.1 从一个顶点到其余各个顶点的最短路径——Dijkstra 算法

1. 算法求解思想及实例

从网中一个指定的顶点到其余各顶点之间的最短路径的求解方法是由 Dijkstra 提出的,其求解思想是按最短路径长度不减的次序求解各顶点的解,即按由近到远的次序递推求解各顶点的解。

这一提法似乎有些矛盾:既然要求解的是到各顶点的最短路径,那么又如何先知道其长度呢? 下面来对此进行分析,为了叙述方便,假设一个带权图 $G(V,E)$,V 为图的顶点集合,一个集合 S 保存已经求出最短路径的顶点,则未解顶点集合为 V−S。在此,不妨假设起点为 v_0,其编号为 vID。引入辅助数组 path[] 用来保存全图的最短路径信息,数组的下标对应顶点的编号,数组的值表示当前顶点的直接前驱的编号,例如,path[3]=4,表示编号 3 顶点的直接前驱是编号为 4 的顶点。引入数组 dist[] 用来保存全图顶点到指定起点 v_0 的最短

距离值,数组下标对应顶点编号,数组的元素值即为距离值,例如,dist[4]=18,表示编号为 4 的顶点距离指定顶点 v_0 的最短距离值为 18。

事实上,其求解方法是由部分已知的距 v_0 近的顶点逐渐向远的顶点推进求解的,具体求解方法如下:

① 初始化:将起点 vID 加入已解集合 S 中。若顶点 vID 与目标顶点 i 相邻,即存在边 (vID,i),则 dist[i]初始化为边(vID,i)的权值;否则 dist[i]初始化为无穷大。将其作为 v_0 到 v_i 的最短路径(当然这只是暂时的)存放到 path[v]中,将其权值作为对应的路径长度存放到 dist[v]中。

② 从未解顶点中选择一个 dist 值最小的顶点 v,则当前的 path[v]和 dist[v]就是顶点 v 的最终解(从而使 v 成为已解顶点)。

③ 由于某些顶点经过 v 可能会(使得从 v_0 到该顶点)更近一些,因此,应修改这些顶点的路径及其长度的值,即要修改其 path 和 dist 的值(显然,这些顶点既可能是 v 的直接后继,也可能是 v 的间接后继,但只需修改其直接后继的 path 和 dist 的值)。

④ 重复②和③,直到所有顶点求解完毕。

【例 6.7】 求解图 6-33 所示图中从顶点 1 到其余各顶点之间的最短路径。

【解】 为直观起见,下面依次画出求解过程中的各步的图的状态及其相应的路径和长度,如表 6-2 所示。其中采用了以下一些约定和符号:

图中的实线表示已确定的解,虚线表示待确定的部分,用黑色背景表示已解顶点。到顶点的最短路径长度标注在顶点边上。

用两个数组 path 和 dist 分别表示从顶点 1 到其余各顶点的最短路径及其长度。

路径及其长度中的已解顶点用框框住,修改前后的值也相应地表示出来。

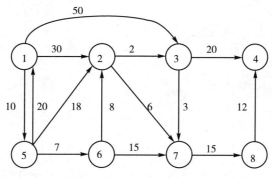

图 6-33 【例 6.7】图

表 6-2 Dijkstra 算法求解流程示意表

序号及操作	图状态	各点的最短路径 path	相应长度 dist
第一步：标出顶点1直接可达的顶点的路径及其长度。	(图：顶点1到2权30，1到3权50，1到5权10；顶点4、6、7、8为∞)	1 () 2 (1,2) 3 (1,3) 4 () 5 (1,5) 6 () 7 () 8 ()	1 0 2 30 3 50 4 ∞ 5 10 6 ∞ 7 ∞ 8 ∞
第二步：顶点5最近，故选顶点5。修改顶点5的直接后继的路径及其长度。	(图：1→2原30改28，5→2权18，5→6权7)	1 () 2 (1,2)(1,5,2) 3 (1,3) 4 () 5 (1,5) 6 ()(1,5,6) 7 () 8 ()	1 0 2 30 28 3 50 4 ∞ 5 10 6 ∞ 17 7 ∞ 8 ∞
第三步：顶点6最近，故选顶点6。修改顶点6的直接后继的路径及其长度。	(图：2改25，6→2权8，6→7权15)	1 () 2 (1,5,2)(1,5,6,2) 3 (1,3) 4 () 5 (1,5) 6 (1,5,6) 7 ()(1,5,6,7) 8 ()	1 0 2 28 25 3 50 4 ∞ 5 10 6 17 7 ∞ 32 8 ∞
第四步：顶点2最近，故选顶点2。修改顶点2的直接后继的路径及其长度。	(图：2→3权2，2→7权6，50划去，3改27)	1 () 2 (1,5,6,2) 3 (1,3)(1,5,6,3,2) 4 () 5 (1,5) 6 (1,5,6) 7 (1567)(15627) 8 ()	1 0 2 25 3 50 27 4 ∞ 5 10 6 17 7 32 31 8 ∞
第五步：顶点3最近，故选顶点3。修改顶点3的直接后继的路径及其长度。	(图：3→4权20，3→7权3，4改47)	1 () 2 (1,5,6,2) 3 (1,5,6,2,3) 4 ()(15,6,2,3,4) 5 (1,5) 6 (1,5,6) 7 (15627)(156237) 8 ()	1 0 2 25 3 27 4 ∞ 47 5 10 6 17 7 31 30 8 32

序号及操作	图状态	各点的最短路径 path	相应长度 dist
第六步：顶点 7 最近，故选顶点 7。修改顶点 7 的直接后继的路径及其长度。	(图：顶点1-8，权值如图所示，顶点标注 0, 25, 27, ∞47, 10, 17, 31→30, ∞45)	1 () 2 (1,5,6,2) 3 (1,5,6,2,3) 4 (1)(1,5,6,2,3,4) 5 (15) 6 (1,5,6) 7 (156237) 8 (1)(1,5,6,2,3,7,8)	1 0 2 25 3 27 4 47 5 10 6 17 7 30 8 ∞45
第七步：选顶点 8。修改顶点 8 的直接后继的路径及其长度未作修改。	(图：顶点标注 0, 25, 27, ∞47, 10, 17, 30, ∞45)	1 () 2 (1,5,6,2) 3 (1,5,6,2,3) 4 (15,6,2,3,4) 5 (1,5) 6 (1,5,6) 7 (156237) 8 (1,5,6,2,3,7,8)	1 0 2 25 3 27 4 47 5 10 6 17 7 30 8 45
第八步：选顶点 4。全部求解完毕。	(图：顶点标注 0, 25, 27, 47, 10, 17, 30, 45)	1 () 2 (1,5,6,2) 3 (1,5,6,2,3) 4 (1,5,6,2,3,4) 5 (1,5) 6 (1,5,6) 7 (156237) 8 (1,5,6,2,3,7,8)	1 0 2 25 3 27 4 47 5 10 6 17 7 30 8 45

由此例可知，用图形化方式来表示到各顶点的最短路径较为直观，因此，建议读者在平常练习及考试时，可将这种形式的图（事实上，在许多情况下可以说是一棵生成树）作为结果的一部分。

需要清楚的是求出了顶点 v_0 和 v_i 之间的最短路径后，中间途经的所有顶点都在相应的最短路径上。例如，在图 6-33 中，顶点 1 到顶点 8 的最短路径是 1—>5—>6—>2—>3—>7—>8，途经的顶点 5、6、2、3、7，也在顶点 1 到相应顶点的最短路径上，即 1—>5—>6—>2—>3—>7 是 1 到 7 的最短路径，1—>5—>6—>2—>3 是 1 到 3 的最短路径等。

2. 算法实现的讨论

下面讨论最短路径算法的实现。由算法描述可知，为实现这一算法，需要解决以下问题：

① 记录从起点到各顶点的最短路径及其长度。

② 表示各顶点是否已经求解的标志。

③ 搜索下一个求解的顶点,即在未解顶点中搜索出(距离起点)最近的顶点。

④ 修改所搜索出的顶点的后继的最短路径及其长度。

下面依次简要讨论上述各问题的实现。

① 求解结果的表示和存储:如前所述,引入两个一维数组 path[]和 dist[]。path[]数组存储最短路径信息,其下标对应网中的顶点编号,元素值表示下标对应顶点的直接前驱顶点,例如,path[3]=4,表示顶点 3 的直接前驱顶点为 4。dist[]数组存储指定顶点到各个目标顶点的距离值,数组下标也为顶点编号,例如,dist[3]=18,表示指定顶点 v_0 到编号为 3 的顶点的最短距离值为 18。

注意:一般情况下数组下标和顶点编号差 1,数组下标往往从 0 开始,顶点编号从 1 开始,算法实现时需要注意。

② 标记各顶点是否已经求解:可引入一个一维标记数组 solved[],数组下标对应顶点编号,数组元素值为 1,表示已求出最短路径,0 表示尚未求解,例如,solved[3]=1,solved[4]=0 表示编号为 3 的顶点已经求解,编号为 4 为的顶点尚未求解。

③ 搜索下一个求解顶点 v:就是在未解顶点中搜索出 dist 值最小的一个顶点。

④ 修改所搜索出的顶点 v 的直接后继顶点的最短路径及其长度。

【Dijkstra 算法——基于邻接矩阵】

```
//*******Dijkstra算法——基于邻接矩阵 ********//
//* 函数功能:给定顶点,求解此点与网中其他顶点的最短路径    *//
//* 入口参数:Graph G,待访问的网(图)                *//
//*        int vID,指定顶点的编号                  *//
//* 出口参数:int path[],返回最短路径信息             *//
//*        int dist[],返回最短距离值                *//
//* 返 回 值:无                                   *//
//***********************************//
void Dijkstra( Graph &G, int path[], int dist[], int vID )
{
    //数组 path[]保存最短路径信息,并返回到调用程序
    //数组 dist[]保存最短路径距离值,并返回到调用程序
    //vID 为指定的起始顶点编号
    int solved[MaxVerNum];      //标记顶点是否已经求出最短路径。1—已求解,0—未求解
    int i, j, v;
    cellType minDist;           //最短距离,cellType 为自定义的邻接矩阵中元素的数据类型
    //初始化集合 S 和距离向量
    for(i=1;i<=G.VerNum;i++)
    {
        solved[i-1]=0;          //标记所有顶点均未求解
        dist[i-1]=G.AdjMatrix[vID-1][i-1];
        if(dist[i-1]!=INF)
            path[i-1]=vID;      //第 i 顶点的前驱为 vID
        else
            path[i-1]=-1;       //当前顶点 i 无前驱
```

```
    }
    solved[vID-1]=1;              //标记顶点 vID 已求解
    dist[vID-1]=0;                //vID 到自身的距离为 0
    path[vID-1]=-1;               //vID 为起始顶点,无前驱
    //依次找出其他 n-1 个顶点加入已求解集合 S
    for(i=1; i<G.VerNum; i++)
    {
        minDist=INF;
        //在未解顶点中寻找距 vID 距离最近的顶点,编号保存到 v
        for(j=1;j<=G.VerNum;j++)
        {
            if(solved[j-1]==0 && dist[j-1]<minDist)   //j 目前尚在 V-S 中,为未解顶点
            {
                v=j;
                minDist=dist[j-1];
            }
        }
        if(minDist==INF)
            return;
        //输出本次选择的顶点距离
        cout<<"选择顶点:"<<G.Data[v-1]<<"--距离:"<<minDist<<endl;
        solved[v-1]=1;            //顶点 v 已找到最短距离,标记为已解顶点
        //对选中的顶点 v,修改未解顶点集 V-S 中,v 的直接后继到顶点 vID 的距离
        for(j=1; j<=G.VerNum; j++)
        {
            if(solved[j-1]==0 && (minDist+G.AdjMatrix[v-1][j-1])<dist[j-1])
            {
                //更新顶点 j 到顶点 vID 的最短距离。
                dist[j-1]=minDist+G.AdjMatrix[v-1][j-1];
                path[j-1]=v;      //更新顶点 j 的直接前驱为顶点 v
            }
        }
    }
}
```

【Dijkstra 算法——基于邻接表】
```
void Dijkstra(Graph &G, int path[], int dist[], int vID)
{
    int solved[MaxVerNum];
    int i, j, v;
    eInfoType minDist;            //保存最短距离值,eInfoType 为自定义的边的权值类型
    EdgeNode * p;                 //指向边链表结点的指针,EdgeNode 为边链表结点结构类型
    //初始化已求解集合 S,距离数组 dist[],路径数组 path[]
    for(i=1;i<=G.VerNum;i++)
```

```cpp
{
    solved[i-1]=0;              //所有顶点均未处理
    dist[i-1]=INF;              //所有顶点初始距离置为无穷大(INF)
    path[i-1]=-1;               //所有顶点的前驱置为-1,即无前驱
}
//处理顶点 vID
solved[vID-1]=1;                //标记 vID 已经处理
dist[vID-1]=0;
path[vID-1]=-1;
//从邻接表初始化 dist[]和 path[]
p=G.VerList[vID-1].firstEdge;   //顶点 vID 的边链表头指针
while(p)
{
    v=p->adjVer;                //取得顶点 vID 的邻接顶点编号
    dist[v-1]=p->eInfo;         //取得 vID 与 v 之间边的权值,赋给 dist[v-1]
    path[v-1]=vID;              //顶点 v 的前驱为 vID
    p=p->next;
}
//依次找出余下 n-1 个顶点加入已求解集合 S 中
for(i=1;i<G.VerNum;i++)
{
    minDist=INF;
    //在未解顶点中寻找距 vID 距离最近的顶点,编号保存到 v
    for(j=1;j<=G.VerNum;j++)
    {
        if(solved[j-1]==0 && dist[j-1]<minDist)
        {
            v=j;                //j 为未解顶点集 V-S 中候选的距离 vID 最近的顶点
            minDist=dist[j-1];
        }
    }
    //已解顶点集 S 与未解顶点集 V-S 没有相邻的顶点,算法退出
    if(minDist==INF)
        return;
    //输出本次选择的顶点距离
    cout<<"选择顶点:"<<G.VerList[v-1].data<<"--距离:"<<minDist<<endl;
    solved[v-1]=1;              //标记顶点 v 以找到最短距离,加入集合 S 中
    //对选中的顶点 v,更新集合 V-S 中所有与 v 邻接的顶点距离 vID 的距离
    p=G.VerList[v-1].firstEdge; //取得 v 的边链表的头指针
    while(p)
    {
        j=p->adjVer;            //取得 v 的邻接顶点编号,保存到 j
        if(solved[j-1]==0 && minDist+p->eInfo<dist[j-1])
```

```
            {
                dist[j-1]=minDist+p->eInfo;    //更新顶点 j 到顶点 vID 的最小距离
                path[j-1]=v;                    //j 的前驱改为顶点 v
            }
            p=p->next;
        }
    }
}
```

【Dijkstra 算法的输出】

调用上面给出的 Dijkstra 算法,返回最短路径信息 path 和最短距离值 dist。输出各个目标顶点到指定顶点 vID 的最短距离非常简单,直接输出 dist[i]即可。要输出指定顶点 vID 到目标顶点 i 之间的最短路径,即最短路径经过的顶点序列则稍微复杂一点,因为 path[i]给出的是全图最短路径上顶点 i 的直接前驱。要输出 vID 到 i 最短路径的顶点序列,可以从 i 开始,求出其直接前驱 vPre=path[i],再循环求出其前驱的前驱 vPre=path[vPre],直到 vID(没有前驱)。在此过程中还需要一个临时结构保存 vID 到 i 途径的顶点,可以借助栈或数组来保存顶点信息。下面给出一段借助数组保存顶点信息,输出最短路径的代码。

```
void PrintDijkstra(Graph &G, int path[], int dist[], int vID)
{
    int sPath[MaxVerNum];       //数组 sPath[]保存 vID 到目标顶点 i 的最短路径顶点
    int vPre;                    //前驱结点编号
    int top=-1;                  //保存最短路径上的顶点个数,以控制输出最短路径
    int i, j;
    for(i=1; i<=G.VerNum; i++)
    {
        cout<<G.Data[vID-1]<<" to "<<G.Data[i-1];
        if(dist[i-1]==INF)
            cout<<" 无可达路径。"<<endl;
        else
        {
            cout<<" 最短距离:"<<dist[i-1]<<endl;
            cout<<"         路径:";
        }

        top++;
        sPath[top]=i;            //sPath[0]保存目标顶点编号 i
        vPre=path[i-1];          //取得顶点 i 的直接前驱编号,赋给 vPre
        //从第 i 个顶点,迭代求前驱顶点,直到 vID,保存最短路径到 sPath[]
        while(vPre!=-1)
        {
            top++;
            sPath[top]=vPre;
            vPre=path[vPre-1];
```

```
        }
        //如果最短路径存在,依次打印从vID到i顶点的最短路径顶点序列
        if(dist[i-1]!=INF)
        {
            for(j=top;j>=0;j--)     //sPath[top]为指定的起始顶点vID
            {
                cout<<G.Data[sPath[j]-1]<<" ";
            }
        }

        top=-1;                     //初始化top,以处理下一个目标顶点
        cout<<endl;
    }
}
```

【思考问题】

本节讨论了带权图求解最短的算法,那么如何改造这些算法来求带权图中两个顶点之间的最长路径呢?

【算法分析】

上面算法中,主循环执行 $n-1$ 次,每次循环都要在未解顶点循环找出距离起始顶点最近的顶点,执行 n 次,所以 Dijkstra 算法时间复杂度为:$O(n^2)$。

有时求解的问题是指定起始顶点到指定目标顶点的距离,但只要使用 Dijkstra 算法,时间复杂度仍为:$O(n^2)$。

6.5.2 每一对顶点之间的最短路径——Floyd 算法

每一对顶点之间的最短路径指:对给定的连通网 $N=(V,E)$,求出网中任意一对顶点之间的距离。前面学习了 Dijkstra 算法,最容易想到的解决方法可能是循环使用 Dijkstra 算法,指定网中每个顶点作为起始顶点,这个方法的确是可行的,代码如下:

```
for( int i=1; i<=G.VerNum; i++)
{
    Dijkstra( G, path, dist, i);    //循环调用 Dijkstra 算法,i 作为起始顶点
}
```

这个算法的时间复杂度为 $O(n^3)$。

下面介绍解决这个问题另一种解决方案:Floyd 算法。

1. Floyd 算法的思想

Floyd 算法使用一个二维的顶点之间的距离矩阵,设为 D,数组下标为顶点编号,数组元素值即为下标对应顶点之间的最短距离值,D_{ij} 就表示顶点 i 和 j 之间的最短距离。将距离矩阵 D 初始化为连通网的邻接矩阵,记为 $D^{(0)}$,此时,如果两个顶点 i,j 之间有边(弧)(i,j),则 $D_{ij}^{(0)}$ 即为边(i,j)的权值,否则为无穷大。然后尝试用顶点 1 作为中间跳点,看看从 i 先到顶点 1,再从 1 到顶点 j,路径距离是否变短,如果变短,即 $D_{ij}^{(0)} < D_{i1}^{(0)} + D_{1j}^{(0)}$,则选择顶点 1 为中间跳点,用 $D_{i1}^{(0)} + D_{1j}^{(0)}$ 去更新 $D_{ij}^{(0)}$;否则不变。更新结束得到新的距离矩阵 $D^{(1)}$。接着再

用顶点 2 作跳点,更新距离矩阵得到 $D^{(2)}$。按编号依次尝试图中的每个顶点作为中间跳点,更新距离矩阵,直到最后一个编号顶点 n,得到最终的距离矩阵 $D^{(n)}$,存放的就是图中每对顶点之间的最短距离。求解过程距离矩阵的递推序列是:

$$D^{(0)},D^{(1)},D^{(2)},\ldots,D^{(n-1)},D^{(n)}$$

下面讨论一下一般情况:假定已经得到 $D^{(m-1)}$,现在用顶点 m 作跳点,递推得到 $D^{(m)}$,如图 6-34 所示。

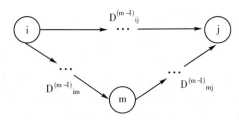

图 6-34　m 作为跳点示意图

顶点 m-1 作为跳点更新距离矩阵为 $D^{(m-1)}$,其中,i 到 j 的最短距离为 $D_{ij}^{(m-1)}$,i 到 m 的最短距离为 $D_{im}^{(m-1)}$,m 到 j 的最短距离为 $D_{mj}^{(m-1)}$。现在尝试以顶点 m 为跳点,判断 i 经 m 到达 j 的距离与不经过 m 的距离是否变短,分为下面两种情况:

① i⇒m⇒j 的距离比 i—>j 距离更短。

即: $D_{im}^{(m-1)} + D_{mj}^{(m-1)} < D_{ij}^{(m-1)}$,接受 m 作为跳点,即 i—>m—>j 为当前最短路径,距离更新为: $D_{ij}^{(m)} = D_{im}^{(m-1)} + D_{mj}^{(m-1)}$。

② i⇒m⇒j 的距离比 i—>j 距离更长或不变。

即: $D_{im}^{(m-1)} + D_{mj}^{(m-1)} >= D_{ij}^{(m-1)}$,则不接受 m 作为跳点,维持原来的 i—>j 最短路径不变,距离更新为: $D_{ij}^{(m)} = D_{ij}^{(m-1)}$。

留意一下就会注意到,在尝试跳点时,是按顶点编号依次尝试的,所以当尝试顶点 m 作为跳点时,i 到 j 的路径上,除了 i 和 j 外,中间途经的顶点的编号都小于 m。

为了保存两个顶点之间的最短路径信息,还需要一个二维数组 path,其详细构成在后面介绍,下面简单描述一下 Floyd 算法流程:

距离矩阵 D 初始化为连通网的邻接矩阵;
初始化路径矩阵 path;
for(m=1; m<=n; m++)
{
　　以 m 为跳点,更新距离矩阵 D;
　　更新路径矩阵 path;
}

2. Floyd 算法实现及讨论

(1) 二维距离矩阵

前面已经详细讨论,在后面实现中使用 dist[][] 数组作为距离矩阵,dist[i][j] 为顶点 i 和 j 之间的最短距离。实现时距离数组递推更新在同一个数组上完成,因为得到 $D^{(m)}$ 时, $D^{(m-1)}$ 就没用了。

(2) 二维路径数组

两个顶点之间最短路径中间途径的顶点数量是不同的,所以要保存最短路径上途径的顶点是有一定难度的,需要特别的设计。这里使用一个二维的路径数组 path[][]实现,其中数组元素 path[i][j]保存的是 i 到 j 最短路径终点 j 的直接前驱顶点的编号(i 到 j 路径上顶点序列中 j 的直接前驱,即 j 的前一个顶点)。

初始化时,如果 i 和 j 之间有边(弧),那么 i 就是 j 的前驱,即 path[i][j]=i;如果 i 和 j 之间没有边(弧)相连,或 i==j,则初始化为-1,标记没有前驱顶点,写成 path[i][j]=-1 及 path[i][i]=-1。

当尝试顶点 m 作为跳点时,如果接受 m 为跳点,则用 m 到 j 路径上 j 的前驱去更新原来 i 到 j 路径上 j 的前驱,即 path[i][j]=path[m][j];否则,不接受 m 为跳点,j 的前驱不变。

算法结束时,由 path 求取的两个顶点 i 和 j 之间最短路径上顶点序列的方法:首先由 path[i][j]可以求得 j 的前驱,不妨设编号为 x_1;有了 x_1,可以通过 path[i][x_1]求出路径上 x_1 的前驱,不妨设为 x_2;这个过程持续下去,直到路径某个顶点(不妨设为 x_k)的前驱为 i,即 path[i][x_k]==i。这样就求出了 i 到 j 路径上的所有顶点。简单地说就是:通过求 j 的前驱,再求前驱的前驱,持续下去直到 i。

下面给出 Floyd 算法实现,本算法是基于图的邻接矩阵表示的。因为算法是通过邻接矩阵的递推更新完成的,所以必须要有邻接矩阵。如果图以邻接表表示,算法的不同之处只在于邻接矩阵的获取。算法描述如下:

【Floyd 算法描述】

```
Void Floyd(Graph &G, cellType dist[MaxVerNum][MaxVerNum], int path[MaxVerNum][MaxVerNum])
{
    int i,j,m;
    for(i=1;i<=G.VerNum;i++)                    //初始化距离矩阵和路径矩阵
    {
        for(j=1;j<=G.VerNum;j++)
        {   //距离矩阵初始化为邻接矩阵
            dist[i-1][j-1]=G.AdjMatrix[i-1][j-1];
            //初始化路径矩阵,路径矩阵元素 path[i-1][j-1]
            //保存编号 j 顶点的前驱的顶点编号
            //如果 i,j 之间存在边(弧),则 j 的前驱为 i。否则前驱置为-1
            if( i!=j && G.AdjMatrix[i-1][j-1]<INF)
                path[i-1][j-1]=i;
            else
                path[i-1][j-1]=-1;
        }
    }

    //下面是 Floyd 算法的核心——三重 for 循环
    for(m=1; m<=G.VerNum; m++)                  //注意外层循环必须为中转跳点选择循环
    {
        for(i=1; i<=G.VerNum; i++)
        {
            for(j=1; j<=G.VerNum;j++)
```

```
            {   //m作为跳点,i、j之间距离变小,接收 m 作为中转点
                if(i!=j && dist[i-1][m-1]+dist[m-1][j-1]<dist[i-1][j-1])
                {   //更新最短距离
                    dist[i-1][j-1]=dist[i-1][m-1]+dist[m-1][j-1];
                    //更新路径,以 m->j 路径 j 的前驱更新
                    //原来 i->j 路径 j 的前驱
                    path[i-1][j-1]=path[m-1][j-1];
                }
            }
        }
    }
}
```

【算法分析】

从算法中的三重 for 循环直接可以看出算法的时间复杂度为 $O(n^3)$。

6.6 有向无环图

有向无环图(Directed Acycline Graph,DAG)指不存在回路的有向图。这是工程领域应用较多的一种图结构。由于一个工程通常包含多个子工程(或叫做活动),而且子工程之间存在着制约关系,因此,在工程应用领域,最关心的问题有以下两类:一是一个工程能否顺利进行?即所包含的子工程之间是否存在相互制约,而导致工程不能顺利进行;二是一个工程至少需要多长时间?其中哪些活动是影响工程成败的关键?

针对上述问题,常规的做法是采用图结构来描述工程,从而形成更一般形式的问题求解方法。下面给出针对这两类问题的求解算法:拓扑排序和关键路径求解算法。

6.6.1 拓扑排序

1. 问题描述

拓扑排序(Topological Sort)是从工程领域中抽象出来的问题求解方法。一般来说,一个工程大多由若干项子工程(或活动,后面就用活动来代替子工程)组成,各项活动之间存在一定的制约关系。

例如,将大学的专业学习作为一个为期几年的工程,其中所计划的各门课程及教学环节分别作为一项活动。很显然,各教学环节之间存在先后次序关系。例如,在计算机专业的学习过程中,学习"数据结构"课程需要有"高级语言程序设计"课程的知识,否则就很难进行。正因为如此,需要制定合理的专业教学计划。仔细观察和体会,将会发现在生活和工作中有很多存在这种制约关系的实例。

然而,有些工程中存在的制约关系使得工程难以正常进行下去,例如,一项工程中有 A、B、C 三件事要做,但相互间存在这样的制约关系:A 完成之后才能到 B,B 完成之后才能到 C,C 完成之后才能到 A。很显然,这种制约关系将导致工程无法进行。

因此,对于工程中的这类问题,我们感兴趣的是:一个工程能否顺利进行下去?也就是说,工程中的各活动间的制约关系是否会导致工程不能正常进行?

为求解此类问题,首先用图来表示工程:用顶点表示活动;用弧表示活动间的制约关系。例如,前面所描述的 A、B 和 C 间的制约关系如图 6-35 所示。

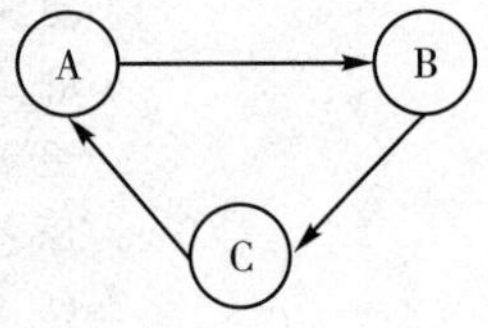

这种图称为"AOV 网"(Activity On Vertex)。在 AOV 网中,判断工程能否顺利进行的问题就变成了判断 AOV 网中是否存在有向回路的问题。接下来的问题是:如何判断 AOV 网中是否存在有向回路?

对此问题,可能有读者会想到用深度优先搜索遍历的方法:若从某顶点出发按深度遍历方式遍历能绕回来,则可断定存在有向回路。这种方法显然存在不足:若所选择的起点不在回路中,就不能绕回来。

图 6-35　A、B、C 对应关系图

对这一问题的求解是通过产生满足如下条件的(包含所有顶点的)顶点序列来实现的:若图(即 AOV 网中)中顶点 V_i 到顶点 V_j 之间存在路径,则在序列中顶点 V_i 领先于顶点 V_j,称满足上述条件的顶点序列为"拓扑序列",称产生这一序列的过程为"拓扑排序"。也就是说,判断 AOV 网中是否存在有向回路的问题变成了拓扑排序的问题:如果拓扑排序能输出所有顶点,则说明不存在回路,否则就存在回路。拓扑排序如何进行?方法如下:

① 找出一个入度为 0 的顶点 V,输出(作为序列中的第一个元素)。

② 删除顶点 V 及其相关的弧(因而使其后继顶点的入度减 1,并可能出现新的入度为 0 的顶点)。

③ 重复①、②,直到找不到入度为 0 的顶点为止。

经过上述操作之后,若所有顶点都被输出了,则说明 AOV 网中不存在回路,否则存在回路。例如,可求出图 6-36(a)所示的 AOV 网的一个拓扑序列为 1,2,4,3,5,6,7,因而不存在回路。显然,其拓扑序列不唯一,请读者自己求解出其所有的拓扑序列。

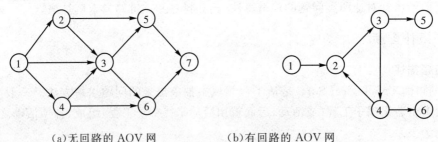

(a)无回路的 AOV 网　　　　(b)有回路的 AOV 网

图 6-36　AOV 网示例

2. 拓扑排序方法及实现

下面讨论拓扑排序方法的实现:

① 由于求解方法中涉及"入度",因而需要保存各顶点的入度,为此,不妨采用一个入度数组 ind。为简便起见,假设 ind 中的各元素的值已经设置好了。

② 为实现 ① 中的"寻找入度为 0 的顶点"的操作,有两种典型的方法:

• 在 ind 数组中搜索。这种方法不理想,一方面要花费较多的搜索时间,另一方面还要区分顶点是否已经被输出。

• 将入度为 0 并且未输出的顶点放在一个结构中,需要时就直接从中取出,而不必搜索,从而节省搜索时间。这样,当出现新的入度为 0 的顶点时,就需要将其存放进来。符合这一要求的结构有栈、队列等线性结构,经典方法是用栈,因而本书也用栈。为此,需要为栈配套相应的操作集合,如置空、判断栈空、入栈、出栈等。

③ 步骤 ② 中"删除"顶点的实现:有些初学者看到这一操作便想着如何在存储结构上实现删除顶点的操作,这不方便,同时也没有必要。完整分析拓扑排序的方法发现,确定一个顶点是否能被输出的条件是其入度是否为 0,"删除顶点"的目的并非是真的要将其去掉,其真实目的是为了使其后继顶点少一个前趋(即入度减 1)。由此可知,删除顶点的实现可通过将其所有后继顶点的入度减 1 来实现。

综合上述讨论,可得到拓扑排序方法的细化描述:
① 初始化空栈 S。
② 将 AOV 网中所有入度为 0 的顶点压入栈 S 中。
③ 若 S 不空,则 V=POP(S),并输出 V。
④ 将 V 的每个后继的入度减 1,若其中某个后继的入度变成了 0,则将其压入栈 S 中。
⑤ 转③。

按这一方法,可得到图 6-36(a)所示 AOV 网的拓扑序列为 1,4,2,3,6,5,7(设每个顶点的邻接点均按从小到大的次序排列)。其执行过程中各步的入度数组、栈的状态和后继操作如图 6-37 所示。其中,为醒目起见,将入度数组中发生变化的入度值框住。输出序列就是出栈的序列。

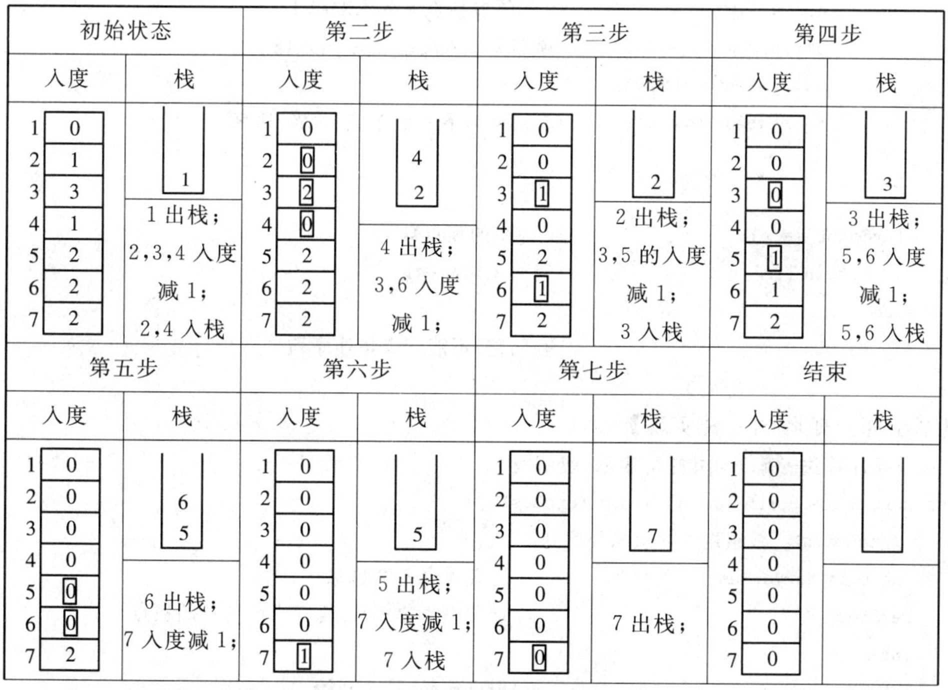

图 6-37 拓扑排序求解过程示例

3. 拓扑排序算法实现

下面给出完整的拓扑排序算法,给出的算法是借助栈实现的。

【算法框架】
```
int TopologicalSort(Graph &G)
```

```
{                              //产生图G的拓扑序列,并给出是否存在有向回路的判断
    Stack S;                   //定义一个栈,保存入度为0的顶点
    //求图中各个顶点的入度,存入入度数组ind
    GetInDegrees(G, ind);
    initStack(S);              //初始化栈
    for(i=1;i<=G.VerNum;i++)   //入度为0的顶点入栈
    {
        if(inds[i-1]==0)
            pushStack(S,i);
    }
    int vCount=0;              //定义变量vCount用于记录输出的顶点数
    while(!stackEmpty(S))
    {
        popStack(S,v);         //从栈顶弹出一个入度为0的顶点编号到v
        visit(v);              //访问取出的顶点v
        vCount++;              //已处理顶点(入度为0)数加1
        w=findAdj(G,v);        //对v的邻接(后继)顶点的入度减1
        while(w!=0)
        {
            ind[w-1]--;        //v的邻接顶点w的入度减1
            if(inds[w-1]==0)   //顶点w的入度已经为0,入栈
                pushStack(S,w);
            w=nextAdj(G,v,w);  //取得v的下一个邻接(后继)顶点
        }
    }
    if(vCount==n)              //n为图的顶点数
        return 1;              //返回无回路标记
    else
        return 0;              //有回路,不能产生拓扑序列
}
```

【基于邻接矩阵的一种实现】

```
//拓扑排序算法—基于邻接矩阵表示,使用栈
int TopologicalSortS(Graph &G, int topoList[])
{   //topoList[]数组用于存放拓扑序列
    int inds[MaxVerNum];       //定义顶点入度数组
    seqStack S;                //定义一个顺序栈,保存入度为0的顶点
    int i;
    int v;                     //顶点编号,从1开始
    int vCount=0;              //记录顶点入度为0的顶点数
    initStack(S);              //初始化栈
    for(i=0;i<G.VerNum;i++)    //入度数组初始化
        inds[i]=0;
    for(i=1;i<G.VerNum;i++)    //拓扑序列数组初始化
```

```
            topoList[i-1]=-1;              //初始化顶点编号为-1
        GetInDegrees(G, inds);              //从邻接矩阵获取图中各个顶点的初始入度
        for(i=1;i<=G.VerNum;i++)            //入度为0的顶点入栈
        {
            if(inds[i-1]==0)
                pushStack(S,i);
        }
        while(!stackEmpty(S))
        {
            popStack(S,v);                  //从栈顶弹出一个入度为0的顶点编号到v
            topoList[vCount]=v;             //当前入度为0顶点v,加入拓扑序列
            vCount++;                       //已处理顶点(入度为0)数加1
            for(i=1;i<=G.VerNum;i++)        //与v邻接的顶点的入度减1
            {
                if(G.AdjMatrix[v-1][i-1]>=1 && G.AdjMatrix[v-1][i-1]<INF && inds[i-1]>0)
                {
                    inds[i-1]--;            //与v邻接的顶点i的入度减1
                    if(inds[i-1]==0)        //顶点i的入度已经为0,入栈
                        pushStack(S,i);
                }
            }
        }
        if(vCount==G.VerNum)                //G.VerNum 为图的顶点数
            return 1;                       //返回无回路标记
        else
            return 0;                       //有回路,不能产生拓扑序列
}
```

【基于邻接表的一种实现】

```
//拓扑排序算法——基于邻接表表示,使用栈
int TopologicalSortS(Graph &G, int topoList[])
{   //topoList[]数组保存拓扑排序序列
        int inds[MaxVerNum];                //保存图中各个顶点的入度
        seqStack S;                         //定义栈,保存入度为0的顶点
        int i;
        int v;                              //保存顶点编号,编号从1开始
        int vCount=0;                       //记录入度为0的顶点数
        EdgeNode *p;                        //边链表结点指针
        initStack(S);                       //初始化栈
        for(i=1;i<=G.VerNum;i++)            //初始化数组inds[]和topoList[]
        {
            inds[i-1]=0;                    //每个顶点入度初始化为0
            topoList[i-1]=-1;               //拓扑序列初始化为-1
        }
```

```
        GetInDegrees(G,inds);              //从邻接表读取顶点的初始入度
        for(i=1;i<=G.VerNum;i++)           //入度为0的顶点编号入栈
        {
            if(inds[i-1]==0)
                pushStack(S,i);
        }
        while(!stackEmpty(S))              //依次弹出入度为0的顶点,将其邻接点入度减1
        {
            popStack(S,v);                 //弹出一个入度0顶点到v
            topoList[vCount]=v;            //顶点v存入拓扑序列
            vCount++;                      //入度为0顶点数加1
            p=G.VerList[v-1].firstEdge;    //与v邻接的顶点入度减1
            while(p)
            {
                v=p->adjVer;               //依次取出邻接点
                inds[v-1]--;               //邻接顶点入度减1
                if(inds[v-1]==0)           //如果入度减1后变为0,顶点v入栈
                    pushStack(S,v);
                p=p->next;
            }
        }
        if(vCount==G.VerNum)               // G.VerNum 为图的顶点个数
            return 1;                      //拓扑排序成功
        else
            return 0;                      //存在回路,拓扑排序失败
    }
```

【算法分析】

由算法可知,整个算法要循环 n 次以输出每个顶点,其中在每一次循环中,每个顶点无需搜索。在输出每个顶点后,要对其所有的邻接(后继)顶点的入度减1,因此,搜索其邻接顶点是花费时间最多的部分,并且所需的时间与深度优先搜索遍历算法类似,取决于存储结构:

① 若采用邻接矩阵存储图,算法的时间复杂度为 $O(n^2)$。

② 若采用邻接表存储图,算法的时间复杂度为 $O(n+e)$。

【思考问题】

① 不使用栈,使用队列如何实现拓扑排序算法?

② 既不使用栈,又不使用队列,如何实现算法?

6.6.2 关键路径

1. 问题描述

关键路径也是从工程领域抽象出来的一类问题,这类问题的求解常用于工程完成所需时间的估算,包括完成整个工程需要多少时间? 其中哪些子工程是影响工程进度的关键?

为求解此类问题,采用如下形式的图结构来表示工程:用弧(有向边)表示活动(子工程);用弧的权值表示活动的持续时间;用弧两端的顶点分别表示活动的开始和结束,叫做"事件"(即工程中的瞬间行)。

这样的有向图称为"AOE 网"(Activity On Edge)。显然,一个能正常进行的工程所对应的 AOE 网是一个有向无环图。由于整个工程通常有一个唯一的开始时间和结束时间,因此,相应地,在 AOE 网中分别对应一个顶点,称"开始点"(即入度为 0 的顶点)为"源点",称"结束点"(出度为 0 的顶点)为"汇点"。

例如,在图 6-38 所示的 AOE 网中,有 15 个活动(子工程),分别编号为 $a_1 \sim a_{15}$;每个活动所需的持续时间标注在相应的活动上;有 10 个事件,即 10 个顶点,顶点(事件)编号为 $1 \sim 10$。其中有一些活动对应相同的起点(即开始事件)或终点(结束事件),例如,活动 a_5 和 a_6 对应相同的开始事件 v_3(顶点③),活动 a_9 和 a_{10} 对应相同的结束事件 v_8(顶点⑧)。事件 v_1(顶点①)表示整个工程的开始,即为源点,事件 v_{10}(顶点⑩)表示整个工程的结束,即为汇点。其他个顶点均表示其前面的所有活动都完成之后,其后续的各个活动可以开始,比如顶点⑤(事件 v_5)表示其前面的活动 a_4 和 a_5 已经完成,其后续的活动 a_8 和 a_9 可以开始。

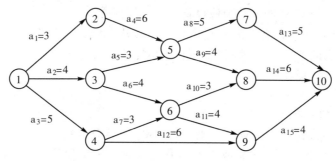

图 6-38 AOE 网示例

由图 6-38 可知,在 AOE 网中,有些活动之间只能依次(串行)地进行。例如,只有在 a_4 和 a_5 完成之后才能是顶点⑤对应事件发生,从而可以开始执行活动 a_8 和 a_9,还有些活动之间可以并行,如活动 a_1、a_2 和 a_3 之间就可以并行。因此,整个工程所需要的最少时间不是所有活动(子工程)所需时间的累积,而应是从源点到汇点之间的工期最长的一条路径。这条最长的路径称为"关键路径"(Critical Path)。由于从源点到汇点的有向路径可能不止一条,因此,需要采用有效的方法来计算。

2. 关键路径求解方法及描述

(1) 工程所需最少时间的计算

关键路径的求解与工程所需最少时间是相关的,讨论如下。

工程所需最少时间的计算:若将源点对应事件的发生时间定为 0,则工程所需最少时间等于汇点对应事件的最早发生时间的值。显然,要使该事件发生,需要在以其为终点的所有活动都完成之后,而这些活动的实施需要在其所对应的起点事件发生之后。因此,汇点事件的最早时间依赖于其前驱顶点的最早发生时间。依此类推,每个顶点事件的最早发生时间都依赖于其前驱顶点事件的最早发生时间。由此可知,问题变成了按拓扑次序求解各顶点事件最早发生时间的问题。为此,需要解决以下问题:

① 为每个顶点设置一个对应事件的最早发生时间,合在一起构成一个数组 E[n+1]。

② 计算顶点 v 的 E[v]值：如前所述，每个顶点事件要在其前面所有活动都完成之后才能发生，因此，各 E[v]的值应是其每个前驱顶点 vPre 的最早发生时间与 vPre 和 v 两点之间活动的持续时间的和的最大值，即：

$$E[v]=\max\{E[vPre]+dur[vPre,v]\}$$

其中，vPre 代表 v 的各个前驱顶点，dur[vPre,v]代表弧<vPre,v>所对应活动的持续时间。

③ 所有顶点的最早发生时间的计算方法：由于需要按拓扑次序求解各个顶点事件的最早发生时间，因而可将各顶点的 E[v]的计算嵌入到拓扑排序算法中。由于拓扑排序算法中对每个当前顶点都是往后搜索一个邻接点的，因此，对 E[v]的计算也采用这一次序，即在拓扑排序算法中，对当前顶点 v，每当找到一个后继顶点 w，就要计算 E[w]的值。因此，各点 w 的 E[w]值的计算要在其每个前驱顶点都作为当前顶点对其计算之后才能确定（此时，w 的入度变为 0），在此之前只能是暂时的。E[w]的计算公式如下：

$$E[w]=\max\{E[w],E[v]+dur[v,w]\}$$

其中，w 是 v 的后继顶点。

显然，各顶点 v 的 E[v]的初始值应设置为 0 比较合适。

将实现这一计算的下面语句嵌入到拓扑排序算法中的处理每个后继顶点的内层循环中，即可实现个顶点的 E[v]的计算（因而不再给出完整算法）：

```
if(E[v]+dur[v,w]>E[w])
    E[w]=E[v]+dur[v,w];
```

(2) 关键路径的求解

下面讨论关键路径的求解。如前所述，关键路径是从源点到汇点的最长的路径（可能有多条），关键路径上的任一活动的耽搁都会直接影响到整个工程的进度。因此，关键路径事实上就是由所有不能耽搁的活动所组成的路径。因此，求关键路径可通过求出所有不能耽搁的活动来实现，也就是要求出所有最早开始时间和最迟开始时间相同的活动，因而涉及相关各顶点事件的最早发生时间和最迟发生时间的计算。为此，需要实现以下问题的求解。

① 为每个顶点设置一个对应事件的最迟发生时间，合在一起构成一个数组 L[n+1]。

② 顶点 v 的 L[v]值的计算：如前所述，汇点对应事件的最早发生时间就是整个工程所需的最少时间，为不耽误工期，需要限定汇点事件的最迟发生时间与最早发生时间相同。为此，汇点的各前驱顶点的最迟发生时间不能影响到汇点的最迟发生时间。由此可知，各 L[v]的值应是以不影响其每个后继顶点事件的发生为条件，从而可得计算公式如下：

$$L[v]=\min\{L[vSuc]-dur[v,vSuc]\}$$

其中，vSuc 代表 v 的后继顶点，dur[v,vSuc]代表弧<v,vSuc>所对应活动的持续时间。

③ 所有顶点对应事件的最迟发生时间的计算方法：由于是按逆拓扑次序求解各顶点事件最迟发生时间的，因此可将各顶点的 L[v]的计算嵌入到逆拓扑排序算法（采用逆邻接链表表示图，并按出度来求解，仍可采用拓扑排序算法）中。类似地，各顶点 v 的 L[v]的计算要在其每个后继顶点都作为当前顶点对其计算后才能最终确定（此时，v 的出度为 0），在此之前只能是暂时的。各顶点的最迟发生时间的计算变成对当前顶点 v 求其前驱 w 的 L[w]的计算，即：

$$L[w]=\min\{L[w],L[v]-dur[w,v]\}$$

第 6 章 图

其中,w 代表 v 的各个前驱顶点。

显然,各顶点 v 的 L[v]的初值应设置为不小于汇点事件的最迟发生时间的值。

将实施这一计算的下面的语句嵌入到逆拓扑排序算法中的处理每个后继顶点(此处事实上对应前驱顶点)的内存循环中,即可实现各顶点的 L[v]的计算(同样不再给出完整算法),即:

    if(L[v]−dur[w,v] < L[W])
        L[w]=L[v]−dur[w,v];

【算法分析】

关键路径的求解算法的时间复杂度取决于所采用的拓扑排序算法的时间复杂度。

3. 求解实例

【例 6.8】 求解图 6-38 所示 AOE 网的关键路径。

【解】 按照求解方法,首先需要分别求解最早发生时间和最迟发生时间,然后再确定关键路径。下面分别讨论。

① 最早发生时间的求解。为清晰起见,将求解过程以表 6-3 所示的表格形式给出,其中每一行代表一个求解步骤,每一列代表一个顶点的求解状态,每一单元格中的数据为此顶点当前最早发生时间和入度之比,即:最早发生时间/入度,不变化时不给出。当入度变为 0 后,因不会再变化,故其下面均用阴影来指示。表中的"输出顶点"是按照拓扑排序次序进行的。

表 6-3 图 6-38AOE 网最早发生时间求解过程

步骤 \ 顶点	1	2	3	4	5	6	7	8	9	10
初始状态	0/0	0/1	0/1	0/1	0/2	0/2	0/1	0/2	0/2	0/3
输出 1		3/0	4/0	5/0						
输出 4						8/1			11/1	
输出 3					7/1	8/0				
输出 6								11/1	12/0	
输出 9										16/2
输出 2					9/0					
输出 5							14/0	13/0		
输出 7										19/1
输出 8										19/0
输出 10										

由表 6-3 可知,整个工程最少的工期为 19 个时间单位。

② 最迟发生时间的求解。求解过程类似最早发生时间的求解,可用表 6-4 形式给出,单元格中数据为:最迟发生时间/出度。

表 6-4　图 6-38 AOE 网最迟发生时间求解过程

步骤＼顶点	1	2	3	4	5	6	7	8	9	10
初始状态	19/3	19/1	19/2	19/2	19/2	19/2	19/1	19/2	19/2	19/0
输出 10							14/0	13/0	15/0	
输出 8					9/1	10/1				
输出 7					9/0					
输出 5		3/0	6/1							
输出 2	0/2									
输出 9					9/1	10/0				
输出 6			6/0	7/0						
输出 3	0/1									
输出 4	0/0									
输出 1										

③ 关键路径的求解。为求解关键路径,将各顶点的最早发生时间和最迟发生时间在 AOE 网上各顶点上方和下方标出,如图 6-39 所示。将其中最早和最迟发生时间相同的活动连接起来便得到关键路径,如图中粗线所示。由图 6-39 可知,AOE 网中有 2 条关键路径: (1,2,5,7,10)和(1,2,5,8,10),关键活动包括:a_1、a_4、a_8、a_{13} 和 a_{14}。

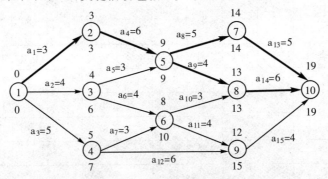

图 6-39　【例 6.8】AOE 网关键路径求解示意图

小结

图是从实际问题中抽象出的一种模型,是一种复杂的结构,其中每个元素(在此称为"顶点")可能有多个前驱和多个后继。图结构有许多相关的概念,包括:有向图、无向图、网络(带权图)、有向完全图、无向完全图、子图、邻接点、度、入度、出度、路径、回路、简单路径、简单回路、连通图、连通分量、强连通图、树、有向树、生成树等。

图结构最常用的存储形式是邻接矩阵和邻接表。邻接矩阵简单、直观,便于编程实现,不足之处是在图中边(弧)较少时,较浪费空间。邻接表存储能节省存储空间,但编程实现的难度要大一些。

第6章 图

深度遍历和广度遍历算法是图的基本运算,也是最重要的运算。深度遍历算法在选择下一个访问顶点时是根据深度越大越优先的原则进行的,其算法以递归形式给出,简捷直观,但有一定难度。广度遍历算法是典型的层次遍历算法,需要用队列保存有关信息。

最小生成树是图的应用之一,有 Prim 算法和 Kruskal 算法两种求解方法。Prim 算法的求解思想使得在求解过程中所选择的所有边是相连接的,其时间复杂度不受图的存储结构的影响,为 $O(n^2)$。Kruskal 算法的求解思想使得在求解过程中所选择的所有边可能不相连。

拓扑排序是面向工程问题的求解,主要通过判断是否存在有向回路来判断工程是否能顺利进行。算法的时间复杂度取决于图的存储结构。

最短路径算法是图结构的另外一个重要应用。

习题 6

6.1 有 n 个选手参加的单循环比赛要进行多少场比赛?试用图结构描述。若是主客场制的联赛,又要进行多少场比赛?

6.2 证明下列命题:

(1) 在任意一个有向图中,所有顶点的入度之和与出度之和相等。

(2) 任一无向图中各顶点的度的和一定为偶数。

6.3 一个强连通图中各顶点的度有什么特点?

6.4 证明:有向树中仅有 $n-1$ 条弧。

6.5 证明:树的3个不同定义之间的等价性。

6.6 已知有向图 G 用邻接矩阵存储,设计算法以分别求解顶点 vi 的入度、出度和度。

6.7 已知图 G 用邻接矩阵存储,设计算法以分别实现函数 firstadj(G,v) 和 nextadj(G,v,w)。

6.8 设图 G 用邻接矩阵 A[n+1,n+1] 表示,设计算法以判断 G 是否是无向图。

6.9 已知图 G 用邻接表存储,设计算法输出其所有边或弧。(假设各表头指针在数组 A[n+1] 中)

6.10 对下列图,分别执行 dfs(1) 和 dfs(5),写出遍历序列,并构造出相应的 dfs 生成树。

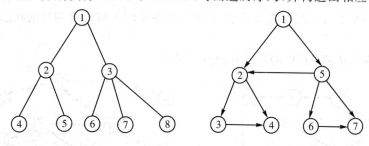

6.11 对例 6.3 中的图 G(图 6-6 所示)的邻接表,不用还原出原图,请执行 dfs(1),写出遍历序列,并构造出相应的 dfs 生成树。

6.12 设计算法以判断顶点 v_i 到 v_j 之间是否存在路径?若存在,则返回 TRUE,否则返回 FALSE。

6.13 设计算法以判断无向图 G 是否是连通的,若连通,返回 TRUE,否则返回 FALSE。

6.14 设 G 是无向图,设计算法求出 G 中的边数。(假设图 G 分别采用邻接矩阵、邻接表以及不考虑具体存储形式,通过调用前面所述函数来求邻接点)

6.15 设 G 是无向图,设计算法以判断 G 是否是一棵树,若是树,则返回 TRUE,否则返回 FALSE。

6.16 设 G 是有向图,设计算法以判断 G 是否是一棵以 v_0 为根的有向树,若是返回 TRUE,否则返回 FALSE。

6.17 在图 G 分别采用邻接矩阵和邻接表存储时,分析深度遍历算法的时间复杂度。

6.18 设连通图用邻接表 A 表示,设计算法以产生 dfs(1) 的 dfs 生成树,并存储到邻接矩阵 B 中。

6.19 在图 G 分别采用邻接矩阵和邻接表存储时,分析广度遍历算法的时间复杂度。

6.20 设计算法以求解从 v_i 到 v_j 之间的最短路径。(每条边的长度为 1)

6.21 设计算法以求解距离 v_0 最远的一个顶点。

6.22 设计算法以求解二叉树 T 中层次最小的一个叶子结点的值。

6.23 分别用 prim 算法和 Kruskal 算法求解下图的最小生成树,标注出中间求解过程的各状态。

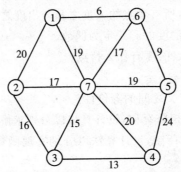

6.24 在图分别采用邻接矩阵和邻接表存储时,prim 算法的时间复杂度是否一致?为什么?

6.25 在实现 Kruskal 算法时,如何判断某边和已选边是否构成回路?

6.26 对下面的 AOV 网,完成如下操作:

(1) 按拓扑排序方法进行拓扑排序,写出中间各步的入度数组和栈的状态值,并写出拓扑序列。

(2) 写出左图所示 AOV 网的所有的拓扑序列。

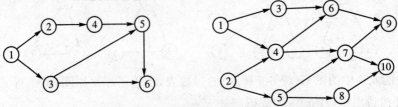

6.27 分析在图分别采用邻接矩阵和邻接表存储时的拓扑排序算法的时间复杂度。

6.28 对下面的图,求出从顶点 1 到其余各顶点的最短路径。

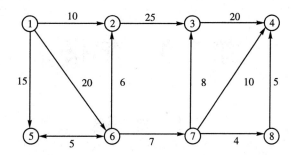

6.29 分析在图分别采用邻接矩阵和邻接表存储时,求最短路径的 Dijkstra 算法的时间复杂度。

第7章 查 找

7.1 概 述

　　查找和排序是软件设计中最常用的运算,本章讨论有关查找的内容。本章首先介绍查找及查找表的有关概念、评价查找算法性能的指标等基本内容,然后重点讨论在顺序表、树表、散列表和索引表等几种数据表中查找特定元素的方法和算法,并对有关性能作必要的分析和比较。

　　什么是查找?简单地说,就是在数据集中找出一个"特定元素"。例如,日常生活中的查字典、电话号码、图书等,高考考生在考试后通过信息台查询成绩等。

　　在软件设计中,通常是将待查找的数据元素集以某种表的形式给出,从而构成一种新的数据结构——**查找表**。

　　在查找表中,每个元素可能由多项信息组成,通常将每一项称为一个**字段**。例如,在学校的课程成绩表中,通常会包含如下几个字段:学号、姓名、成绩、备注等。在高考成绩表中,至少要包含如下几个字段:准考证号码、座位号、姓名、总分、四门单科成绩等。有初学者可能会问:有了姓名,还要学号或准考证号干什么?对这一问题,有经验的人自然会给出答复:"为了避免同名"。也正因为如此,通常在一个数据库中都会设置类似于学号或准考证号这样能够标识元素的字段。

　　一般来说,在一个数据表中,若某字段(项、域)的值可以标识一个数据元素,则称之为**"关键字"(或键)**。也就是说,给定该关键字(项、域)的一个值,就可以标识(或对应到)一个数据元素。例如,在高考成绩表中,若给定某考生的准考证号码(一个字段),就可以对应到一个学生的成绩信息记录,然而,若给定该考生的姓名(一个字段),则可能因为有同名而导致对应到多个考生的成绩记录。对此,给出以下的区分:若此关键字的每个值均可以唯一标识一个元素,则称之为**"主关键字"**。否则,若该关键字(的某个值)可以识别若干个记录(或元素),则称之为**"次关键字"**。

　　这样,可以给出查找的定义:对给定的一个关键字的值,在数据表中搜索出一个关键字的值等于该值的记录或元素。若找到了指定的元素,则称为"查找成功",通常是返回该元素在查找表中的位置,以便于能存取整个元素的信息。若表中不存在指定的元素,则称"查找不成功",或称为"查找失败",此时一般是返回一个能表示查找失败的值。

　　接下来的问题是:查找表以什么结构形式给出?如何在某种表中进行查找?关于查找表的形式,可以说有多种,本书主要介绍三类表——顺序表、树表和散列表,另外,还涉及索引表结构。不同形式的表对应不同的查找方法,因而查找的时间性能也有所不同,这些是本章的重点部分。

　　查找算法的时间性能一般以查找长度来衡量。所谓"查找长度"是指查找一个元素所进行的关键字的比较次数。通常情况下,由于各元素的查找长度有所差异,因而常以平均查找长度、最大查找长度等来衡量查找算法的总的时间性能。

7.2 顺序表的查找

顺序表查找的问题描述:设查找表以一维数组来存储,要求在此表中查找出关键字的值为 x 的元素的位置,若查找成功,则返回其位置(即下标),否则,返回一个表示元素不存在的下标(如 0 或 −1)。

在顺序表查找元素,根据元素之间是否具有递增(减)特性又可分为三种情况,即简单顺序查找、二分查找和分块有序查找。各种情况的查找方法及其性能存在较大差异,下面分别讨论。

7.2.1 简单顺序查找

简单顺序查找对数据的特性没有要求,即无论是否具有递增(减)特性均可以,因此,其查找只能从表的一端开始,逐个比较各元素,若成功,返回该记录(元素)的下标,否则返回 0,以表示失败。

关于数据表元素下标的说明:虽然 C 语言中数组的下标是从 0 开始的,但考虑到简单顺序查找算法的特点,将数组中存储元素的下标范围约定为 $1 \sim n$,因此,存储数组需要描述为 A[$n+1$]。这样,可以通过返回下标 0 来表示查找失败。

在实现查找时,搜索方向可以从下标 1 到 n,也可以从 n 到 1。为节省时间,采用后者。算法如下:

```
int seq_search(elementtype A[],int n, keytype x)
{
    i=n; A[0].key=x;              //设定监视哨
    while (A[i].key!=x)  i--;
    return  i;
}
```

虽然元素的存储范围为 $1 \sim n$,但该算法中还是利用了元素 A[0],这是一个小技巧,其作用是充当**监视哨**:当查找失败时,肯定会在 A[0] 中"找到"该元素,因而返回其下标 0 以表示查找失败。若不设此监视哨,则在每次循环中均要判断下标(即 i 的值)是否越界。因而这样设置可以节省约一半的比较时间。

该算法在查找某一元素时所作的比较次数取决于该元素在表中的位置,因而各元素的查找长度显然不同。下面只讨论其平均查找长度。假设每个元素的查找概率相同,则由于各元素的查找长度依次取值从 1 到 n,因此,查找成功时的平均查找长度 ASL(Average Searching Length)为:

$$ASL=(1+2+\cdots+n)/n=(n+1)/2$$

很显然,失败的查找长度为 $n+1$。

对这样的查找长度,在 n 取值较小时还可以接受,但若表的规模较大,则难以接受。例如,在一本有 10 万个词汇的英语词典中查一个单词,若采用这种方法,平均需要比较 5 万个单词,这显然难以接受。即使用计算机来查找,其时间耗费也很大。为此,需要更快的查找方法。

7.2.2 有序表的二分查找

显然,在查英语词典类的数据表时,不会采用上述简单顺序查找方法,这是因为词典中的元素已经按英语字母的次序排列好了。更一般地说,如果查找表 A 已经按关键字递增(减)有序,此处不妨设为递增有序,则可采用二分查找(也叫折半查找)来查找。

1. 二分查找法

二分查找的查找过程如下:设查找区域的首尾下标分别用变量 low 和 high 表示(初值分别为 0 和 $n-1$),将待查关键字 x 和该区域的中间元素(其下标 mid 的值为 low 和 high 的算术平均值,即(low+high)/2)的关键字进行比较,根据比较的结果分别作如下处理:

① x==A[mid].key:查找成功,返回 mid 的值。

② x<A[mid].key:说明元素只可能在左边区域(下标从 low 到 mid-1),因此应在此区域继续查找。

③ x>A[mid].key:说明元素只可能在右边区域(下标从 mid+1 到 high),因此应在此区域继续查找。

若表中存在所要查找的元素,则经过反复执行上述过程可以很快地查找到,并返回元素下标。图 7-1 所示为在一个有序表中查找 8 的二分查找过程示意图。其中数组的下标从 0 开始,这与简单顺序查找中略为有所不同。

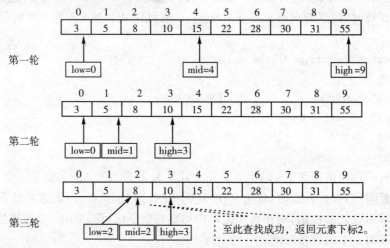

图 7-1 一个有序表中查找元素 8 的二分查找过程

如果表中不存在所要查找的元素,如何能判断出来?在这种情况下,由于在查找过程中不断缩小查找区域(low 增大或 high 缩小),从而导致查找区域为空,即 low>high,即如果 low>high 成立,则表明查找区域为空,因而查找失败。由此得流程图如图 7-2 所示。

【二分查找算法描述】

```
int bin_search(elementtype A[],int n, keytype x)
{   int mid,low=0,high=n-1;        //初始化查找区域
    while( low<=high)
    {   mid=(low+high)/2;
        if(x==A[mid].key) return  mid;
```

```
        else if(x<A[mid].key) high=mid-1;
        else low=mid+1;
    }
    return -1;        //返回查找失败的标志
}
```

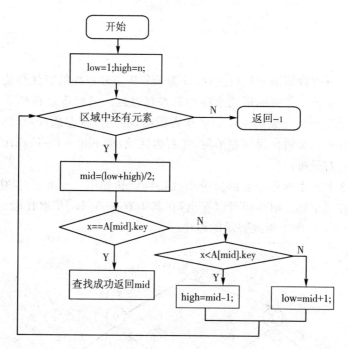

图 7-2 二分查找流程图

由求解方法的描述可知,若当前中间元素不是所查找的元素时,其求解区域变成了原来区域的两个子区域中的一个,因而有二分查找(或折半查找)之名。

2. 二分查找的递归算法

由于在子区域中的查找方法和原区域的查找方法相同,因此,二分查找算法也可以采用递归方式来描述,而且这也是较常见的形式。下面讨论二分查找的递归算法。

由二分查找方法的描述可知,在给定的区域中查找元素时,根据与中间元素比较的结果分 3 种情况来处理,其中在相等时就直接返回地址,而在大于或小于中间元素时需要继续在子区域中查找。在子区域中查找时,除了查找范围不同外,查找方法与原区域的查找方法相同。

由此可知,在递归调用时,需要将查找区域即 low 和 high 作为算法的参数。

另外的一个问题是,这样的调用要进行到什么时候为止?如何判断查找失败?显然,算法结束于两种情况:其一是查找成功,在与某个中间元素相等时,返回该中间元素的下标并结束;其二是查找失败,从而导致查找区域不断缩小,以至于为空,即 low>high。在这种情况下,显然要返回-1 以表示查找失败。由此可得算法如下:

```
int bin_search(elementtype A[],int low,int high,keytype x)
{   int mid;
    if( low>high) return -1;              //查找失败
```

```
        else{ mid=(low+high) / 2;              //求解中间元素的下标
    if(x==A[mid].key) return  mid;             //查找成功
    else if(x<A[mid].key)
        return (bin_search(A,low,mid-1,x);     //在左边区域查找
    else  return (bin_search(A,mid+1,high,x);  //在右边区域查找
        }
}
```

3. 算法分析

为便于描述二分查找算法的执行过程,并为了分析二分查找的算法性能,可以采用二分查找的判定树——一种二叉树的形式来描述其查找过程。其构造过程如下:对当前的查找区域 low~high,将其中间元素的下标 mid 作为根结点的值,将左边区域(即 low~mid-1)的查找过程所对应的二叉树作为其左子树,将右边区域(即 mid+1~high)的查找过程所对应的二叉树作为其右子树。

例如,对有 13 个元素的有序表的二分查找的判定树如图 7-3 所示,其中每个结点上标出了查找区域的首尾下标。由该树可以看出,在其中查找 A[10]依次比较的元素为 A[6]、A[9]、A[11]、A[10],如图上粗线表示的路径。

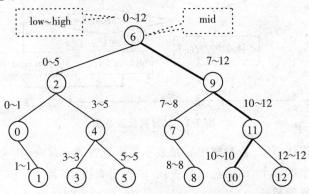

图 7-3 有 13 个结点的二分查找判定树

在数据表中查找任一元素的查找长度取决于该结点在相应的判定树上的层次数,因而不会超过该树的深度。由于有 n 个结点的判定树和有 n 个结点的完全二叉树具有相同的高度,因此,任一元素的查找长度不超过 $\lfloor \log_2 n \rfloor + 1$,因而其平均查找长度也小于该值。事实上,在等概率情况下,二分查找算法的平均查找长度在 n 较大时约为 $\log_2(n+1)-1$。(计算过程略)

7.2.3 索引顺序表的查找

在许多情况下,可能会遇到这样的表:整个表中的元素未必(递增/递减)有序,但若划分为若干块后,每一块中的所有元素均小于(或大于)其后面块中的所有元素,称这种特性为**"分块有序"**。

对分块有序表的查找,显然不能采用二分查找方法,但如果采用简单顺序查找方法查找,又太浪费时间,因为没有充分利用所给出的条件。在这种情况下,可为该顺序表建立一个**索引表**。索引表中为每一块设置一索引项,每一索引项包括两部分:该块的起始地址和该块中最大(或最小)关键字的值(或者是所限定的最大(小)关键字)。将这些索引项按顺序排

列成一有序表,即为索引表。

例如,在图 7-4 所示的结构中,数据表可划分为 5 块,每个索引项中存放对应块中最大或限定的最大值。第一块中的最大值为 10,第四块索引项中的最大值为 40,但此值不存在,所以可以认为是限定的最大值,而不必一定要在表中出现。

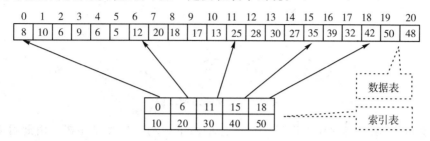

图 7-4　索引表结构示例

在这种结构中的查找要分两步进行:首先要通过在索引表中查找以确定元素所在的块,然后在所确定的块中进行查找。由于索引表是按关键字递增(或递减)有序的,因此,在索引表中的查找既可以采用简单顺序方式的查找,也可以采用二分查找,这要取决于索引表的项数:如果项数较多,则采用二分查找是合适的,否则,采用顺序查找就可以了。在块内的查找由于块内元素的无序而只能采用简单顺序查找。

例如,在图 7-4 所示的表中,如果要查找 35 这个元素,由索引表可知该元素应在第四块中,因而其查找区域为 15~17(由第四块及第五块的两个索引项中的首地址所确定),然后在这一区域中按简单顺序方式来查找,确定其地址为 15。但如果要搜索元素 37,也在这一区域中搜索,但搜索失败。算法从略。

这种查找的时间性能取决于两步查找时间之和:如前所述,第一步可用简单顺序方式和二分查找方法之一进行,第二步只能采用顺序查找,但由于子表长度较小,因此其时间性能介于顺序查找和二分查找之间。

7.3　树表的查找

如前所述,在递增(减)有序表中采用二分查找算法查找的速度是比较快的,但也存在问题:若要在其中插入或删除元素时,需要移动元素以保持其有序性。若这种插入和删除是经常性的运算,则较浪费时间。为此,可采用动态链表结构。二叉排序树便是一种合适的结构,下面介绍这种结构及其上的查找运算以及相关的操作。

7.3.1　二叉排序树

1. 二叉排序树的定义及其查找

二叉排序树是一棵二叉树,或者为空,或者满足如下条件:
① 若左子树不空,则左子树上所有结点的值均小于根的值。
② 若右子树不空,则右子树上所有结点的值均大于根的值。
③ 其左右子树均为二叉排序树。
图 7-5 所示二叉树即为一棵二叉排序树。

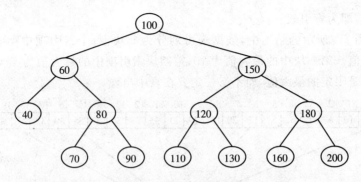

图 7-5 二叉排序树示例

由定义可知,二叉排序树中以任一结点为根的子树均为二叉排序树。由此可知二叉排序树的一个特性:二叉排序树的中序序列是递增序列。

在二叉排序树中**查找**值为 x 的结点,可依据其与根结点(*T)的值的关系分别处理(为简便起见,假设每个结点中的值就是关键字):

① x==T->key:查找成功,返回指针 T 即可。
② x<T->data:元素只可能在左子树中,因而需在左子树中继续查找。
③ x>T->data:元素只可能在右子树中,因而需在右子树中继续查找。

若树中存在待查元素,则按照这种方式反复搜索一定能找到。

例如,在图 7-5 所示二叉排序树中查找 110 时,依次比较 100、150、120 和 110 即可完成查找。反之,若不存在待查元素,则将搜索到空指针。例如,要在图 7-5 中搜索元素 65,就会在依次比较 100、60、80、70 之后搜索到 70 所在结点的左边,从而使搜索指针为空,故查找失败。

由查找过程的分析可知,在二叉排序树中查找特定元素的算法既可采用递归形式,也可采用非递归形式。下面分别给出该查找的非递归形式和递归形式的算法。

(1) 非递归算法

在非递归形式的算法中,需要设置一个指针(不妨设为 P)依次指示所比较的元素,显然,其初值为根指针 T。算法如下:

```
Bnode * bst_search(Bnode *T; keytype x)
{
    Bnode *P=T;                              //P指向根
    while (P!=NULL)
        if(x==P->key) return  P;             //查找成功
        else if (x<P->key) P=P->lchild;      //到左子树中继续查找
        else  P=P->rchild;                   //到右子树中继续查找
    return  P;                               //返回结果,既可能为空,也可能非空
}
```

(2) 递归算法

在递归算法中,在左右子树中的查找是通过递归调用来实现的:

```
Bnode * bst_search(Bnode *T; keytype x)
{
```

```
                if(T==NULL||T->key==x) return T;        //子树为空,或者已经找到时均可结束
                else if(x<T->key)
                    return(bst_search(T->lchild,x));    //将在左子树中查找的结果作为函数的结果返回
                else return(bst_search(T->rchild,x));   //将在右子树中查找的结果作为函数的结果返回
}
```

显然,二叉排序树中某结点的查找长度等于该结点的层次数。

2. 二叉排序树的构造和维护

由于二叉排序树是动态结构,因而其构造是通过逐个插入结点来实现的。为此,下面先讨论在二叉排序树中插入结点的过程及其算法,在此基础上讨论二叉排序树的建立。

在往二叉排序树中插入结点时,为保持其二叉排序树的特征,需根据其值的具体情况分别处理:

① 若该值小于根结点的值,则应往左子树中插入,因而可通过调用相同的算法(即递归调用插入算法)来实现往左子树中的插入。

② 若该值大于根结点的值,则可通过递归调用插入算法实现往右子树中的插入。

按照这样的方式递归调用若干次后,总可以搜索到一个空子树位置,这就是要插入的位置,可将该结点放在该子树上,作为该子树的根结点并连到其父结点上。

例如,在图 7-5 所示的二叉排序树中插入值为 75 的结点,所执行的操作过程如下:首先和根结点(即值为 100 的结点)比较,由于 75 比 100 小,故要递归调用插入算法往其左子树(根为 60)中插入;由于 75 比 60 大,故要递归调用插入算法往其右子树(根为 80)中插入;由于 75 比 80 小,故要递归调用插入算法往其左子树(根为 70)中插入;由于 75 比 70 大,故要递归调用插入算法往其右子树中插入。由于其右子树为空,故可将该结点直接插入到 70 的右边,作为其右孩子,插入完毕。

依据上述描述,可写出插入结点的递归算法如下:

```
void insert(Bnode **T, Bnode *S)        //将指针 S 所指结点插入到二叉排序树 T 中
{
    if(*T==NULL) *T=S;                  //插入到空树时,插入结点成为根结点
    else if(S->key<(*T)->key)
        insert(&((*T)->lchild),S);      //插入到 T 的左子树中
    else insert(&((*T)->rchild),S);     //插入到 T 的右子树中
}
```

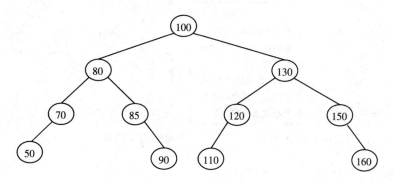

图 7-6 建立二叉排序树示例

二叉排序树的构造是通过从空树出发,依次插入结点来实现的。在一系列插入结点操作之后,可生成一棵二叉排序树(算法可参照建单链表的算法)。例如,若输入序列为 100、80、85、70、130、150、120、90、50、110、160,则可生成二叉排序树如图 7-6 所示。

7.3.2 平衡二叉树

为了使二叉排序树的平均查找长度更小,需要让各结点的深度尽可能小,因此,树中每个结点的两个子树的高度不要偏差太大,由此而出现了平衡二叉树。

1. 平衡二叉树的概念

平衡二叉树(balance binary tree)又称"AVL 树"。平衡二叉树是一棵二叉树,或者为空,或者满足如下性质:

① 左、右子树高度之差的绝对值不超过 1。

② 左、右子树都是平衡二叉树。由定义可知,如果一棵二叉树是平衡二叉树,则其中每个结点的左、右子树的高度之差的绝对值不超过 1,从而使得各结点的平均查找长度较小,保证了良好的检索效率。下面讨论平衡二叉树的构造和调整。为了便于问题描述,给出结点的平衡因子的概念:

结点的平衡因子 = 结点的左子树高度 − 结点的右子树高度

2. 平衡化

如何构造平衡二叉树? G. M. Adelson 和 E. M. Landis 在 1962 年提出了一种经典调整方法。下面先以实例对有关调整操作产生认识,然后再介绍这种调整方法。整个调整过程是通过在一棵平衡的二叉排序树中(按照二叉排序树的方式)一次插入元素,若出现不平衡,则根据二叉排序树的特性以及插入的位置作适当调整。假定插入序列为:80、60、30、45、50、85、90。

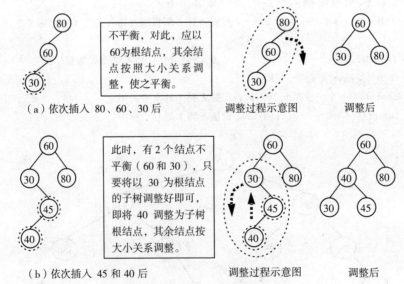

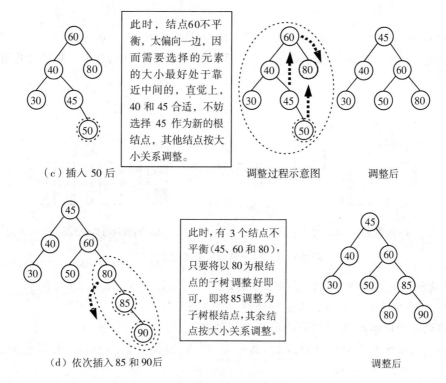

图 7-7 平衡二叉树调整过程示例

如前所述,G. M. Adelson 和 E. M. Landis 提出的调整方法的基本思想是逐个地在平衡的二叉树上插入结点,当出现不平衡时及时调整,以保持平衡二叉树的性质。调整操作的方法根据新插入结点与最低不平衡结点(不妨用 A 表示,即 A 的祖先结点可能有不平衡的,但其所有后代结点都是平衡的)的位置关系分为 LL 型、RR 型、LR 型和 RL 型 4 种类型分别处理。各种调整方法如下:

(1) LL 型调整

由于在 A 的左孩子(L)的左子树(L)上插入新结点,使原来平衡的二叉树变得不平衡,并且使 A 成为最低的不平衡结点,即 A 的平衡因子由 1 变为 2,使得以 A 为根的子树失去平衡,如图 7-8 和图 7-9 所示。

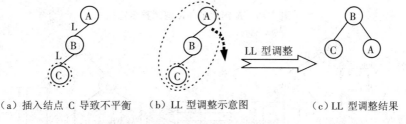

图 7-8 最简单的 LL 型调整示意图

其中,图 7-8 所示为这种类型调整的最简单形式,表示 A 的左孩子的 B 的左子树(插入前为空)中插入结点 C 而导致不平衡。显然,按照大小关系,结点 B 应作为新的根结点,其余两个结点分别作为其左右孩子结点才能平衡,而 A 结点好像是绕结点 B 顺时针旋转了一样。

　　LL 型调整操作更为一般的形式如图 7-9 所示，表示在结点 A 的左孩子 B 的左子树 B_L（不一定为空）中插入新结点（阴影部分表示）而导致不平衡。其中，各个子树的高度如图 7-9 中所示。

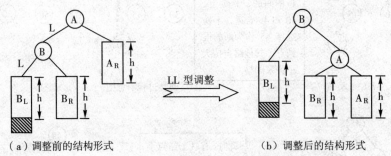

图 7-9　LL 型调整的一般形式示意图

　　针对这种情况的调整方法包括如下 3 部分：
　　① 将 A 的左孩子 B 提升为新的根结点。
　　② 将原来的根结点 A 降为新的根结点 B 的右孩子。
　　③ 各子树按照大小关系重新连接，其中 B_L 和 A_R 连接关系不变，而 B_R 调整为 A 的左子树。

　　检查一下调整前后各个结点和子树的大小关系（中序序列）可知，调整操作不仅调整了各子树的高度以保持平衡，而且还保持了二叉排序树的特性，即中序序列的不变性。

（2）RR 型调整

　　由于在 A 的右孩子（R）的右子树（R）上插入新结点，使 A 的平衡因子由 -1 变为 -2，致使以 A 为根的子树失去平衡，如图 7-10 和图 7-11 所示。

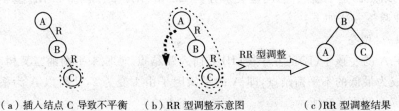

（a）插入结点 C 导致不平衡　　（b）RR 型调整示意图　　（c）RR 型调整结果

图 7-10　最简单的 RR 型调整示意图

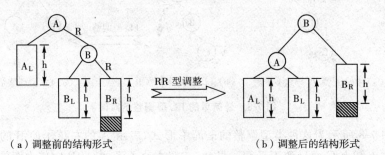

图 7-11　RR 型调整的一般形式示意图

该类调整与 LL 型调整对称,其中,图 7-10 所示为这种类型调整的最简单形式,表示在 A 的右孩子 B 的右子树(插入前为空)中插入新结点 C 而导致不平衡。显然,按照大小关系,结点 B 应作为新的根结点,其余 2 个结点分别作为其左右孩子结点才能平衡,而 A 结点好像是绕结点 B 逆时针旋转一样。

RR 型调整操作更为一般的形式如图 7-11 所示,表示 A 的右孩子 B 的右子树 B_R(不一定为空)中插入新结点(阴影部分表示)而导致不平衡。其中,各个子树的高度如图 7-11 中所示。针对这种情况的调整方法包括如下 3 个部分:

① 将 A 的右孩子 B 提升为新的根结点。
② 将原来的根结点 A 降为新的根结点 B 的左孩子。
③ 各子树按大小关系重新连接,其中,A_L 和 B_R 连接关系不变,而 B_L 调整为 A 的右子树。

(3) LR 型调整

由于在 A 的左孩子(L)的右子树(R)中插入新结点,使 A 的平衡因子由 1 变为 2,致使以 A 为根的子树失去平衡,如图 7-12 和图 7-13 所示。

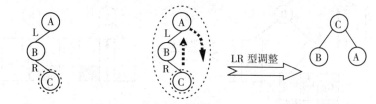

(a)插入结点 C 导致不平衡　　(b)LR 型调整示意图　　(c)LR 型调整结果

图 7-12　最简单的 LR 型调整示意图

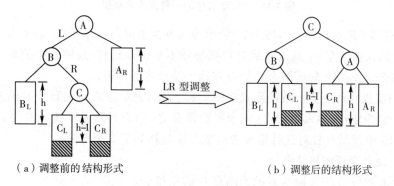

(a)调整前的结构形式　　　　　　　　(b)调整后的结构形式

图 7-13　LR 型调整的一般形式示意图

其中,图 7-12 所示为这种类型的最简单形式,表示在 A 的左孩子 B 的右子树(插入前为空)中插入新结点 C 而导致不平衡。显然,按照大小关系,C 应作为新的根结点,其余 2 个结点分别作为 C 的左右孩子结点才能平衡。

LR 型调整操作的更为一般的形式如图 7-13 所示,表示在 A 的左孩子 B 的右子树(根结点为 C,不一定为空)中插入新结点(两个阴影部分之一)而导致不平衡。其中,各个子树的高度如图 7-13 中所示。针对这种情况的调整方法包括如下 3 个部分:

① 将 C 提升为新的根结点。
② 将原来的根结点 A 降为新的根结点 C 的右孩子。

③ 各子树按大小关系重新连接,其中,B_L 和 A_R 连接关系不变,而 C_L 调整为 B 的右子树,C_R 调整为 A 的左子树。

(4) RL 型调整

由于在 A 的右孩子(R)的左子树(L)中插入新结点,使 A 的平衡因子由 −1 变为 −2,致使以 A 为根的子树失去平衡,如图 7-14 和图 7-15 所示。

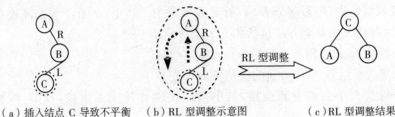

(a) 插入结点 C 导致不平衡　　(b) RL 型调整示意图　　(c) RL 型调整结果

图 7-14　最简单的 RL 型调整示意图

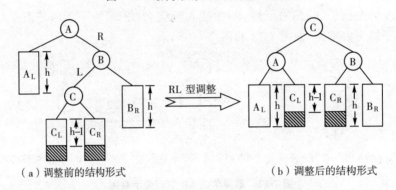

(a) 调整前的结构形式　　　　　　(b) 调整后的结构形式

图 7-15　RL 型调整的一般形式示意图

这类调整与 LR 对称,其中,图 7-14 所示为这种类型的最简单形式,表示在 A 的右孩子 B 的左子树(插入前为空)中插入新结点 C 而导致不平衡。显然,按照大小关系,C 应作为新的根结点,其余 2 个结点分别作为 C 的左右孩子结点才能平衡。

RL 型调整操作的更为一般的形式如图 7-15 所示,表示在 A 的右孩子 B 的左子树(根结点为 C,不一定为空)中插入新结点(两个阴影部分之一)而导致不平衡。其中,各个子树的高度如图 7-15 中所示。针对这种情况的调整方法包括如下 3 个部分:

① 将 C 提升为新的根结点。

② 将原来的根结点 A 降为新的根结点 C 的左孩子。

③ 各子树按大小关系重新连接,其中,A_L 和 B_R 连接关系不变,而 C_L 调整为 A 的右子树,C_R 调整为 B 的左子树。

平衡的二叉树排序树的高度接近 $\log_2 n$ 的数量级,从而保证了在二叉排序树上插入、删除和查找等基本操作的平均时间复杂度为 $O(\log_2 n)$。

7.4 散列表的查找

7.4.1 散列表的基本概念

前面两类表的查找均是基于比较运算来实现的,即通过比较元素的值来确定下一次查找的位置。然而,在现实中,有很多查找是直接通过计算来实现的,即对给定的关键字 key,用一个函数 H(key)来计算出该关键字所标识元素的地址。例如,在如表 7-1 所示的成绩表中,若以学号为关键字,则对给定的关键字 20120503130,可通过将其末两位 30 转换为元素在表中的地址 30 来实现。

表 7-1 成绩表示例

序号	学号	姓 名	成 绩	备 注
1	20120503101	王 云	80	
2	20120503102	李 明	92	
...	...	...	...	
30	20120503130	张 敬	83	
...	...	...	...	
40	20120503140	李承业	92	

在用函数 H 计算给定关键字 key 的地址时,称函数 H 为**"哈希(Hash)函数"**,或**"散列函数"**,称计算出的地址 H(key)为**"散列地址"**,按这种方法建立的表称为**"哈希表"**或**"散列表"**。在理想情况下,散列函数在关键字和地址之间建立一一对应关系,从而使得查找只需计算一次即可完成。

然而,在许多情况下,并非这么理想:由于关键字值的某种随机性,使得这种一一对应关系难以发现或构造。因而可能会出现不同的关键字对应一个存储地址的情况,即 k1≠k2,但 H(k1)=H(k2),这种现象称为**"冲突"**,此时的 k1 和 k2 称为**"同义词"**。例如,对大家所熟知的汉字的输入编码,若用拼音方式来输入汉字,则许多汉字会对应相同的编码(即同音字)。

显然,冲突影响散列表的构造及查找。为此,要选择一个恰当的散列函数,以避免冲突。然而,在大多数情况下,冲突是不可能完全避免的,这是因为所有可能的关键字的集合可能比较大,而对应的地址数则可能比较少。为此,需要从两个方面着手:一方面,选择好的散列函数以使冲突尽可能少地发生;另一方面,需妥善处理出现的冲突。下面分别简要讨论有关问题。

7.4.2 散列函数的构造方法

构造散列函数的方法很多。作为一个好的散列函数,应能使冲突尽可能地少,因而应具有较好的随机性,这样可使一组关键字的散列地址均匀地分布在整个地址空间。由于构造散列表具有较大的主观性,并且需要有一定的经验,故初学者在开始学习时可能会感到较抽象,故本小节内容简要了解即可。

常用的构造散列函数的方法有：

① 直接定址法。取关键字的某个线性函数值作为散列地址，即 $H(k)=a*k+b$（a,b 为常数）。这种方法是一种较为直观的方法。

② 除留余数法。取关键字被某个不大于表长 m 的数 P 除后所得的余数作为散列地址。即 $H(k)=k \% P$（$P \leqslant m$）。这是一种较简单，也是较常见的构造方法。一般来说，在 P 取值为素数（质数）时，冲突的可能性相对较少。

③ 平方取中法。取关键字平方后的中间几位作为散列地址（若超出范围时，可再取模）。这种方法使得关键字的每一位的取值都会影响到地址，从而减少冲突。

④ 折叠法。这是在关键字的位数较多（如身份证号码），而地址区间较小时，常采用的一种方法。

这种方法是将关键字分隔成位数相同的几部分（最后一部分不够时，可以补 0），然后将这几部分的叠加和作为散列地址（若超出范围，可取模）。具体叠加方法可以有多种，如每段最后一位对齐，或相邻两段首尾对齐等。

⑤ 数值分析法。如果事先知道所有可能的关键字的取值时，可通过对这些关键字分析，发现其变化规律，构造出相应的函数。

7.4.3 处理冲突的方法

如上所述，冲突不可能完全避免，因此，妥善处理冲突是构造散列表必须要解决的问题。

假设散列表的地址范围为 $0 \sim m-1$，当对给定的关键字 k，由散列函数 $H(k)$ 计算出的位置上已有元素时，则出现冲突。此时必须为该元素另外找一个空的位置。如何确定这一空的位置？对此，有几种最常用的处理方法：

1. 开放定址法

当由 H(k)算出的位置不空时，依次用下面函数以找出一个新的空位置。

$$H_i(k)=(H(k)+d_i) \bmod m，其中 i=1,2,\cdots,k(k \leqslant m-1)$$

其中 d_i 的取值常用以下两种形式之一，从而得到两种典型的处理方法：

(1) 线性探测法

$d_i=i$，即 d_i 依次取 $1,2,\cdots$，因此 $H_i(k)=(H(k)+i) \% m$。

换句话说，在这种情况下，从 H(k)开始往后逐个搜索空位置，若后面没有空位置，就从头开始搜索（直到搜索到空位，或者回到 H(k)为止），故称这种搜索方法为**"线性探测法"**。

【**例 7.1**】已知散列表的地址区间为 0~11，散列函数为 $H(k)=k \% 11$，采用线性探测法处理冲突，试将关键字序列 20、30、70、15、8、12、18、63、19 依次存储到散列表中，构造出该散列表，并求出在等概论情况下的平均查找长度。

【**解**】为构造散列表，需要计算每个元素的散列地址，并根据所计算出的位置中是否已经有元素而作不同的处理：如果还没有存放元素，则将元素直接存放进去，否则，就往后搜索空位置，如果后面没有空位置，就绕到最前面重新搜索，直到找到空位置，再将该元素存放进去即可。为便于描述，假设数组为 A。

本题中各元素的存放过程如下：

H(20)=9,可直接存放到 A[9]中去。

H(30)=8,可直接存放到 A[8]中去。

H(70)=4,可直接存放到 A[4]中去。

H(15)=4,因为 A[4]已经被 70 占用,故往后搜索到 A[5]并存放。

H(8)=8,因为 A[8]、A[9]已分别被 30、20 占用,故往后搜索到 A[10]并存放。

H(12)=1,可直接存放到 A[1]中去。

H(18)=7,可直接存放到 A[7]中去。

H(63)=8,因为 A[8]、A[9]、A[10]均被占用,故往后搜索到 A[11]并存放。

H(19)=8,因为下标为 8~11 的元素均已被占用,故往后搜索并绕回到 A[0]存放。

另外,为便于计算所要求的平均查找长度,需要知道每个元素的查找长度。为此,在放置每个元素到散列表的同时,将其搜索次数标注在元素的下方,这同时也是该元素的查找长度。例如,元素 12 是直接存放在 A[1]中的,故其查找长度为 1,因而在其下面标 1。而 63 这个元素是从 A[8]开始逐个搜索到 A[11]的,也就是说,其比较次数是 4,因而在其下面标 4。由此得散列表如下:

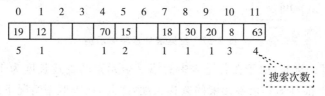

图 7-16 散列表示例

平均查找长度的求解:由于各元素的查找长度已经标注在元素的下方,因此容易求出在等概率情况下,该表成功的平均查找长度如下:

$(1×5+2×1+3×1+4×1+5×1)/9=19/9$

在运用线性探测法处理冲突时,可能会出现这样的情况:某一连续的存储区已经存放满了,因此在经过这一区域往后搜索空位置时,需要比较较多的元素,从而导致查找长度增大。下面的二次探测法可改善这一问题。

(2) 二次探测法

$d_i = ±1^2, ±2^2, ±3^2, \cdots, ±k^2 (k \leqslant m/2)$,因此 $H_i(k) = (H(k)+i) \% m$。

也就是说,该方法是在原定位置的两边交替地搜索,其偏移位置是次数的平方,故称这种方法为**"二次探测法"**。

2. 再散列法

当出现冲突时,也可这样处理:用另外不同的散列函数来计算散列地址。若此时还有冲突,则再用另外的散列函数,依次类推,直至找到空位置。也就是要依次用 $H_1(k), H_2(k), \cdots, H_l(k)(l=1,2\cdots)$,来搜索空位置。

3. 链地址法(拉链法)

链地址法,也称"**开散列表**"。这一方法是将所有冲突的记录(同义词)存储在一个链表中,并将这些链表的表头指针放在数组中(下标从 0 到 $m-1$)。这类似于图结构中的邻接表存储结构和树结构的孩子链表结构。

【例 7.2】设散列函数为 $H(k)=k \% 11$,采用拉链法处理冲突,将上例中关键字序列依次存储到散列表中,并求出在等概论情况下的平均查找长度。

【解】通过计算各元素的散列函数得到开散列表如图 7-17 所示。

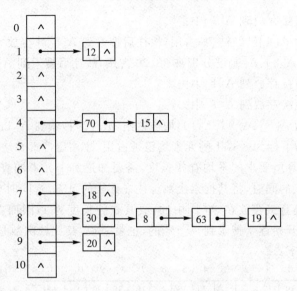

图 7-17 拉链法处理冲突示例

平均查找长度的求解：由于在各链表中的第一个元素的查找长度为 1，第二个元素的查找长度为 2，依此类推可知其余各元素的查找长度，因此，在等概率情况下成功的平均查找长度为：

$(1\times5+2\times2+3\times1+4\times1)/9=16/9$

显然，这一长度小于前面例题中的长度，读者可分析其内在的原因。

7.4.4 散列表的查找

在散列表中查找元素的过程和构造的过程基本一致：对给定关键字 k，由散列函数 H 计算出该元素的地址 H(k)。若表中该位置为空，则查找失败。否则，比较关键字，若相等，查找成功，否则根据构造表时所采用的处理方法查找下一个地址，直至找到关键字等于 k 的元素（成功）或者找到空位置（失败）为止。

例如，在第一个例中查找关键字为 19 的元素时，首先和 A[H(19)=8] 中的元素比较，然后按线性探测法依次和数组 A 中下标为 9、10、11、0 的元素比较，直至成功。总共进行了 5 次比较，和该元素下方所标的数字一致。

若要在其中查找一个不存在的关键字，如 21，则经过依次和数组 A 中下标为 10、11、0、1 的元素比较，在 A[2] 中发现是空，从而判断查找失败。

由此可知在表中查找一个元素所进行的元素比较的次数和构成时的探测次数一样。因此，在第一例的表中查找一个元素，在等概率情况下的平均查找长度为 $(1\times5+2\times1+3\times1+4\times1+5\times1)/9=19/9$。

类似地在第二例的表中查找一个元素，在等概率下的平均查找长度为 $(1\times5+2\times2+3\times1+4\times1)/9=16/9$。

一般来说，在用链地址法构造的表中进行查找，比在用开放定址法构造的表中进行查找，其查找长度要小。

小结

查找是软件设计中最常用的运算,是在数据表中找出给定关键字为特定值的元素。查找长度是描述查找算法时间性能的指标。根据数据集的组织方式,有顺序表、树表、散列表和索引表等几种表,每种结构有其相应的查找方法。

对顺序表来说,根据元素间是否有递增(或递减)关系,有 3 种相应的查找方法:

如果没有给出元素间的大小关系,则只能采用简单顺序查找,这种方法的查找长度较大,等概率情况下,成功的平均查找长度是 $(n+1)/2$,失败的查找长度是 $n+1$。

如果数据表中的元素具有递增(或递减)关系,则可采用二分查找方法查找,其时间性能较好,成功的平均查找长度是 $\log_2(n+1)-1$,最大的查找是 $\log_2 n+1$。

如果数据表分块有序,也就是整个表不具有递增(或递减)关系,但在划分为若干块后,块内无序,块间有序。对这样的表可建一个索引表,相应的查找分两步走:其一是确定元素所在的块;其二是在所确定的块中顺序查找。查找的时间性能介于简单顺序查找和二分查找算法之间。

二叉排序树是特殊的二叉树,其中每个结点的值大于其左子树中所有结点的值,小于其右子树中所有结点的值。在二叉排序树中查找元素就是依据其大小关系进行的。构造二叉排序树是通过逐个插入元素来进行的。

散列表是通过散列函数计算出元素在表中的地址的。由于有冲突出现,故需要选择好的散列函数以减少冲突,另外,需要妥善处理冲突。线性探测法和开散列法是两种常用的处理冲突的方法。

习题 7

7.1 若简单顺序查找算法所要查找的元素的下标从 0 开始,不能用监视哨,查找失败时要返回 −1。试设计相应的算法。

7.2 对有序数据表(5,7,9,12,15,18,20,22,25,30,100),按二分查找方法模拟查找元素 10 和 28,并分别画出其搜索过程。

7.3 构造有 20 个元素的二分查找的判定树,并求解下列问题:

(1) 各元素的查找长度最大是多少?

(2) 查找长度为 1、2、3、4、5 的元素各有多少? 具体是哪些元素? (假设下标从 0 开始)

(3) 查找第 13 个元素依次要比较哪些元素?

7.4 对有 n 个元素的有序表按二分查找方法查找时,最大的查找长度是多少?

7.5 设计算法以构造有 n 个元素(下标范围从 1 到 n)的二分查找判定树。

7.6 判断题:若二叉树中每个结点的值均大于其左孩子的值,小于其右孩子的值,就一定是二叉排序树。

7.7 设计算法,求出给定二叉排序树中值为最大的结点。

7.8 设计算法,对给定的二叉排序树,求出在等概论情况下的平均查找长度。

7.9 对给定的二叉树,假设其中各结点的值均不相同,设计算法以判断该二叉树是否是二叉排序树。

7.10 对给定的数组数据,其不同的输入序列是否一定可以构造出不同的二叉排序树?

7.11 以数据集合{1,2,3,4,5,6}的不同序列为输入构造 5 棵高度为 6 的二叉排序树。

7.12 已知一棵二叉排序树如下,其各结点的值虽然未知,但其中序序列为 1,2,3,4,5,6,7,8,9。请标注各结点的值。

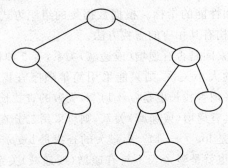

7.13 已知散列表地址区间为 0~9,散列函数为 $H(k)=k\%7$,采用线性探测法处理冲突。将关键字序列 11、22、35、48、53、62、71、85 依次存储到散列表中,试构造出该散列表,并求出在等概论情况下的平均查找长度。

7.14 设散列函数为 $H(k)=k\%7$,采用拉链法处理冲突,将关键字序列 10、26、38、43、55、69、72、88、100、92 依次存储到散列表中,并求出在等概论情况下的平均查找长度。

7.15 设关键字序列为 JAN、FEB、MAR、APR、MAY、JUN、JUL、AUG、SEP、OCT、NOV、DEC,散列函数为 $H(k)=序号/4$,其中序号指首字母在字母表中的序号,例如,字母 A 的序号为 1。采用拉链法处理冲突,构造出该散列表,并求出在等概论情况下的平均查找长度。

7.16 已知散列表的地址区间为 0~10,散列函数为 $H(k)=k\%11$,采用线性探测法处理冲突。设计算法在其中查找值为 x 的元素,若查找成功,返回其下标,否则返回 -1。

7.17 已知散列表地址区间为 0~10,散列函数为 $H(k)=k\%11$,采用线性探测法处理冲突。设计算法将值为 x 的元素插入到表中。

7.18 假设散列函数为 $H(k)=k\%7$,采用拉链法处理冲突。设计算法在其中查找值为 x 的元素。若查找成功,返回其所在结点的指针,否则返回 NULL。

7.19* 已知散列表地址区间为 0~10,散列函数为 $H(k)=k\%11$,采用线性探测法处理冲突。设计算法删除其中值为 x 的元素。

第 8 章 排 序

8.1 概 述

排序是日常工作和软件设计中最常用的运算之一。例如,在每年的高考之后,为了能确定录取的分数线,需要对所有考生的分数进行排序;对电话号码簿之类的数据表排序可以更快地实现查找。由于需要排序的数据表的基本特性可能存在差异,使得查找方法也相应地有所不同。本章介绍几种最常见的排序方法,并讨论其性能和特点,在此基础上进一步讨论各种方法的适用场合,以便在实际应用时能根据具体问题选择合适的排序方法。

8.1.1 排序及其分类

所谓**"排序"**(Sorting)就是将数据表调整为按关键字从小到大或从大到小的次序排列的过程。

对一个数据表来说,不同的要求可能会选择不同的字段作为其关键字,如在档案表中,职务、职称、年龄等均可作为关键字来排序。

排序的要求和方法较多,对此有不同的分类方法,下面先介绍有关的排序分类方法。

(1) 增排序和减排序

如果排序的结果是按关键字从小到大的次序排列的,就是增排序,否则就是减排序。

(2) 内部排序和外部排序

如果在排序过程中,数据表中的所有数据均在内存中,则这类排序为内部排序,否则为外部排序。

许多读者在学习程序设计语言中所接触过的排序大多是在数组中进行的,而数组是保存在内存中的,所以那些排序就是内部排序。在一些场合下,数据表中的内容可能较多,超出数组的存储容量,如某省的高考成绩数据库。在这种情况下,排序过程中就需要将一部分数据存放在外部存储器中,另一部分数据放在内存中排序,在将内存中的部分数据排序完毕后再保存到外部存储器中,然后重新调出另外的数据来排序。这一过程要反复进行,直到全部排出次序为止。这就是外部排序。考虑到其难度,本教材中没有讨论有关外部排序的内容。

(3) 稳定排序和不稳定排序

在排序过程中,如果关键字相同的两个元素的相对次序不变,则称为"稳定排序",否则是"不稳定排序"。

稳定排序的概念在一些比赛或选举中可能会涉及,如一个单位在投票选举某个岗位时有现任和一个新的竞选者,如果两人的得票数相同,应选谁呢? 如果采用稳定的方式,则应是现任留任,否则就选用新的竞选者。

(4) 排序的基本方法

虽然存在多种排序算法,但按照各算法所采用的基本方法可将其划分为:插入排序、交换排序、选择排序、归并排序和基数排序。本章以这些基本方法为线索来介绍有关排序的算法。

8.1.2 排序算法的评价指标

与许多算法一样,对各种排序算法性能的评价同样侧重于其时间性能和空间性能两个方面,对某些算法还可能要涉及其他一些相关性能的分析。

1. 时间性能分析

在分析排序算法的时间性能时,主要以算法中用得最多的基本操作的执行次数(或者其数量级)来衡量,这些操作主要是比较元素、移动或交换元素。在一些情况下,可能还要用这些次数的平均数来表示。

2. 空间性能分析

排序算法的空间性能主要是指在排序过程中所占用的辅助空间的情况,即是用来临时存储数据的内存的情况,在特殊情况下还可能指用于程序运行所需要的辅助空间。

8.2 插入排序

插入排序算法的基本思想是:将待排序表看作左右两部分,其中左边为有序区,右边为无序区,整个排序过程就是将右边无序区中的元素逐个插入到左边的有序区中,以构成新的有序区。本节介绍基于这一思想的两个排序算法,即直接插入排序算法和希尔排序算法。

8.2.1 直接插入排序

直接插入排序是插入类排序算法中较简单、直接的排序方法,基本思想是:将整个待排序表看作左右两部分,其中左边为有序区,右边为无序区,整个排序过程就是将右边无序区中的元素逐个插入到左边的有序区中,以构成新的有序区。

下面先讨论插入一个元素到有序区中的操作的实现,在此基础上讨论整个排序算法。

假设当前数据表左边的有序区中已经有 $i-1$ 个元素了(下面用方括号表示有序区),现在要将无序区中的第一个元素(即整个表的第 i 个元素)a_i 插入到该有序区中,以构成新的有序区,如下所示:

$([a_1, a_2, \cdots, a_{i-1}], a_i, \cdots, a_n)$

从功能上说,在往有序区中插入元素以构成新的有序区时,需要完成如下操作:

① 搜索插入的位置。
② 移动元素以腾出空位。
③ 插入元素 a_i。

其中步骤 ③ 的实现自然是简单的。对其中的步骤 ①,即搜索插入位置的实现过程类似于本书中另外章节所介绍的查找运算,可用顺序查找或二分查找方法来实现。考虑到移动元素只能从后往前逐个进行。因此,为节省运算时间,可将搜索和移动元素放在一起同步进行,即从后往前顺序地搜索和移动元素。由此可得其粗略描述如下:

temp=A[i];   //用临时变量 temp 保存元素值,以腾出 A[i]的空间

```
j=i-1;              //用变量 j 依次指示子表中的元素,其初值是当前空位置的前一个元素
while(j>=1 && A[j].key>temp.key)    //从后往前搜索插入位置并腾出空位
{    //当前面的元素大于待插入元素时要后移
    A[j+1]=A[j];
    j=j-1;
}
A[j+1]=temp;                        //插入元素
```

下面讨论完整的排序方法。

显然,开始排序时的有序区中最多只能保证有一个元素,因而需将下标为 $2 \sim n$ 的元素依次插入到有序区中,即要进行 $n-1$ 次插入操作。由此可得完整的排序算法如下:

```
void insertSort(elementType A[n+1])
{
    for(i=2; i<=n; i++)             //i 表示待插入元素的下标
    {   temp=A[i];                  //临时保存待插入元素,以腾出 A[i]空间
        j=i-1;                      //j 指示当前空位置的前一个元素
        while(A[j].key>temp.key)    //搜索插入位置并腾空位
        {
            A[j+1]=A[j];
            j=j-1;
        }
        A[j+1]=temp;                //插入元素
    }
}
```

图 8-1 为插入排序过程示例:

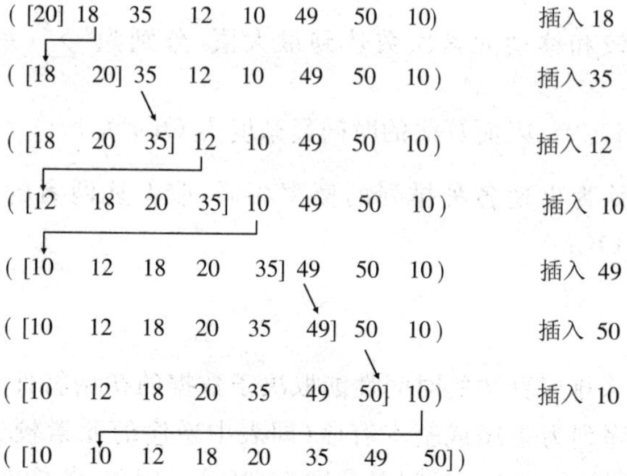

```
( [20]  18    35   12   10   49   50   10)        插入 18
( [18   20]   35   12   10   49   50   10)        插入 35
( [18   20   35]   12   10   49   50   10)        插入 12
( [12   18   20   35]   10   49   50   10)        插入 10
( [10   12   18   20   35]   49   50   10)        插入 49
( [10   12   18   20   35   49]   50   10)        插入 50
( [10   12   18   20   35   49   50]   10)        插入 10
( [10   10   12   18   20   35   49   50])
```

图 8-1 直接插入排序过程示例

上述直接插入排序算法虽然比较简洁易懂,然而,其时间性能不够理想:因为在比较每个元素时,都要先判断其下标是否越界。采用"监视哨"的方法就可以省略这一需要对每个元素都要执行的判断:将数组最前面的元素 A[0]作为监视哨,用以临时存放待插入的元素 A[i]的值(因此,临时变量 temp 就可以由 A[0]来代替了)。这样,就要用该元素来搜索插入位置了。如果数组中的元素都比待插入元素大,则会比较到监视哨(事实上,此时是和自己

比较),并且因为相等而结束搜索。由此可知不用判断下标的范围了。

```
void insertSort(elementType A[n+1])
{
    for (i=2; i<=n; i++)           //i 表示待插入元素的下标
    {   A[0]=A[i];                 //设置监视哨保存待插入元素,以腾出 A[i]空间
        j=i-1;                     //j 指示当前空位置的前一个
        while (A[j].key>A[0].key ) //搜索插入位置并腾出空位
        {
            A[j+1]=A[j];
            j=j-1;
        }
        A[j+1]=A[0];               //插入元素
    }
}
```

【算法分析】

① 稳定性:由于算法在搜索插入位置的过程中遇到相等的元素时就停止了,所以该算法为稳定的排序算法。

② 空间性能:该算法仅需要一个记录的辅助存储空间,即监视哨的空间。

③ 时间性能:整个算法循环 $n-1$ 次,每次循环中的基本操作为比较和移动元素,其总次数取决于数据表的初始特性,可能有以下几种典型的情况:

• 数据表开始时已经有序,因而每次循环中只需比较一次,移动两次,所以整个排序算法的比较和移动元素次数分别为 $(n-1)$ 和 $2(n-1)$,因而其时间复杂度为 $O(n)$。

• 当数据表为逆序时,每次循环中比较和移动元素的次数达到最大值,分别为 i 和 $i+1$ 次,因而整个算法的比较和移动元素次数达到最大值,分别为 $\sum_{i=2}^{n} i = (n+2)(n-1)/2$ 和 $\sum_{i=2}^{n} i+1 = (n+4)(n-1)/2$。因而算法的时间复杂度为 $O(n^2)$。

• 一般情况下,可认为出现各种排列的概率相同,取上述两者的平均值作为其时间性能,因而时间复杂度为 $O(n^2)$。

8.2.2 希尔排序

如前所述,直接插入排序算法的时间性能取决于数据的初始特性。一般情况下,时间复杂度为 $O(n^2)$,但是当序列为正序或基本有序(即表中逆序的元素较少,或者说表中每个元素距离其最终位置的差距不大)时,时间复杂度为 $O(n)$。因此,若能在此之前将排序序列调整为基本有序,则排序的效率会大大提高。如果元素个数较少,则直接插入排序的效率也较高。正是基于这样的考虑,出现了希尔排序(Shell Sort)。

希尔排序的基本思想是:将待排序列划分为若干组,在每组内进行直接插入排序,以使整个序列基本有序,然后再对整个序列进行直接插入排序。

这种排序的关键是如何分组——如果简单地逐段分割,难以达到基本有序的目的。为此采用间隔方法分组,分组方法为:对给定的一个步长 d(d>0),将下标相差为 d 的倍数的元

素分在一组,这样共得到 d 组。这样一来,又引出另一问题:d 取什么值?事实上,d 的取值有多个,典型的取值依次为 $d_1=n/2, d_2=d_1/2, \cdots, d_k=1$,这样,随着步长 d_i 的逐渐缩小,每组规模不断扩大。当步长取值为 1 时,整个序列为一组执行直接插入排序,这是希尔排序所必需的。通过前面若干趟的初步排序,使得此时的序列基本有序,因此只需较少的比较和移动次数。图 8-2 为希尔排序的示例。

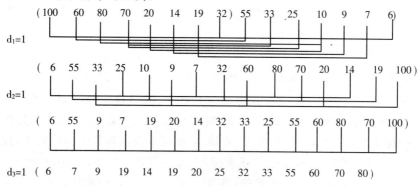

图 8-2 希尔排序过程示例

【**希尔排序的算法**】如下:

```
void shellSort(elementType A[n+1], int dh)   //dh 为起始步长,约定 1<dh≤n/2
{
    while(dh>=1)                              //通过步长控制排序的执行过程
    {   for(i=dh+1; i<=n; i++)                //依次插入元素到前面的有序表中
        {                                     //用 i 依次指示待插入元素
            temp=A[i];
            j=i;                              //保存待插入元素,腾出空位,并用 j 指示空位置
            while(j>d && temp.key<A[j-dh].key)
            {   A[j]=A[j-dh];                 //移动元素
                j=j-dh;                       //j 前移
            }
            A[j]=temp;                        //插入
        }
        dh=dh/2;                              //假设步长每次缩短一半
    }
}
```

关于本算法的补充说明:

① 本算法中约定初始步长 dh 为已知。

② 本算法中采用简单的取步长值的方法:从第二项起的每个步长为其前一步长的一半。然而,在实际应用中,可能有多种取步长的方法,并且不同的取值方法对算法的时间性能有一定的影响。因而一种好的取步长的方法是改进希尔排序算法的时间性能的关键。

如上所述,希尔排序时间性能的分析是一个复杂问题。考虑到每一趟都是在上一趟的基础上进行的,故可认为是基本有序,因而各趟的时间复杂度为 $O(n)$。由于按每次取步长的一半的方式进行,故需要的趟数为 $\log_2 n$,由此可知,整个排序算法的时间复杂度为

$O(n\log_2 n)$。另外,该算法显然是不稳定的。

8.3 交换排序

交换排序的基本思想是:两两比较待排序列的元素,发现倒序即交换。下面讨论基于这种思想的两个排序:冒泡排序和快速排序。

8.3.1 冒泡排序

在这类基于交换思想的排序算法中,较为简单的一种是**冒泡排序**(bubble sort)。冒泡排序的基本思想是:从一端开始,逐个比较相邻的两个元素,发现倒序即交换。典型的做法是从后往前,或从下往上逐个比较相邻元素,发现倒序即进行交换,本书默认为按这一方向进行。这样一遍下来,一定能将其中最大(或最小)的元素交换到其最终位置上(按此处的约定,为最上面),就像水中的气泡那样冒到水面上,故此得名。然而,一趟只能使一个"气泡"到位,所以必须对余下元素重复上述过程,即要重复 n−1 次冒泡操作。图 8-3 为冒泡排序过程示例。

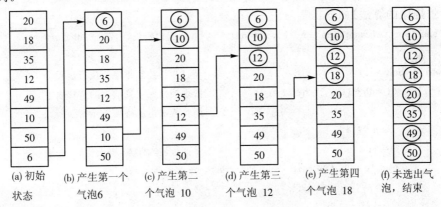

图 8-3 冒泡排序过程示例

【冒泡排序算法描述】

```
void bubbleSort(elementType A[n+1])
{
    for (i=1; i<n; i++)           //控制选择 n-1 次"气泡"
        for (j=n; j>=i+1;j--)     //控制从下往上依次比较相邻的元素
            if (A[j].key<A[j-1].key)//判断是否倒序
                A[j]<==>A[j-1];   //交换
}
```

本算法在各趟的比较次数依次为 $n-1, n-2 \cdots\cdots 1$,因而时间复杂度为 $O(n^2)$。

如果在某一趟排序过程中,没有进行任何交换,说明已经有序,则可以结束排序。同理,在初始序列为正序时,第一趟比较下来,也可结束,因而其时间复杂度可以达到 $O(n)$。由此可知,运用这一条件可以提高算法的实践性能。为实现这一要求,可在每趟排序中设置是否进行过交换的标志。这样,在每趟排序结束时,以此作为是否继续的条件。由此得到改进的冒泡排序算法如下：
```
void bubble_sort(elementtype A[n+1])
{   i=1;
    do
    {   exchanged=FALSE;                        //exchanged 为是否交换的标志
        for (j=n; j>=i+1, j--)          //控制一趟中从下往上依次比较相邻的元素
            if (A[j].key<A[j-1].key)                //判断是否倒序
                { A[j]<==>A[j-1]; exchanged=TRUE; }//交换，并作标记
        i++;
    } while (i<=n-1 && exchanged==TRUE );
}
```

本算法的时间复杂度依赖于待排序序列的初始特性，典型地有如下几种情况：

① 当初始序列为正序时，仅一趟比较下来即可结束，因而所进行的比较元素的次数为 $n-1$ 次，而交换次数为 0，所以时间复杂度为 $O(n)$。

② 当初始序列为逆序时，每一趟中的比较和交换元素的次数均达最大值，其中第 i 趟中的比较和交换次数均为 $(n-i)$，因而整个算法的比较和交换次数为 $n(n-1)/2$，故算法的时间复杂度为 $O(n^2)$。

③ 假设一般情况下出现各种排列的概率相同，则将上述两种情况的时间复杂度的平均值作为其时间复杂度，因此为 $O(n^2)$。

该算法显然是稳定的排序算法。

在上述冒泡排序中，如果序列中的最大值在第一个位置上，则即使其他元素的排列为正序，也需进行 $n(n-1)/2$ 次比较，即比较次数达到最大。此时，若按反方向进行排序，则只需两趟即可结束。这是否意味着这一方向效果更好呢？显然不能这么说，因为采用这种方向会遇到同样的问题。也有这样改进的：交替地按从上到下和从下到上的方向进行。虽然这种改进可避免上述问题，但改进程度有限。

8.3.2 快速排序

由于冒泡排序算法中是以相邻元素来比较和交换的，因此，若一个元素离其最终位置较远，则需要执行较多次数的比较和移动操纵。是否可以改变一下比较的方式，以使比较和移动操作更少一些？快速排序算法即是对冒泡排序算法的改进。

1. 快速排序的基本思想

快速排序的基本思想是：首先，选定一个元素作为中间元素，然后将表中所有元素与该中间元素相比较，将表中比中间元素小的元素调到表的前面，将比中间元素大的元素调到后面，再将中间数放在这两部分之间以作为分界点，这样便得到一个划分。然后再对左右两部分分别进行快速排序（即对所得到的两个子表再采用相同的方式来划分和排序，直到每个子表仅有一个元素或为空表为止。此时便得到一个有序表）。

也就是说，快速排序算法通过一趟排序操作将待排序序列划分成左右两部分，使得左边任一元素不大于右边任一元素，然后再分别对左右两部分分别进行（同样的）排序，直至整个序列有序为止。

由此可见，对数据序列进行划分是快速排序算法的关键。下面先讨论划分的实现，在此

基础上讨论快速排序算法的实现。

2. 划分方法

为实现划分,首先需要解决"中间数"的选择:作为参考点的中间数的选择没有特别的规定,可有多种选择方法,如选择第一个元素、中间的某个元素、最后一个元素或其他形式等。较典型的方法是选择第一个元素,下面采用的就是这种方法。

对给定的中间数实现划分时,需要解决的问题仍有较大的难度:

① 按什么次序比较各元素?

② 当发现"小(或大)"的元素要往前(后)面放置时,具体放在什么位置?

下面讨论划分的具体实现:

① 由于中间元素所占的空间有可能要被其他元素占用,为此,可先保存该元素的值到其他位置以腾出其空间。为此,可执行语句"x=A[s];"(s为该表的第一个元素的下标)。

② 这样一来,前面便有一个空位置(用整型变量 i 表示),此时可以从最后边往前搜索一个比中间数小的元素,并将其放置到前面的这个空位上。

③ 此时,后面便有了一个空位置(用整型变量 j 表示),可从最前面开始往后搜索一个比中间数大的元素,并将其放置到后面的这个位置上。

重复①、②,直到两边搜索的空位重合(即 i=j)(此时说明在该空位的前面没有了大的元素,后面没有了小的元素),因而可将中间数放在该空位中。

由此可知,这种方法是按照由两头向中间交替逼近的次序进行的。图 8-4(a)为一趟划分过程的操纵示例。

图 8-4(b)为图 8-4(a)操作过程的合并,将所有单个移动在一个图中标出:移动元素用箭头表示,其旁边的数表示其执行序号,在下一行写出其结果,其中移走一个元素时,在下一行用一方框表示。

x=80
 (80 16 100 35 85 20 12 90 110 5 105 8)

选中间数并腾位后,从最右边选出比中间数小的数 8 移到前面的空位中:

(□ 16 100 35 85 20 12 90 110 5 105 8)

从最左边选出比中间数大的数 100 移到后面的空位中:

(⌞8⌟ 16 100 35 85 20 12 90 110 5 105 □)

从最右边选出比中间数小的数 5 移到前面的空位中:

(⌞8⌟ 16 □ 35 85 20 12 90 110 5 105 ⌞100⌟)

从最左边选出比中间数大的数 85 移到后面的空位中:

(8 16 ⌞5⌟ 35 85 20 12 90 110 □ 105 ⌞100⌟)

从最右边选出比中间数小的数 12 移到前面的空位中:

(⌞8⌟ 16 ⌞5⌟ 35 □ 20 12 90 110 85 105 ⌞100⌟)

(⌞8⌟ 16 ⌞5⌟ 35 ⌞12⌟ 20 □ 90 110 ⌞85⌟ 105 ⌞100⌟)

最后,从两边搜索到空位重合,此时将中间元素 80 放在该空位中,并将两边分别划分为一个子表:

(8   16   5   35   12   20) [80] (90   110   85   105   100)

(a)划分过程分步示意图

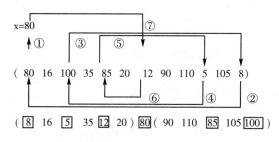

(b)划分过程分步操作的标注

图 8-4 划分过程示例

3. 划分算法及其应用

下面讨论划分算法的设计。由前面的讨论可知,划分过程中的操作步骤如下:

① 保存中间元素的值到临时变量 x 以腾出其空间,并用变量 i 指示该空位。即执行语句"x=A[s];i=s"。

② 从最后边往前搜索比中间数小的元素,并将其放置到前面的这个空位上。从而使后面空出一个位置(用整型变量 j 指示)。

③ 从最前面开始往后搜索一个比中间数大的元素,并将其放置到后面的这个空位置 j 上,从而使前面空出一个位置(用整型变量 i 指示)。

重复②、③,直到从两边搜索的空位重合(即 i=j)(此时说明在该空位的前面没有了大的元素,后面没有了小的元素),因而可将中间数放在该空位中。

由操作过程的描述可知,整个过程交替地从后往前搜索小的元素和从前往后搜索大的元素放置到另一端的空的位置中,并形成新的空位置,直到两个方向的搜索位置重合为止。因而整个算法中的搜索过程要用循环语句来控制,其能够循环的条件是 i,j 不相等。

上述搜索元素需要用一个循环语句来控制,循环的条件之一当然是所指定的大小关系。除此之外是否还需要其他条件来控制?

由于整个划分的过程既可能是以前面搜索到元素为结束,也可能是以后面搜索到元素为结束。因此,在每个搜索元素的操作中都需要判断搜索操作的结束条件,即除了大小关系外,还要加上搜索位置是否重合这一条件。

另外,考虑到快速排序算法中需要对划分之后的子表继续划分,因此其划分区域发生了变化,为此,将区域的两端也作为参数。由此可得算法如下:

```
void partition(elementType A[n], int s, int t, int *cutPoint)
//对数组 A 中下标为 s~t 的子表进行划分,并用 cutPoint 返回中间元素的位置
{    x=A[s];           //保存中间元素到临时变量 x,以腾出空位
     i=s; j=t;         //分别置两端搜索位置的初值
     while (i!=j)      //当两端搜索位置还未重合时,需要继续
     {   while ( i<j && A[j].key>x.key)
         j--;          //从后面搜索"小"的元素
         if (i<j)
```

```
    {                     //如果找到,就调到前面的空位中
        A[i]=A[j];
        i=i+1;
    }
    while (i<j && A[i].key<x.key)
        i++;              //从前面搜索"大"的元素
    if (i<j)
    {                     //如果找到,就调到后面的空位中
        A[j]=A[i];
        j=j-1;
    }
  }
  A[i]=x;                 //将中间数移到最终的位置上
  *cutPoint=i;            //将中间元素的位置送到返回参数中
}
```

由于该算法从两端交替搜索到重合为止,因而其时间复杂度是 $O(n)$ 。

4. 快速排序算法

下面来讨论快速排序算法的设计。如前所述,整个快速排序是在一趟划分之后,对两部分分别进行快速排序,因而是一个递归形式的算法。考虑到快速排序要对数组中不同区间的子表进行排序,因而需要将表的两个端点的下标作为参数。算法如下:

```
void Quicksort(elementType A[n], int s, int t)
//对数组 A 中的下标从 s 到 t 的元素组成的子表进行快速排序
{   int i;
    if (s<t)                              //表中至少有两个元素时
    {   partition(A,s,t,&i);              //划分
        Quicksort(A,s,i-1);               //对前面的子表进行快速排序
        Quicksort(A,i+1,t);               //对后面的子表进行快速排序
    }
}
```

【算法分析】

① 稳定性:快速排序算法显然是不稳定排序。

② 时间复杂度:如前所述,一趟划分算法的时间复杂度为 $O(n)$,因此,要分析整个快速排序算法的时间复杂度,就要分析其划分的趟数。这可能有多种情况:

• 理想情况下,每次所选的中间元素正好能将子表几乎等分为两部分,为便于分析,认为是等分。这样,经过 $\log_2 n$ 趟划分便可使所划分的各子表的长度为 1。由于一趟划分所需的时间与元素个数成正比,因而可认为是 cn ,其中 c 为某个常数。所以整个算法的时间复杂度为 $O(n\log_2 n)$ 。

• 另一极端情况是:每次所选的中间元素为其中最大或最小的元素,这将使每次划分所得的两个子表中的一个变为空表,另一子表的长度为原表长度减 1,因而需要进行 $n-1$ 趟划分,而每趟划分中需扫描的元素个数为 $n-i+1$ (i 为趟数),因而整个算法的时间复杂度为 $O(n^2)$ 。

- 一般情况下,从统计意义上说,所选择的中间元素是最大或最小元素的概率较小,因而可以认为快速排序算法的平均时间复杂度为 $O(kn\log_2 n)$,其中 k 为某常数。经验证明,在所有同量级的此类排序方法中,快速排序算法的常数因子 k 最小。因此,从平均时间性能来说,快速排序被认为是目前最好的一种内部排序方法。

8.4 选择排序

选择排序的基本思想是:在每一趟排序中,在待排序子表中选出关键字最小或最大的元素放在其最终位置上。基于这一思想的排序有多种,本书介绍两种排序,即直接选择排序和堆排序。

8.4.1 直接选择排序

直接选择排序算法采用的方法较直观:通过在待排序子表中完整地比较一遍以确定最大(小)元素,并将该元素放在子表的最前(后)面。这是选择排序中最简单的一种,算法如下:

```
void selectSort(elementType A[n])
{
    for (i=0; i<n-1; i++)                //控制选择 n-1 次
    {   min=i;   //min 指示搜索的最小元素,开始时假定子表的第一个元素最小
        for (j=i+1; j<n; j++)            //用后面的各元素与最小元素来比较
            if (A[j].key<A[min].key)
                min=j;                   //找出比当前最小数更小的数
        if (min!=i)
            A[min]<==>A[i];              //将最小数放到最终位置上
    }
}
```

对下面数据表的直接选择排序的各趟比较数据和相应的结果如下图 8-5 所示。

【算法分析】

① 稳定性:该算法是不稳定排序,因为关键字相同的元素在排序过程中可能会交换次序。例如,对数据表(3,3,2)进行排序时,由于要将第一个 3 与 2 交换而导致两个 3 之间的换位。

② 时间复杂度:该算法共进行了 $n(n-1)/2$ 次比较,交换次数最多为 $n-1$ 次,因而时间复杂度为 $O(n^2)$。

通过模拟执行可发现:排序过程中可能存在许多次的重复比较,因而造成时间复杂度的增加。如果能减少这些重复比较,便可能会改进算法的时间性能。下面的堆排序是这种改进算法中的一种。

8.4.2 堆排序

所谓**"堆排序"** 就是利用堆来进行的一种排序。

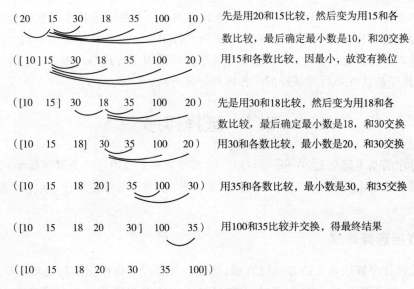

(20 15 30 18 35 100 10)
先是用20和15比较，然后变为用15和各数比较，最后确定最小数是10，和20交换
([10] 15 30 18 35 100 20)
用15和各数比较，因最小，故没有换位
([10 15] 30 18 35 100 20)
先是用30和18比较，然后变为用18和各数比较，最后确定最小数是18，和30交换
([10 15 18] 30 35 100 20)
用30和各数比较，最小数是20，和30交换
([10 15 18 20] 35 100 30)
用35和各数比较，最小数是30，和35交换
([10 15 18 20 30] 100 35)
用100和35比较并交换，得最终结果
([10 15 18 20 30 35 100])

图 8-5 直接选择排序示例及操作说明

1. 堆的定义及模型表示

定义：n 个元素的序列($a_1,a_2,\cdots,a_n$)当且仅当满足下面关系时，称之为“堆”(其中 k_i 是元素 a_i 的关键字)。

$$\begin{cases} k_i \leqslant k_{2i} \\ k_i \leqslant k_{2i+1} \end{cases} \quad 或 \quad \begin{cases} k_i \geqslant k_{2i} & (2i \leqslant n) \\ k_i \geqslant k_{2i+1} & (2i+1 \leqslant n) \end{cases}$$

许多初学者不易理解这一定义所揭示的关系。为此，下面用前面所学知识来做解释。

细心的读者对堆的定义中的元素的下标之间的关系可能会觉得似曾相识，事实上，在二叉树的性质中接触过。

若将此序列的各元素按其下标对应到编号的完全二叉树中的同编号的各结点(见图 8-6 所示)，则堆的定义可用完全二叉树中的有关术语解释为：每一结点均不大于(对应左边的条件)或不小于(对应右边的条件)其左右孩子结点的值。由此可知，若序列($a_1,a_2,\cdots,a_n$)是堆，则堆顶(或完全二叉树中的根)必为序列中的最小或最大值。为便于描述，将根最大的堆称为“大根堆”(见图 8-7(a))，类似地有小根堆的概念(见图 8-7(b))。

(a1, a2, a3, a4, a5, a6, a7…)
1 a1
2 a2
3 a3
4 a4
5 a5
6 a6
7 a7

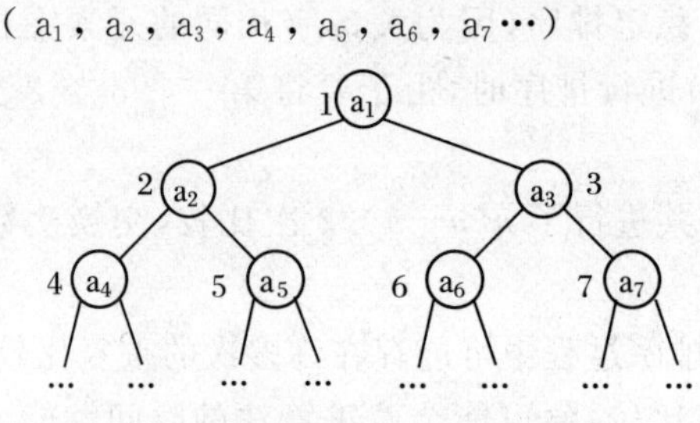

图 8-6 堆的完全二叉树描述示意图

2. 堆的筛选

下面讨论堆排序算法。若要求按从小到大次序进行排序(即增排序)，则需要借助于大根堆。

假设当前序列已经是大根堆,即根值(或者说是第一个元素)最大,则该元素的最终位置应在最后,因此,应将其与最后位置的元素交换(即执行 A[n]<==>A[1]),称这一操作为**"输出根"**。

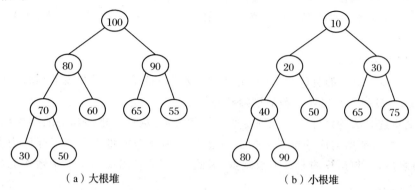

(a)大根堆　　　　　　　　　　(b)小根堆

图 8-7　堆的示例

在输出根之后,最后一个元素就不必考虑了,我们所感兴趣的就是余下的 $n-1$ 个元素所构成的子表了。由于原表中的最后一个元素(即 a_n)调整到了根的位置而使序列不满足堆的条件,因而需要将其调整为堆,从而可得到下一个最大值。此时该如何调整?

虽然此时的子序列不是堆,但由于整个子序列中仅调整过来一个元素,因此,除了当前的根与其左右孩子之间不满足堆的条件外,其余结点之间依然满足条件,也就是说,虽然整个子序列不是堆,但其左右子树仍是堆。理解这一点有助于对调整过程的认识。分析如下:

① 由于左右子树是堆,故此时的左右孩子结点的值(即 a_2 和 a_3)分别是两个子树中的最大数,因此整个子表中的新的最大数(即新的根结点)只可能从根及其左右孩子中产生,故可通过比较这三者而得到。

② 如果当前的根是最大的值,则可结束,否则将左右孩子中的最大值调到根的位置上来。这样又出现了一个新的问题:原来的根放在哪儿?对这一问题可这样求解:将原来的根与所求出的最大数交换,然后再对所在的新子树采用相同的方式来筛选求解,即也要找出新的最大值(自然是仅在其子树中)调整上来,再将原来的根往下筛,直到找到合适的位置为止(该位置应满足什么条件?)。

例如,对图 8-8(a)中的堆的输出根和调整情况如图 8-8(b)所示。

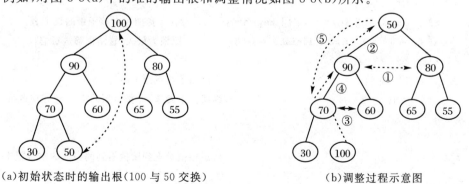

(a)初始状态时的输出根(100 与 50 交换)　　　(b)调整过程示意图

图 8-8　输出根及筛选过程示意图

在输出根之后(将所输出的根 100 用虚线连接以示不再参与操作)的调整过程是这

样的:

① 90 和 80 比较(箭头所示),确定 90 最大并且比 50 大。

② 90 上移到 50 的位置(50 在此之前应临时保留起来)。

③ 对 90 上移所留下的空位,确定填充者:比较其左右孩子 70 和 60 及 50 中的最大者(为 70)。

④ 70 上移到父结点。

⑤ 对 70 上移所留下的空位,确定填充者:比较其左孩子 30(无右孩子)和 50 中的最大者(为 50),故 50 最终放到此处。调整过程到此结束。

下面讨论筛选算法的设计。首先确定所需要的参数:从整个排序算法的要求出发,调整一个序列为堆时,可能所对应的堆顶下标不一定为 1,因此需要将堆顶的下标作为参数。另外,在输出根之后,参与运算的元素个数减少,因此,也需要将当前的元素个数作为参数。加上数组共 3 个参数。

由前面所讨论的筛选方法可知,筛选操作的粗略程序描述如下(设当前根的下标为 k,元素个数是 m):

① 保存"临时根"的值到一个变量(不妨设为 x),并用 i 指示该有空位的结点。

② 比较 i 结点的左右孩子(下标分别是多少?)和 x 的最大值。可能有几种情况:

- i 结点无左右孩子:说明已经到了叶子结点,故 x 填入 i 结点中。
- i 结点左右孩子的值小于 x 的值:说明搜索到了填充位置,故 x 填到 i 结点中。
- 否则,将左右孩子中的最大者填充到 i 结点中,从而出现新的空位,因此,同样要用 i 来指示(如何赋值?),并转到 ② 继续执行。

由此得筛选算法如下:

```
void sift(elementType A[], int n, int k, int m)
//对数组中下标为 1~n 中的元素中的序号不大于 m 的以 k 为根的子序列调整
//假设以 2k 和 2k+1 为根的左右子树均是堆
{
    x=A[k];  finished=FALSE;          //临时保存当前根值,空出位置,并设未结束标志
    i=k; j=2*i;                       //i 指示空位,j 先指向左孩子结点
    while (j<=m && ! finished )       //确定 i 结点不是叶子且搜索未结束
    {
        if (j<m && A[j].key<A[j+1].key) j=j+1;   //让 j 指向左右孩子中的最大者
        if (x.key>=A[j].key) finished=TRUE;       //原根为最大,置结束筛选标志
        else
        {   A[i]=A[j];                //大的孩子结点值上移
            i=j; j=2*j;               //继续往下筛选:i 指示新的空位,j 相应改变
        }
    }
    A[i]=x;                           //将原根值填充到所搜索到的当前的空位置中
}
```

3. 堆排序

下面讨论利用堆进行排序的方法,可以分两种情况分别讨论:

① 如果初始序列是堆,则可通过反复执行如下操作而最终得到一个有序序列:
输出根:即将根(第一个元素)与当前子序列中的最后一个元素交换。
调整堆:将输出根之后的子序列调整为堆(元素个数比输出前少1个)。
② 如果初始序列不是堆,则首先要将其先建成堆,然后再按 ① 的方式来实现。
现在的问题是:如何由一个无序序列建成一个堆?

事实上,由无序序列建堆可通过反复调用筛选操作来实现。为此,需满足筛选的条件,即左右子树必须为堆。因此,建堆过程要从下往上逐棵子树地进行筛选。从易于编程的角度出发,根的下标自然是按从大到小,即根的下标按照从 $n/2$ 到 1 的次序将各子树调整为堆。

例如,由初始序列(12,15,30,80,100,46,78,33,90,86,64,55,120,230,45)建堆的过程如图 8-9 所示。其中各操作的标注已经较直接,故不再用文字叙述。

对应的二叉树形式及下标从 7 到 4 的调整过程(用序号表示调整序号):

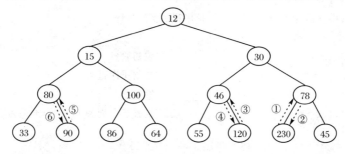

(a)下标从 7 到 4 的调整过程示意图

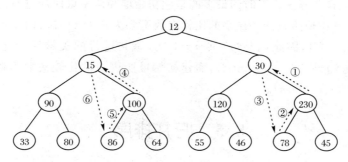

(b)下标从 3 到 2 的调整过程示意图

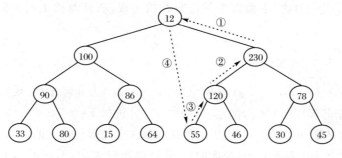

(c)下标为 1 的调整过程示意图

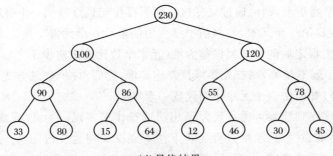

(d)最终结果

图 8-9 初始建堆操作过程示例图

最终所得到的堆:(230,100,120,90,86,55,78,33,80,15,64,12,46,30,45)

由讨论得堆排序算法如下:

```
void heapSort(elementType A[], int n)
{    //对数组 A 中下标为 1~n 的元素用堆排序算法实现排序
    for (i=n/2; i>=1, i--)
        sift(A,i,n);                    //建初始堆
    for (i=n; i>=2; i--)                //控制排序过程
    {    A[i]<==>A[1];                  //输出根
        sift(A,1,i-1);                  //调整子序列 A[1]~A[i-1]为堆
    }
}
```

【算法分析】堆排序算法花费时间最多的是建初始堆和调整堆时所进行的筛选。对深度为 k 的堆,筛选算法中所进行的关键字的比较次数至多为 $2(k-1)$ 次,而 n 个结点的完全二叉树的高度为 $\log_2 n+1$,因此调整堆(共 $n-1$ 次)总共进行的关键字的比较次数不超过 $\log_2(n-1)+\log_2(n-2)+\cdots+(\log_2 2)$,而建初始堆所进行的比较次数不超过 $4n$,因此算法的时间复杂度为 $O(n\log_2 n)$。

8.5 归并排序

归并排序是一种基于归并方法的排序。所谓"**归并**"是指将两个或两个以上的有序表合并成一个新的有序表。为此,下面首先讨论归并的实现,在此基础上讨论归并排序算法的实现。

8.5.1 归并

设两个序列 $A=(a_1,a_2,\cdots,a_m)$ 和 $B=(b_1,b_2,\cdots,b_n)$ 为非降序列,现要求将 A 和 B 这两个表合并为一个非降序列 $C=(c_1,c_2,\cdots,c_{m+n})$。分析如下:

① 显然,C 表的第一个元素 c_1 是从 A 和 B 的第一个元素中选出的。

② 假设 A 和 B 表中各有若干(前面的)元素被选到 C 表中,不妨用 ia 和 ib 分别指示 A 和 B 表中余下元素的第一个元素(即元素 A[ia]和 B[ib],显然 ia 和 ib 的初值为 1),则可能有如下两种情况:

- A[ia]<=B[ib]：说明元素 A[ia]在 C 表中的位置应在 B[ib]的前面，故将其放到 C 表的表尾(用一个变量 ic 指示其存放的位置，初值也为 1)。然后再用 A[ia]的下一个元素与 B[ib]比较以确定下一个进入 C 表的元素。
- 否则，说明元素 B[ib]在 C 表中的位置应在 A[ia]的前面，故将其放到 C 表的表尾。然后再用 B[ib]的下一个元素与 A[ia]比较以确定下一个进入 C 表的元素。

③ 操作 ② 的前提是两个表中均还有元素。如果有一个表为空，则应将另一表中的余下元素全部添加到 C 表的表尾。

由此可得归并算法如下：

```
void merge(elementType A[],elementType B[],elementType C[],int la,int lb,int lc)
//将非降数组 A[],B[]中的前 la,lb 个元素合并到 C 表，并保持其非降次序
{
    int ia=1, ib=1, ic=1;
    while (ia<=la && ib<=lb)
        if (A[ia]<=B[ib])
            C[ic++]=A[ia++];
        else
            C[ic++]=B[ib++];
    while (ia<=la)
        C[ic++]=A[ia++];
    while (ib<=lb)
        C[ic++]=B[ib++];
}
```

【算法分析】由于对 A 和 B 两个表均是一遍扫描，故整个算法的时间复杂度应是两个表长的和，即 $O(|A|+|B|)$。

8.5.2 归并排序

利用归并的思想进行排序，可这样实现：首先将整个表看成 n 个有序子表，每个子表的长度为 1。然后两两归并，得到 $n/2$ 个长度为 2 的有序子表。其次再两两归并，得到 $n/4$ 个长度为 4 的有序子表。依此类推，直至得到一个长度为 n 的有序表为止。图 8-10 即为这种排序的示例。

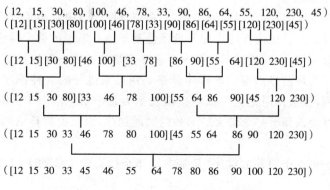

图 8-10 归并排序示例

有关归并排序的算法从略。

【算法分析】

① 空间性能:由于在顺序表中不能进行就地归并,因而需另外开辟存储区以存放归并结果,所以归并排序需要与原表等量的辅助存储空间。

② 时间性能:由于将两个有序表合并为一个有序表的时间复杂度为两表长之和的数量级,因此,一趟排序的时间复杂度为 $O(n)$。又因总共需 $\log_2 n$ 趟归并,故时间复杂度为 $O(n\log_2 n)$。

小结

排序是软件设计中最常用的运算之一,有多种排序的算法,衡量排序算法的时间性能主要是以算法中用得最多的基本操作的数量为基本单位的,这些基本操作包括比较元素、移动元素和交换元素。

依据排序所用的基本思想,可将排序算法划分为插入排序、交换排序、选择排序和归并排序。

插入排序算法的基本思想是:将待排序表看作左右两部分,其中左边为有序区,右边为无序区,整个排序过程就是将右边无序区中的元素逐个插入到左边的有序区中,以构成新的有序区。直接插入排序是这类排序算法中最基本的一种,然而,其时间性能取决于数据表的初始特性,在数据表基本有序的情况下,时间复杂度为 $O(n)$,最坏情况下的时间复杂度为 $O(n^2)$,平均时间复杂度也为 $O(n^2)$。希尔排序算法是一种改进的插入排序,其基本思想是:将待排序列划分为若干组,在每组内进行直接插入排序,以使整个序列基本有序,然后再对整个序列进行直接插入排序。其时间性能不取决于数据表的初始特性,为 $O(n\log_2 n)$。

交换排序的基本思想是:两两比较待排序列的元素,发现倒序即交换。基于这种思想的排序有冒泡排序和快速排序两种。冒泡排序的基本思想是:从一端开始,逐个比较相邻的两个元素,发现倒序即交换。然而,其时间性能取决于数据表的初始特性,最好情况下,时间复杂度为 $O(n)$,最坏情况下的时间复杂度为 $O(n^2)$,平均时间复杂度也为 $O(n^2)$。快速排序是一种改进的交换排序,其基本思想是:以选定的元素为中间元素,将数据表划分为左右两部分,其中左边所有元素不大于右边所有元素,然后再对左右两部分分别进行快速排序。在理想情况下,快速排序算法的时间复杂度为 $O(n\log_2 n)$。然而,如果数据表已经有序,则算法的时间复杂度最差,达到 $O(n^2)$。

选择排序的基本思想是:在每一趟排序中,在待排序子表中选出关键字最小或最大的元素放在其最终位置上。直接选择排序和堆排序是基于这一思想的两个排序算法。直接选择排序算法采用的方法较直观:通过在待排序子表中完整地比较一遍以确定最大(小)元素,并将该元素放在子表的最前(后)面。堆排序就是利用堆来进行的一种排序,其中堆是一个满足特定条件的序列,该条件用完全二叉树模型表示为每个结点不大于(小于)其左右孩子的值。利用堆排序可使选择下一个最大(小)数的时间加快,因而提高算法的时间复杂度,达到 $O(n\log_2 n)$。

归并排序是一种基于归并的排序,其基本操作是指将两个或两个以上的有序表合并成一个新的有序表。

每种算法都基于一定的基本思想,各有其特点和应用背景。

习题 8

8.1 直接插入排序算法分别在什么情况下可以达到最好和最坏的情况？分别要比较和移动多少次？相应的时间复杂度分别是多少？

8.2 直接插入排序能否保证在每一趟都能至少将一个元素放在其最终的位置上？是否是稳定的排序算法？

8.3 对下面数据表,写出采用希尔排序算法排序的每趟的结果。

(78　100　120　25　85　40　90　15　60　35　105　50　30　0　28　12)

8.4 对下面数据表,写出采用冒泡排序算法排序的每趟的结果,并标明数据移动情况。

(105　50　30　25　85　40　100　12　10　28)

8.5 对下面数据表,写出采用快速排序算法排序的每趟的结果,并标明每趟的数据移动情况。

(50　30　120　25　85　40　100　12　90　15　60　35　105　78　10　28)